帝政ロシアの農業問題

――土地不足・村落共同体・農村工業――

佐藤　芳行著

未來社

帝政ロシアの農業問題

——土地不足・村落共同体・農村工業——

目次

帝政ロシアの農業問題

——土地不足・村落共同体・農村工業——

はじめに

農業問題または農民問題は十九世紀末—二十世紀初頭のロシアにおける最も大きな社会問題の一つであった。帝政ロシア政府の高官プレーヴェ（内務大臣）は一九〇三年に当時のロシアには四つの重要な問題（農民問題、ユダヤ人問題、教育問題、労働問題）があり、そのうち第一に重要な問題は農民問題であると語ったという。(1) 一方、一九〇二年一月二十二日、ロシア皇帝ニコライ二世は大蔵大臣ヴィッテを議長とする「農業の困窮に関する特別協議会」を召集し、当時ロシア帝国で生じていると考えられていた農業危機の問題を審議することを訓令した。このヴィッテの特別協議会(2)はそれに先行する委員会（一八九九年に召集され一九〇一年にその活動を終えていた特別協議会や一九〇一年年末に召集された中央部の困窮に関する委員会など）とともに多岐にわたる問題を検討・審議したが、その中心的な問題は次の点に置かれていた。すなわち、一八六一年二月十九日の農奴解放令の公布以降帝国の多くの地域において農村人口が急速に増加したが、それに応じた農地の拡大も経営技術の改善も生じなかったため、「土地不足」の問題、つまり著しく粗放的な農業という条件下で農村住民一人あたりの土地面積が著しく縮小し、それにともなって土地に充用されえない膨大な過剰労働力が生じ、農業生産力が停滞するという退行的な経済現象が生じていたことがそれである。それが農村住民の膨大な租税滞納の原因となり国家財政にも損失を与えていたことは、政治家たちの関心をひかないわけにはいかなかった。ところで、プレーヴェを始めとする政府の保守派官僚たちにとっては、こうした問題はヴィッテが十九世紀末以来推進してきた工業化政策がゆきづまったことの明らかな徴候と思われ、ヴィッテ体制を批判するための絶好の材料を提供したが、一方、ヴィッテにとっては農村の困窮はロシア農民のアルカイックで共産主義的な村落共同体（オプシチーナ）から生じたものであり、ロシアの近代化を妨げる本質的な要因をなすと考えられていた。(3) 右の諸委員会によって提供された資料の示すところでも、農業の「困窮」が特に激しく感じられたのは西部地方——つまり中世にドイツ法の影響下に「世帯別土地所有」（世襲フーフェ制）を導入しており、十八世紀以降にロシア帝国領に編入された沿バルト、リトアニア・白ロシア、ウクライナなどの地域——ではなく、中央部——すなわちオプシチーナ的土地所有の支配的な本来のロシア国家の領域——においてであった。

もとよりロシアでも農奴解放後、とりわけ一八八〇年代以降に急速に発展しつつあった近代産業が農村人口の一部を吸収していたことは否定しえない事実である。また、それに加えて古くから存在してきた伝統的な農村小工業（手工業・クスターリ工業）がいまだに広汎に存在していた。それが農村における「土地不足」の解消のために役立っていたことは疑いなく、ヴィッテの特別協議会でもその援助策が提案されていた。しかし、ヴィッテ自身が認め、多数の農業専門家や経済学者が同意したことであるが、近代産業や伝統的な農村小工業が農村過剰人口を吸収することができるほどには強力な発展をとげていなかったこともまた明らかであった。

このように特別協議会では、ロシアの近代化のための政策をさらに推進しようとするグループが、「土地不足」問題の土台にあると考えられる共産主義的農業制度（均等的な土地割替、家族財産の均等な持分・分割）の土台を解体し、またこの制度と結びつき農民をその他の身分から隔離している身分的閉鎖性をなくし、そうすることによってロシアを苛んでいる農業危機を解決しなければならないと主張していたのである。もっともこのような要求は「農村住民の福祉」(しかし主に地主の利害の保護)を求める保守的なグループの強力な反対に出会い、政府の伝統的な土地政策を変更するにはいたらなかった。それが旧体制の支持を拡大するのはようやく一九〇五/〇六年の第一次ロシア革命の時期のことである。ところが、それは今度は「市民の諸権利」を要求し、また大土地所有の一部を強制収用して農民分与地に追加・補充することを求める立憲民主党＝リベラル派や、「土地の社会化」(勤労農民の土地に対する平等な権利の保障)を求める社会革命派、土地の公有化や国有化を求める社会民主派の両派(ボリシェヴィキとメンシェヴィキ)の、そして農民自身からの激しい抗議を受けたのである。

このように農業問題、とりわけ土地問題をめぐる対立は一九〇五/〇六年に頂点に達し、ロシア社会を激しく対立する陣営に分裂させることとなったが、この問題が最大の社会問題とならざるをえなかった理由は、当時のロシアの置かれていた農業国的・低開発的な状態の下でそれがただ単に土地をめぐる問題にとどまらず、ロシア社会全体の発展方向を左右することになったからであると考えられる。

一九〇五/〇六年の時期にはマックス・ヴェーバーもドイツから、ロシア政府の「二重帳簿」政策によって「外見的立憲制」の体制(権威主義体制)が創り出され、「市民の自由と諸権利」に立脚する法治国家を実現しようとするリベラル派の運動が抑圧されていく過程を分析しつつ、この土地所有権をめぐる闘争――村落共同体の土台の解体を実現しようとする政府と、それには手を触れずに、経済的淘汰にもとづく現代の経済秩序を創り出す運動に逆らいながら農民の共産主義的・自然法的・平等主義的な倫理を擁護する社会革命派とを両極とする闘争――を冷静に観察していた。このヴェーバーの分析でも、ロシアで生じている事態の特徴的な点は、「輸入された最も近代的な大資本家勢力がアルカイックな農民共産主義の土台に衝突する」にいたり、「私的所有権の神聖不可侵性」のイデオロギーと「社会革命的な農民イデオロギー」との衝突が生じているという点にあり、しかも、その際、「西欧において所有者層の強力な経済的利害を市民的自由の運動に奉仕させた、あの発展段階」がロシアにはなく、むしろ「私的所有の神聖不可侵性」の原則が旧体制の側（政府と皇帝）から出てきたことにあると理解されていた。(4) このような衝突は東エルベと西エルベという二地帯の対抗関係を持つドイツ帝国の場合よりもはるかに深刻なものであり、(5) 本質的には西欧社会が近代に経験したことのないものであったと言うことができるであろう。

ともあれ、こうして一九〇六年にロシア政府は伝統的な土地政策に別れを告げ、共同体の解体策（私有化）の一歩を踏み出したが、その際、政府の新たな土地政策の内容は帝国の西部地方に存在してきた農業制度の土台——世帯別土地所有（世襲フーフェ制）——をロシア諸県に導入するというものであった。ストルィピンの下で実施されたこの新しい土地政策は一九一四年まで遂行されてきたが、まずドイツとの戦争が始まると同時に事実上の停止状態においこまれ、ついで一九一七／一八年の「土地の社会化」革命によってほぼ完全に否定されることになる。しかし、それは問題の終わりを意味するものでは決してなかった。というのは、新たな「土地不足」問題がふたたび生じ、それは一九二七—二九年の穀物危機の中から生まれたソヴェト農村の全面的集団化の運動の中で一九三〇年代に共同体が廃止され、「ボリシェヴィキ的テンポ」の工業化が達成されるまで続いたように思われるからである。

本書では、このような土地と村落共同体をめぐる政策的なジグザグを理解するための前提として、まず最初にロシア帝国の伝統的な農村社会がどのような特徴を持っていたのか、また十九世紀末から二十世紀初頭までの時期にロシアの農村社会（共同体、家族、土地耕作、農村小工業）にどのような変化と発展傾向が生じていたのかを中心に、社会経済史的事実を明らかにし、その後に土地と共同体をめぐって生じた対立のいくつかの側面に触れることとしたい。そこで以下ではまずロシア帝国の「東エルベ」とも言うべき西部地方について検討し、次に本来のロシア諸県に移ることとする。

（1） A. Богданович, Три последних самодержца, Москва, 1990, с. 292.

（2） ヴィッテの農業問題特別協議会については、T・H・ラウエ『セルゲイ・ヴィッテとロシアの工業化』、勁草書房、一九六三年、二二五ページ以下を参照。

（3） ヴィッテの特別協議会での最終的な結論（ミールの同意なしでの共同体からの自由脱退権）と保守派の反対については、保田孝一『ロシア革命とミール共同体』、御茶の水書房、一九七一年、一四八―一四九ページ参照。

（4） Max Weber, Russlands Übergang zum Scheinkonstitutionalismus, Archiv für Sozialwissenschaft und Sozialpolitik, Neue Folge, Band 23, Tübingen, 1906, S. 398 ff.『M・ウェーバー　ロシア革命論II』（肥前栄一、鈴木健夫、小島修一、佐藤芳行訳）名古屋大学出版会、一九九八年、二四九ページ。

（5） David Beetham, Max Weber and the theory of modern politics, Polity Press, 1985, p. 184.

第一章　西部地方における農業と工業の発展傾向

ロシア帝国の「東エルベ」地域を構成する西部地方（Западной край）、すなわち本来的にはスウェーデン、リトアニア大公国・ポーランド国家の領域に属しており、十八世紀末までにロシア帝国領に編入されるにいたった沿バルト、リトアニア・白ロシアおよびウクライナの諸地域における農業と工業の状態から始めよう。これらの地域はいずれも本来のロシア諸県と異なり中世にドイツ法（＝レーエン法）の影響の下に「世帯別土地所有」（世襲フーフェ制）にもとづく農業制度を発展させていた地域であるという共通性を持つ[1]。

一　沿バルト地域

沿バルトの伝統的な農業制度と十九世紀前半の農奴改革

まず沿バルト地域（エストランド県、クールランド県、リーフランド県）の農業制度を簡単に描いておこう。それは次のような特徴を持っていた。

十九世紀前半まで封建領主階級の支配下に置かれていた沿バルト地域の農民（＝農奴）は、かなり大規模な農場を経営する大農（Gross-Bauer）であった。すなわち、この地域の農民が保有する農地は通常一〇ターラー

(Thaler) から八〇ターラーの間にあり、一〇ターラー以下の土地しか保有しない者は農民というよりも「村落下層民」(Unterschicht) の身分に属する者とされ、反対に八〇ターラーを超える農地を保有する者は領主階級に属する者と考えられていたのである。(2) このように農民として認められるための最小限の土地面積である一〇ターラー (二四・四デシャチーナまたは二六・六ヘクタール) には、通常、一六・八デシャチーナの耕地と五・三デシャチーナのその他の用益地とが含まれていた。したがって沿バルト諸県の農民地 (Bauerland) は最も小規模なものでも旧リトアニア大公国の農民の完全フーフェの基準 (後述) をかなり超えていたことになる。

沿バルト地域における農民保有地のこのような状態は、土地が村落内では農民世帯主 (Bauerwirthe) の個人財産とされており、しかも土地財産に対するかなり厳格な一子相続制 (Anerbenrecht) が守られており、また都市部におけるわずかな例外を除いて、農民地の保有面積が一〇ターラー以下になるような分割が最小限法 (Minimumgesetz) によって禁止されていたことと無関係ではない。(3) このような分割禁止の措置は、フーフェをなるべく分割しないで次の世代に伝えようとする領主階級および農民自身の配慮によるものであったと考えられる。

言うまでもなく、沿バルトでも農奴解放前の農民は農奴身分として領主に対して領主地 (Hoflesand) における賦役 (Frohne) あるいは賃租 (Geldpacht) の支払のいずれかを果たすことを義務づけられていた。ただし、その際、ロシア帝国のその他のロシア地域と異なり、これらの貢租負担は領主の恣意にまかせられることなく、スウェーデン領時代に導入されていた、そのための特別な規程 (Wackenbücher) によって定められていた。

この沿バルト諸県の農奴制はその他のロシア地域よりも四〇年以上も早く廃止され、農民はまずエストランドでは一八一六年の勅令によって、クールランドでは一八一七年の、またリーフランドでは一八一九年の勅令によって最終的に「人格の自由」を得ていた。さらにリーフランドではその後一八四九年に、またエストランドでは一八五六年に、またエストランドではアレクサンドル二世の治世の初期にそれぞれの地方議会（Landrad）によってなされた決定によって、旧領主が無償の賦役を利用することを禁止され、またリーフランドとエストランドでは六年後に、クールランドでは一二年後に領主が農民に賃租を課すことが禁止され、一方農民に対してはそれまで保有していた土地を自己の所有地として旧領主から有償で取得することができることが規定された。(4) そして、この規程に従って、沿バルト諸県の農民は、例えば一八八〇年までに、かつての領主から一万四、四〇一の区画地――四八万八、五六三デシャチーナに等しく、農民地の総面積の五九・五パーセントに当たる――を取得した。ここから計算すると、農民世帯(Bauergesinde) 一戸当たりの取得した平均的な土地面積は三三・九デシャチーナ（三七ヘクタール）となる。この土地にはかなり広い屋敷地と耕地の外に耕地面積の二倍以上の広さの採草地と牧草地が含まれていた。

もっとも旧領主はこのように農民にその保有地を譲渡した後にもまだかなり広い面積の土地を自己の所有地として保持していた。例えば、リーフランド県では、旧領主階級全体の手中に残された屋敷地と耕地は農民階級全体の取得するにいたった屋敷地と耕地の面積にほぼ等しく、その他にかなり広い採草地・牧草地、広大な森林が旧領主階級の手中に維持されていた。

ところで沿バルト地域における農村の社会関係をさらに詳しく見るときに注目されるのは、この地域では古くから領主と農民（農奴）のほかに、農民身分から経済的・法的に区別される村落下層民の身分が村落内に存在していたことである。これらの階層には、(α)奉公人とその家族、(β)旧領主農場で働く農業労働者という二つの基本的な集団が含まれていた。

このうち奉公人とその家族の階層は、多くの場合、農民世帯主の家内集団（domestic group）に含まれる人々であった。例えばリトアニアとの国境線に近い、クールランド県東南部のリンデン領の事例についてのプラーカンス（A. Plakans）の研究の示すところでは、(5) 農民世帯（Gesinde）は通常二つまたはそれ以上の「家族ユニット」(conjugal famiy unit) ＝核家族、すなわち世帯主の核家族、世帯主の親族（兄弟など）の核家族、奉公人（Knechte）並びにその他のさまざまな人々（居候、乞食）の核家族を含んでいた。そのため、このような複合的な構成を持つ農民世帯はかなり大規模なものであり、例えばリンデン領の農民世帯の平均規模は一八二六年には二〇・五人であり、一八八一年には若干縮小しているが一五・四人であった。

このような家内集団の内部における核家族相互の関係はいかなるものであっただろうか。リーフランド県の二つの隣接する領地（ヴェンデン領とヴォルマル領）についての統計委員会の調査は、家内集団における住居（Wohnungen）と食事（Essen）――「世帯主と奉公人は通常別々に居住するか」という点と、「別々に食事をするか」という点について明らかにしているが、それによるとヴェンデン領には、五、一五一戸の家内集団が存在し、そのうち世帯主と奉公人の二つのグループが別々に居住するものは一八・三パーセントであり、別々に食事するものは一二・三パーセントとなっていた。したがってこの領地では世帯主と奉公人とは通常一つの屋根の下に住み、かつ食卓共同体（Tischgemeinschaft）を形成していたことになる。だが、これに対して、ヴォルマル領では、二、九四五の回答のうち、七〇・四パーセントが居住を別にし、六四・四パーセントが食事を別にするというものであった。したがってこの領地では共住と食卓とを共にする家内集団はあまり一般的ではなかったということになる。このことからも明らかなように、沿バルト地域の農民家内集団の多くが世帯（household）と言えるものをなしていたかどうかはまったく疑わしい。

しかも、これらの家内集団については、たとえそれが家父長的性格を帯びており、共住団体・食卓共同体を形

表1　沿バルト地方リンデン領の農民世帯

	1797年	1826年	1858年	1881年
総人口（人）	1982	2407	2326	2310
農民世帯外の人口	69	60	407	945
農民世帯の人口	1913	2347	1919	1365
農民世帯数（戸）	111	115	115	101
世帯の平均規模（人）	17.2	20.5	18.3	15.4
世帯あたり奉公人（成人男性）	1.7	3.0	3.4	na
世帯の構成（パーセント）				
世帯主の家族のみ	3.6	5.2	2.1	na
世帯主と親類	19.8	7.6	4.2	na
世帯主と奉公人	37.8	27.2	76.8	na
世帯主，親類と奉公人	38.7	60.5	16.8	na

出典）A. Plakans, Serf emancipation and the changing structure of the rural domestic groups in the Russian Baltic provinces, Linden estate, Households, 1984, p. 252, 260, 264.

成していた場合にも、後述するロシア諸県の農民の大家族とは根本的に異なる性格を有していた点が注目されよう。その相違点とは、沿バルト地域の家内集団は世帯主（土地を保有する農民）の家族とその奉公人（土地なしの労働者）の家族とを含む家＝経営体であって、家族財産に対する平等な持分権にもとづく血縁的な集団では決してなかったことである。ところが、血縁的な家族が問題となる限りでは、そのような家族（つまり世帯主の家族や奉公人の家族）は原則的に小家族をなしていたのである。

それでは、これらの奉公人の階層はどのようにして生まれてきたのであろうか。あらかじめ結論的に言えば、その形成が前述した沿バルト地域における農民の相続慣行と密接に関連していたことはほぼまったく疑いないところである。すなわち、若干単純化して言うと、そこでは前述の一子相続制の作用のため農民世帯主の息子たちの一人が――ただし世帯主に男子がいない場合には女子の婿養子が、また一人の子供もいない場合には養子が――父親の遺産を相続して新しい世帯主となり、一方、財産を相続することのできなかった弟たちが奉公人となったと考えられるのである。実際、ソ連の沿バルト地域の経済史家スヴァラネは奉公人の起原がそこにあったことを次のように述べている。

「一九世紀の二〇、三〇、四〇年代には奉公人と世帯主とは別々の階級ではなく、むしろ農民階級の中の長期的な社会的配置とみなされる。奉公人の一部は、何世代もずっと奉公人であったが、別の部分は農民の家族の若い成員からもたらされ続けた。農民の兄弟姉妹がしばしば彼らの親類または他人の農場の奉公人としてとどまったのである(6)」。

このように奉公人は、奉公人の子弟から再生産されるだけでなく、世帯主になることのできなかった弟たちからも生まれたのであり、彼らは、今や世帯主となった兄の家で働くか、さもなければ生家を出て他人の家で働くかのいずれかにかかわりなく、古くからの奉公人の階層に合流したのである。ただし、二三男や奉公人が養子、婿養子などの方法によって農民世帯主になるチャンスはなかったわけではないようである。しかし、彼らが土地を購入して奉公人の階級から農民となる道はほとんど閉ざされていた。

この奉公人の社会層にはまた農民経営主の下から離れ、領主農場で働く農場奉公人（Landknechte）になるというチャンスが存在していた。とりわけ、十九世紀中葉の土地改革によって農民の賦役労働が廃止されたのち、旧領主がその賦役農場（Vorwerke）を農業資本主義的に再編し、年雇労働者の賃労働にもとづく経営を始めたことは、そのような奉公人に対する需要を著しく拡大させることとなった。その際、彼らは領主農場における労働の報酬として貨幣賃金の外に現物賃金か土地を受け取り、農場主の提供する住居を利用することができたのである。ちなみに、地域によっては、領主農場の一部が二〇―六〇デシャチーナ単位で貸し出されることもあり、またエストランド県のいくつかの地区に見られたように、水呑（Loostreiber）と呼ばれる人々に対して農場で働くことを条件として小地片が貸し出されることも行なわれていた。これらの水呑の階層になったのは、自分の農業経営を息子に譲った経営主や退役した兵士、奉公人＝農業労働者などであり、彼らは通常その小地片の一部を利用してわずかな牛や馬、鶏、ブタなどを飼うことができたが、その小地片の面積はロシア諸県の北部非黒土地域のロシア人農民が農奴解放に際して受け取った「ドゥシャー分与地」（それは通常男性一人当たり三―五デシャチーナであり、一家族当たりでは九ないし一五デシャチーナであった）を超えており、それゆえ自分の家族労働力を充用するのに十分なほどであった。したがって沿バルト諸県の小借地層は法的・社会的な階梯という点では農民身分より低い位置にいたとしても、経済的にはロシア非黒土諸県の農民（крестьяне）よりも恵まれていたと言えるかもしれない。ところが、農民の子弟は農業経営に十分な土地（一五―六〇デシャチーナの土地）を相続や購入によって取得することができなかった場合にも、このような小地片を借地するよりは奉公人の仲間に入ることを選好したのである。もちろん、このことは沿バルト地域の農業資本主義的な発展にもたらされた労働者の経済的状態と無関係ではない。実際、十九世紀中葉に旧領主および農民の農場が農業労働者に支払った賃金率はしだいに上昇しつつあり、ロシア帝国の諸地域だけでなく、ドイツやベルギーと比べてさえ高かったとされている。例えばリーフランド県では、奉公人の賃金は一八六九年に九七ルーブルないし一二一ルーブル／年であったが、一〇年後の一八七九年には一三八ルーブルないし一六一ルーブルにまで達した。(7)

以上にあげた農村諸階層は社会的にどのように分布していただろうか。まずはっきりしている点は、沿バルト地域ではすでに十九世紀中葉に村落下層民がかなり著しい割合を占めていたことである。例えばクールランド県では、先に示した領地の事例からも明らかなように、奉公人が農民の階層を量的に著しく超えていたことが知られる。またエストランド県では、ヴァフトレの一八五八年の納税人口調査にもとづく計算から農村住民の社会的構成が知られるが、それによると、農民は村落人口の三五ないし四〇パーセントを占めていたのに対して、農民世帯主の下にある奉公人は二五ないし三〇パーセント、領地の奉公人と手工業者は一〇パーセント、水呑は二五パーセントであり、村落下層民がほぼ三分の二であった[8]。

沿バルトにおける農業と産業社会への転換

それでは、以上のような農業制度を特徴とする沿バルト地域の農村では、その後、二十世紀初頭までにどのような発展が生じたであろうか。この点でまず何よりも注目されるのは、十九世紀中葉にそれまで農村人口の社会的モビリティを制約していた人格上の諸制限が撤去されたのち農業人口の離農と農村から都市への流出が生じたため、農業・農村人口がほとんど増加せず、むしろ減少さえ生じたことである。このことは前述の一九〇二年の特別協議会の県委員会においても明確に認識されていた。例えばクールランド県委員会の報告書は、二十世紀初頭までの沿バルト地域の人口統計学的過程について次のように述べている[9]。

「最近の一八九七年の国勢調査は、クールランド県の農村人口が最近四〇年間に数的にほとんどまったく増加していないという驚くべき事実を明らかにした。

例えば、農村人口は一八六三年に四九万八千人であったが、一八九七年には四九万一千人である。

ここでは普通の人口の自然増加率は〇・五―〇・七パーセントなので、実際には上記の期間に農村人口は八万五千人以上も増加したはずであるが、この八万五千人が実在しないだけでなく、数千人も減少しているのである。一八六三年から一八九七年の間には、出生率も死亡率も通常の範囲を超えなかったのであるから、右に示した現象の説明として残されているのは、ただ一つの原因、すなわち農村人口の流出だけである。

この事実は、別の側面からも多くのデータによって確認される。例えば、農村住民が移住した都市（リバーヴァ、リガ）の人口の急激な増加、また県の農村部できわめて強調される労働力の不足、つまり全般的な危機にまで発展し、農村労働者の賃金の異常な高騰をもたらした不足である。」

このような農村人口の流出をもたらした要因は一体何だったのか？　クールランド県委員会の報告書は、それを「県の農業の存在条件」に、とりわけ「村人の定着性の発展にとって著しく不都合な条件」をなす土地所有のあり方に求めている。

「一八六三年の立法によってつくり出された県の農民的土地所有は、いわば平均的な土地所有であった。というのは、ここの農民世帯は三〇ないし一〇〇デシャチーナの規模であり、土地価格が高いため、そのような世帯を取得することは決してすべての者にとって可能ではない。そのような農民区画地または世帯は県内に約三万戸存在し、一家族あたり五人と計算すると、一五万人ないし二〇万人となる。一方、県の農民人口は四五万人に達するので、二五万人以下、またはいずれにせよ二〇万人が自分の土地経営を持たず、賃労働によって暮らさなければならない。たしかに、地元労働者への需要が大きいため、当地の賃金はロシアの他の地域におけるよりも高い。しかしながら、住民が計算高く、倹約家であることは農村と都市の貯蓄金庫の預金量から明らかである。しかし、一定の貯蓄を持っていても、土地なしの村落住民が……当地では、地元で、自分のなけなしの貯金で、経営に必要な土地区画を購入する可能性も、借地する可能性さえもない。というのは、県にはそのような小区画はまったくなく、総じて土地は強い者の手中にあるからである。かくして労働者はあるいは都市へ、あるいは隣接の県（プスコフ、ノヴゴロドなど）へ……移住する。この移住運動は上に記した県内の激しい労働危機（不足）を、すなわち、周知のように広く普及しており、そのため労働者大衆を必要とする全ての地元の農業経営に対する厳しい一撃を与えた。[10]」

この報告書において特に注目されるのは次の二つの点である。第一に、沿バルト諸県では――（後述するように）農村人口の爆発的な増加と慢性的な「土地不足」（または農村過剰人口）に苦しむロシア諸県と正反対に――農民の子弟の一部および奉公人の農村外部への流出が生じ、農村人口が減少した結果、「農業労働力の不足」が問題となっていた点である。また第二に、そのような農村人口の都市流出をもたらした原因が農村人口の定住性を破壊するような「農業の存在条件」に求められていることである。その際、もちろん、この報告書に言われている「条件」が一子相続制の作用――すなわち、土地から完全に分離した奉公人を生み出し、一定の条件下でこれらの人々を農業からも分離させるような作用――を意味していたことはまったく明らかである。

それでは、このように農村に残された農業労働力がほとんど増加しなかった（あるいはわずかながら減少した）という事情は、沿バルト地域の農業にとってどのような影響を与えたであろうか？

この点について、右の協議会の委員たちは一致して、農業労働力の「不足」が農業者（旧領主および農民世帯主）の農場にとって深刻となっており、またこの不足の結果、「賃金の上昇」が生じていることを強調した。[11]もちろん彼らのこの指摘が農業資本主義的な農業者の利害を擁護する立場からなされたものであることについては言うまでもないであろう。

しかし、ここでは、さらに注目される事情として、「農業労働力の不足」と「賃金の上昇」が客観的には農業における生産力を著しく引き上げる作用を果したという点を指摘することができるであろう。実際、中央部委員会の統計などが示すように、沿バルト地域では土地の生産性が二十世紀初頭までにかなり急速に上昇していたことはまちがいない。もちろん、それにはいくつかの恵まれた自然的、歴史的な条件が作用していたことも否定しえないかもしれない。そのような条件に入れることができるのは、前述したように、牧草地と採草地の面積が穀物栽培用の耕地と比較して著しく広く、それゆえ牧畜と施肥が高度に発展し得たことや、農民世帯間または農民・旧領主間の耕地の混在状態がまったく欠如しており、農民経営が最初から独立農場――ロシア語の用語を使用すると、フートルまたはオートルプ――をなしていたこと、またそのためきわめて広大な農地に中世的な三圃制に代わって多圃制や農業機械の導入にもとづく新しい経営技術を取り入れることが容易であったことなどである。しかし、これらの条件にもまして「労働力の不足」は新しい経営技術の導入を促すことによって土地の生産性を高める重要な要因として働いたに違いない。しかも、農業労働力の減少という状態の下で土地の生産性の上昇が生じていたという事実は明らかに労働の生産性の上昇を意味していたことは言うまでもない。しかし、沿バルト地域における農業の生産性がどの程度に上昇したのかについては後に述べることとしよう。

ところで、農民や奉公人の子弟が農村または農業の外部に流出するためには、その労働力を受け入れるための諸産業の発展という条件が必要であったことは言うまでもない。このような条件は果たして沿バルト地域に存在していただろうか。この点で指摘することができるのは二つの点である。まず第一に、一見したところ、沿バルト地域には二十世紀初頭にいたるまで何かある特別に注目されるような産業、とりわけ都市および農村における工業の発展がなかったように思われることである。とりわけ注目されるのは、ロシアの中央部諸県から北部諸県にかけての地域に広汎に普及していたような農村小工業（手工業・クスターリ工業）――すなわち農民が農業の副業として営むような家内工業――がまったく発展していなかったように見えることである。しかしながら、農民の手工業や家内工業がほとんど見られなかったとしても、そのことは「専門的な労働者」として働く都市と農村（特に領地）の手工業者や工業労働者の形成がまったく見られなかったことを意味するものではない。このことは例えばリーフランド県委員会の報告書が述べている通りである。

「リーフランド県ではクスターリ工業は発達していない。なぜならば、農業が村落住民のほとんどすべての時間を吸収しているからであり、農業に従事していない者は自分の全時間と生計を自由職業、都市と農村の手工業および工業の中に見いだしているからである。[12]」

この報告書が簡潔に述べているように、沿バルト地域には農業と結びついた農民の家内小工業は存在していなかったとしても、農業から分離した「手工業」(Handwerk)や「工業」はかなり発展していたのである。事実、一八九七年のロシア帝国の国勢調査の示すところでは、沿バルト諸県はロシア帝国の中でも工業・手工業に従事する者の割合が最も高い地域に属していた。例えばリーフランド県では、工業の従事者は二三・二パーセントであり、また農業以外の全産業に従事する働き手は六〇パーセントであったが、[13]このことは沿バルト地域において伝統的な農村社会から産業社会への転換がたゆみなく進展しつつあったことを示すものであった。

第二に、しかし、それでも農業を離れた子弟は働き口を探すために苦労しなければならなかったのであり、そのためしばしば彼らは沿バルト地域の都市に流出したばかりでなく、その外部、すなわちロシア諸県、ドイツ、アメリカにまで移住しなければならなかったことである。

二十世紀初頭までの人口統計学的過程の特徴

ここで次の点に注意を向けておきたい。それは、右に示したように沿バルト地域が産業社会への転換という点においてロシア帝国の最先進地域に属していたにもかかわらず、その非農業人口の増加のテンポ自体はロシア帝国のその他の地域と比較して決して急速ではなかったことである。このことはどのように説明されるであろうか。

まず明らかなことは、このことが沿バルト地域におけるかなり低い人口成長率によるものであったことである。実際、沿バルト地域の人口増加率がかなり低い水準にあったことは内務省・中央統計委員会の統計にはっきりと示されている。いま一八七〇年から一八九四年までの二四年間における人口の自然増加率を見ると、ヨーロッパ・ロシア五〇県の平均が一・三六パーセント／年であり、また中央部ロシア諸県がこの数字よりもかなり高かったのに対して、沿バルト地域のそれは〇・九三パーセントであった。(14)

それでは、この低い自然増加率自体はどのような事情によるものであったのであろうか。統計から明らかになる点は、それがかなり低い出生率（三・〇四パーセント／年）によるものであったことであり、またこの低い出生率が低い婚姻率、未婚者の高い割合並びに高い初婚年齢などに関係していたことである。例えば一八九七年の国勢調査によると、(α)婚姻可能な年齢にある者（一六歳以上の女性と一八歳以上の男性）の中で未婚者の割合が最も高いのはロシア中央部諸県であったのに対して、最も低いのは沿バルト諸県――およびそれに隣接するコヴノ県（リトアニアのサモギティア地方）――であった。また(β)年齢別の婚姻状態について、二〇歳台の青年男女のうち婚姻した者の比率が最も低いのはやはり沿バルト諸県とコヴノ県である。(15)この両地域には、四〇歳になっても結婚しない者もかなりいた。このように沿バルト地域はロシア帝国の中で「晩婚と未婚者の高い割合」という特徴を最も色濃く持つ地域に属していたのである。

したがってこのことから沿バルト地域やコヴノ県がジョン・ハイナル（John Hajnal）の「ヨーロッパ的婚姻パターン」に最も近い婚姻パターンを持つ地域であったと言うことが許されるであろう。このことは、ソ連の沿バルト史家のスヴァラネも、「ここ［沿バルト地域］では結婚の時期がロシア・モデルよりも西欧モデルに近く」、「バルトの男女は帝国の東部におけるよりもいくらか遅く結婚する傾向があった」と述べ、示唆した点で

表 2　年齢階梯別の婚姻率（パーセント）

年齢	クールランド県		コヴノ県		ミンスク県		キエフ県	
	男性	女性	男性	女性	男性	女性	男性	女性
17—19 歳	1.0	4.1	0.3	3.1	3.3	10.2	2.6	15.8
20—29 歳	28.0	45.5	23.0	46.1	50.6	60.8	53.8	79.3
30—39 歳	78.2	84.7	74.1	85.2	92.7	93.0	94.2	95.7
50—59 歳	95.1	92.0	94.2	91.0	97.7	97.4	97.8	97.3
60 歳以上	96.3	92.1	96.0	90.0	98.0	96.7	97.8	97.0
計	42.5	47.3	36.6	41.1	39.4	40.6	40.8	44.8

出典）Первая всебщая перепись населения Российской империи 1897 года, XVII, Ковенская губ., 1904, с. 26, 76-77, XIX, Курляндская губ., 1905, с. 28-29, XX, Минская губ., 1904, с. 26-27, XVI, Киевская губ., 1904, с. 28-29.

ある。(16)

ここではさらに、このような婚姻パターンが沿バルト地域に生じたのはなぜだったのだろうか、という疑問を提示することもできよう。だが、すでに述べた沿バルト地域における伝統的な農業制度の特徴を考えるならば、このことは必ずしも不思議なことではないと言えるだろう。すなわち、沿バルト地域では、農民の子弟が結婚するのは、多くの場合、農民世帯主が引退ないしは死亡し、その遺産相続が行なわれるときであり、またそうした遺産相続に加わることのできなかった弟たちや若年奉公人がその世帯を形成するまでにもかなり長い時間が必要であったという事情が初婚年齢を引き上げていたと考えられるのである。

このような遺産相続と婚姻のパターンには二十世紀にいたっても根本的な変化が生じたことをうかがわせるしるしは認められない。先にあげた人口統計も十九世紀後半に婚姻率、出生率、死亡率がごくわずかに低下したことを示しているだけである。

かくして要約すると、沿バルト地域ではこの地域に特有な農業制度の下で毎年農村人口の比較的わずかな部分（〇・九パーセント）が農村（領地と村落）から流出するという過程が進行していたに過ぎないことになる。この過程は短期的には目立たない、静かな過程であったとしても、数十年間にわたって休みなく続いたとき、その結果はまさしく「驚くべきもの」となっていたのである。

しかし、一九〇二年の特別協議会で明らかとなったことは、ここに示したような過程がロシア帝国ではほぼ沿バルト地域に限られており、帝国のその他の地域、とりわけ東スラヴ人の定住地域では反対に農村の農業人口の巨大な増大が問題となっていたということであった。

そこで、さらに沿バルト地域以外の西部地方の状態を見ておこう。

二　西部地方（リトアニア・白ロシア・ウクライナ）

西部地方の農奴解放の一般的規定

一八六一年二月十九日の農奴解放令によって、ロシア帝国の西部地方の農民は、農奴身分からの過渡的な「一時的義務負担農民」の状態を経たのち、それまで自分の保有していた土地——「分与地」（надел）——を旧領主（＝農奴主）から取得し、「土地所有者」（крестьяние-собственник）となる権利を得ていた。ただし、ここでも農民は分与地を無償で獲得したのではなく、右の法令によってその所有者と認められた旧領主から買い戻さなければならず、その際、その買戻を次のような金融操作を通じて行なうこととされていた。その操作とは、まず国庫が農民に代わって土地価格の八〇パーセントを「買戻証書」（有価証券）をもって土地所有者＝旧領主に支払い、またこの証書の額面価格の五パーセントの利子を毎年旧領主に支払うが、一方、農民の側は、この国庫に対して生じた負債を償却するために負債額の六パーセントの償却支払金（利子と償却部分）を四九年間にわたって支払い続けるというものであった。このように農民は「土地所有者」となったのちも、国庫に対して土地抵当負債を負うことになったのであり、彼らが「完全な土地所有者」となるためには、その負債の全額を償却しなければならなかった。ところが、一八六一年の法令では、右の操作によって償却が完了するのは、一八六一年に買戻操作に入った村落農民の場合でも一九一〇年であった。もちろん、この期限前に繰り上げ償還することも許されてはいたが、そうすることができる資力のある農民がほとんどいなかったことは言うまでもない。ついでながら、この土地買戻の方法はロシア諸県の場合とまったく同じである。(17)

しかし、西部地方の農民が買い戻した分与地を利用する方法は、後述するロシア諸県の農民の場合とは次の点でまったく異なっていた。(18)

第一に、西部地方の村落農民は――森林や採草地や牧草地などの用益地など村落全体の共同地として取得した土地を除き――屋敷地と耕地を「世帯別所有地」(各世帯主の財産)として取得することとされていた。

第二に、彼らはかつて(十七世紀)のフーフェ制の導入に際して一フーフェの土地(三〇モルゲンの屋敷地と耕地)を与えられたのと同じように、――各村落の内部では――お互いに同じ面積の土地(屋敷地と耕地)を取得することとされていた。このことは一八七二年のヴァルーエフ委員会の報告書が例えばヴィリノ県ディスナ郡における分与地の利用について述べていることからも明らかである。

「当該地方では世帯別の分与地が[農奴解放前にも]常に存在していたし、現在も存在している。すなわち土地はまず各村落に対して明確で不変の境界によって決められ、次いで各農民経営主がこの境界の中で自分に属し、決して変わることのない、等しい面積の屋敷地と耕地とを受け取る。さらに採草地と牧草地は全村落の共同地を構成する。(19)」

ただし農民の取得した分与地面積は一つの村落内では同一であったとしても、地域（県や郡、郷）ごとに異なっており、また同じ郷内でも村ごとに異なっていた。しかし、分与地の平均面積には地域的に特有な傾向があり、例えばリトアニア西部（コヴノ県など）では農民たちがかつての「完全フーフェ」（三〇または三三モルゲンの屋敷地と耕地）の基準に近い分与地を取得したのに対して、白ロシアやウクライナの農民はそれよりはるかに狭い面積（例えば「半フーフェ」）の土地を取得したことを指摘することができる。例えば一八七二年のヴァルーエフ委員会の報告書はコヴノ県（リトアニア西部のサモギティア地方）の農民がかなり広い土地を取得したことを次のように述べている。

「現在、農民経営主（Wirthe）の所有となっている農民経営は、通常、二〇ないし四〇デシャチーナの面積である。しかし、もっと小規模の農民経営も見られる。一〇デシャチーナあるいは五デシャチーナあるいはそれ以下の土地区画をもつ経営主は通常水呑、小屋住などと呼ばれる。また領地や農民世帯で労働者や日雇になる土地なし農民は奉公人（ボブイリ）(бобыли) と呼ばれる。コヴノ県の農民世帯は大部分が村落を形成するが、しばしば個別に散居している。これらの村落は様々な大きさであるが、一般的にはあまり大きくない。だが、非常に大きな村も存在し、例えばメシュカロフカ村（ポネヴェジュ郡ウオランシケリ領）は三七人の経営主からなる。これらの経営主はそれぞれ約一九デシャチーナ［二一ヘクタール］を維持している。[20]」

しかし、コヴノ県のリトアニア人農民と異なり、白ロシアの農民はそのような広い分与地を取得することができなかったし、また右岸ウクライナの農民はそれよりもっと狭い土地で満足しなければならなかった。

なお、同じ村落内であっても複数の農民グループ＝カテゴリーが存在した場合には、各範疇ごとに等しい面積の分与地を取得することとなっていた。すなわち、ヴァルーエフ委員会の報告書（ポドリア県）に述べられているように、「牛または馬を持つ役畜［チャグロ］世帯は完全分与地を受け取り、無役畜［ペーシー］世帯は半分与地を受け取」ったのである。(21)

第三に、西部地方とロシア諸県とのもう一つの相違点は、右のコヴノ県についての報告にも言われているように、「農民」身分から法的・身分的に区別される「村落下層民」（水呑、小屋住、奉公人）が存在し、しかもこれらの階層は耕地を取得することができなかったことである。これらの階層は、農奴制時代から分与地をまったく保有しないか、または保有していたとしても農奴解放令に規定された最低基準（最高分与地の四分の一）の屋敷地・耕地を保有していなかった人々である。

さて、このように西部地方における農奴解放が農村における旧来の土地関係を著しく変えるものであったことは言うまでもないが、以上に述べたことからも推測されるように、それはまた他方では農奴制時代の村落社会の重要な特徴をひきつぐものでもあった。そこで、ここでは農奴解放後にひきつがれることとなった西部地方の伝統的な農業制度の特徴に触れておこう。

西部地方の伝統的な農業制度（フーフェ制と賦役農場）

十九世紀中葉の西部地方――リトアニア、白ロシアおよびウクライナ――における農業制度はいくつかの点ですでに述べた沿バルト地域のそれに本質的に類似するものであったと言うことができる。

第一に、この地方でも、十六世紀中葉以降にドイツ法（＝レーエン法）の影響下に実施されたアウグストゥスの農業改革によってフーフェ制が導入されており、領主地も農民の保有地も十九世紀中葉まで「フーフェ」(valakas, włoka) ――すなわち、三〇または三三モルゲン（二一・三六ヘクタールまたは二三・六ヘクタール）(22)

——を単位として測量されていたことである。そして、農民とは本来的にはこの一フーフェ＝三〇モルゲンの「屋敷地と耕地」を世襲的な保有地として与えられ、その外に村落の共同地に対する持分を持ち、また領主の用益地（森林、湖沼、牧草地などの土地）に対する入会権（vchod）を認められるかわりに、領主に対して一定の地代（賦役と賃租）を納める者に他ならなかった。

第二に、この農民のフーフェ（屋敷地と耕地）はなるべく分割されることなく次の世代の一人（通常は長男）に伝えられるべきであると考えられていた点である（一子相続制）[23]。ところで、もしこの一子相続制が厳格に適用されたならば、まず農民世帯主の子弟のうち弟たち（二三男）はフーフェの相続から排除されることになり、それゆえフーフェを保有する農民の家族は原則的に小家族（世帯主とその妻および未婚の子供たち、それに老いた両親）を超えて拡大することはないことになるだろう。ただし、フーフェを相続することのできなかった者も、もし村内にまだ未占取のフーフェが存在するならば、それを耕作することを許されたであろう。だが、それがなくなったときには彼らは新しい土地に移住し原野と森林を開墾し、新たなフーフェを創り出さなければならなかった。このような森林と原野への植民による生活空間の拡大は荘園領主の利益に沿うところでもあった。だが、このような土地開墾に残された土地は十九世紀中葉までには多くの地方でなくなっていた。

第三に、農民の賦役労働にもとづく領主の直営農場（Vorwerke, folwarka）が高度な発展をとげていたことである。そもそもフーフェ制の導入自体が貨幣貢租（チンシュ）の増加、またはとりわけ十六世紀以降に発展しはじめた穀物輸出のために賦役労働力を増加させるという荘園領主の利害に由来するものであったのであるから、このことは言うまでもないであろう。

しかし、十九世紀中葉までにここに示したような古典的なフーフェ制には著しい変化が生じており、それは特

表3　リトアニアと白ロシアの農民世帯保有フーフェ

	年	フーフェ	世帯
プルヴィエナイ領（サモギティア）	1777	75	79
トゥビネス裁判区（同上）	1794	9	19
シャウレン領	1783	5536	3039
ヴェンジオガラ領（カウナス）	1798	85	69
アルトィス領（同上）	1783	2096	2318
ティリリス村とイルギス村（ウクメルゲ）	1784	27	30
チェダサイ領（同上）	1796	73	80
ペシュトゥヴェナイ村とナルキシュキス村	1790	18	20
シルヴィナタイ領	1795	32	36
ネメジウス，メディニンカイ，アウクスタドヴァリス，ドリスヴャトィ	1765	1519	1044
タウラグナイ領（ブラスラフ）	1792	357	233
ゼスヌドィ（同上）	1797	37	95
リリシュキ村（リダ）	1791	5	5
ソルィ（オシュミャヌィ）	1782	34	38
ルトキ（同上）	1782	61	80
スヴェトラヌィ（同上）	1784	22	59
ボチェチニキ村（同上）	1789	12	23
ドゥドィ裁判区（同上）	1789	148	181
ヤクヌィ裁判区（同上）	1789	49	73
クツキ村（同上）	1789	14	14
ヘルマニシュキ領（同上）	1790	85	55
ウジュペ村（グロドノ）	1793	14	17
セメノフカ村（同上）	1775	10	22
グロディスキ郷（同上）	1800	185	230
ヤノヴォ郷（同上）	1800	67	131
ヤセノフカ村（同上）	1793	20	30
グロドノ領	1783	7293	8946
ゼルゲルィ村（ヴォルコヴィスク）	1792	23	20
ヴェソルィ・ドヴォール領（スロニム）	1785	174	318
マルハチョフシズナ村（ノヴォグルドク）	1792	7	11
コトロヴォ村とモンジン村（同上）	1798	12	24
ジャトロヴォ領	1784	301	517
ブレスト・コブリン領	1783	5745	8377

出典）Werner Conze, Agrarverfassung und Bevölkerung in Litauen und Weißrussland, Leipzig, 1940, S. 210-211. これは以下の史料にもとづく。Акты издаваемые Виленской Коммиссией для разбора древныж актов (далее, АВК), т. 13, 14, 24, 25, 35, 38, Бильнюс, 1885-1914; Istorijos Archyvas, XVI amziaus Lietuvos inventoriai (далее, IA), T. 1. Kaunas, 1934; Писцовая книга бывшего Пинского Старостваа (ППС), Вильнюс, 1874; Lietuvos inventoriai XVII a. Dokumentu rynkinys (далее, LI), Vilnius, 1962.

に各農民家族の保有するフーフェが多くの地域において本来の基準よりもかなり縮小していたことに見られた。しかし、十九世紀初頭までの古い土地台帳から明らかなように、この点でまったく対照的な次の二地域の存在することが知られる。

(α)リトアニア人農民の本来の定住地域、とりわけサモギティア地方

この地域では、各農民家族のフーフェ（村落フーフェと「占有フーフェ」の合計）は古い「完全フーフェ」の基準にほぼ一致している。

(β)東スラヴ人（白ロシア人農民）の定住地域

この地域では各農民家族のフーフェは「半フーフェ」またはそれ以下の基準にまで縮小している。

このような相違はなぜ生じたのか、以下の立論に必要となる限りでその事情に簡単に触れておこう。

(α)リトアニア人の定住地域

コヴノ県の一領地（プルヴャヌイ裁判区）の事例を見ておこう。[24]

この領地は一〇村落、七九戸の農民世帯からなり、これらの世帯の保有する屋敷地と耕地の面積は全体で七五・三三フーフェであった。したがって一家族あたりの平均的な保有面積は〇・九五フーフェ——ほぼ「完全フーフェ」——に等しいことが分かる。だが、ここで注意しなければならないのは、実際にはこれらの家族の間にはかなり著しい分化が見られることである。すなわち、二、三フーフェを保有する世帯が五戸、一フーフェないし一・五フーフェを保有する世帯が五二戸、部分フーフェ（半フーフェないし〇・七五フーフェ）を保有する家族が八戸であり、合計すると半フーフェ以上を保有する農民世帯が六四戸となり、一方、まったくフーフェを保

有しない世帯が一五戸である。このように沿バルト地域と同じように、この領地でもフーフェを保有する農民の家族と土地をまったく保有しない村落下層民（奉公人など）の家族という二つの基本的な社会層が認められるのである。一方、これらの家族の構成を見ると、その平均的な家族成員数は約四・八人とかなり小規模であり、また親族構成の判明する七二世帯のうち、四二戸は核家族、二八戸は小家族（核家族に世帯主の父母が加わる家族）であり、ただ二戸だけが大家族（結婚した兄弟を含む家族）に属していることが分かる。このように家族規模から見ても親族構成から見ても、この領地における村落住民の世帯が原則的に小家族に属していたことは疑いない。

表4　プルヴャヌイ裁判区（10村）の農民家族

土地保有（フーフェ）	世帯数（戸）	家族構成（戸）	
3.0　―2.0	5	核家族	42
1.5　―1.0	52	小家族	28
0.75―0.5	8	大家族	2
0	15	不明（ユダヤ人）	4
		荒廃	3
合計	79	合計	79

出典）ABK, Том 35, c. 311-321.

以上の点から見て、これらのリトアニア人の村落住民が十九世紀初頭までにフーフェを保有する農民とフーフェをまったく保有しない奉公人に分化していた理由が農民が保有するフーフェをなるべく分割しないように次の世代に伝えるという「フーフェ原則」（一子相続制）をかなり忠実に守っていたことによるものであることはまったく明らかである。

(β)白ロシア人の定住地域

しかし、サモギティアのリトアニア人農民とは対照的に、白ロシア人農民の定住していた地域ではフーフェ原則はかなり修正され、フーフェの部分フーフェへの分割が生じていた。このことは次のような事実に見られる。

第一に、この地域では、半フーフェ以下の土地しか保有しない家族が多数生れていたことである。例えば白ロシアのミンスク県諸郡では、農民家族の平均保有面積は二分の一フーフェ以下であり、[25] その中には八分の一フーフェ、一六分の一フーフェの基準にまで零細化した家族も存在していた。第二に、しかも、このような「部分フーフェ」を保有する世帯のかなりの部分は結婚した兄弟を含む大家族であった。とりわけ白ロシアとウクライナの境界線に近いポレシエ地方では大家族が一般的に広まっており、時として五つの小家族（夫婦）を含むような複合・拡大家族さえ存在していたことである。[26] もちろんこのような地域では家族分割に際してフーフェの分割も実施されていたことは想像に難くない。第三に、白ロシア人の定住地域では農民から区別された村落下層民の身分がほとんど形成されていない。たしかにここでもわずかな土地しか持たない貧農が現われていたことは否定することができない。[27] しかし、それらはフーフェの部分フーフェへの分割と細分化の結果現われたものであり、沿バルト地域やサモギティアにおけるように土地の相続に参加しえなかった農民の子弟から形成されたものではなかった。

右に示したようなリトアニアと白ロシアの相違は、W・コンツェが明らかにしたように、フーフェ制の導入以前のリトアニア人と東スラヴ人の基本的な定住集団をなしていたスルージバやドヴォリシチェの状態の相違をかなりの程度に反映するものであったと考えられるが、[28] ここではこの点はおいておこう。

村落下層民の形成

いずれにせよ、以上の検討から明らかになるのは、農奴解放の時点で生じていた分与地の面積の地域的相違がフーフェの分割または非分割という家族史上の相違によるものであったという点であり、しかも、この相違が村落における農民と村落下層民への分化のあり方の相違をも生み出していた点である。この村落下層民についてもう少し詳しく触れておこう。

一八四七／四八年のインヴェンタール委員会の資料では、コヴノ県とヴィリノ県の村落家族のうち、それぞれ二、二六〇世帯（五・八パーセント）と一、九八〇世帯（三・四パーセント）が「水呑」（ogorodnik, chalupnik）であったとされている。(29) ここで「水呑」と言うのは、普通は家＝ハタと屋敷付属地（ogorod）だけを保有し、わずかな場合に限り三デシャチー未満の採草地や耕地（「耕地に二分の一チェトヴェルチの播種地」）を保有するだけの貧農であり、「その耕作地では自分の家族を養う状態にない」ため、よそ（つまり農民経営主の経営）での賃仕事（日雇または季節労働）によって生計を立てなければならな」かった人々である。

これに対して、村落下層民の第二の範疇は「ドヴォロヴィ」（дворовые）と呼ばれる人々であり、それはリトアニアと白ロシアがロシア帝国に併合されたのち、十九世紀前半に始めて現われたとされているものである。一八五八年の統計では、この社会層はコヴノ県およびヴィリノ県の村落人口の四・三パーセントおよび五・一パーセントであった。このドヴォロヴィ（館の人）とは一体どのような社会層であっただろうか？　よく知られているようにロシア諸県においてドヴォロヴィと呼ばれていたのは、身分的には農民に属しながらも通常の土地耕作農民と異なって領主の館に住み、その家事労働に従事する世襲的な僕婢であった。しかし、リトアニア・白ロシアのドヴォロヴィとはそのようなものではなかったようである。実際、リトアニアの一領主（ゲーリンク）は、「ドヴォロヴィ、特にリトアニア諸県のドヴォロヴィは、大ロシア諸県のように特別なカーストではなく、個人的奉公のために、または農場労働のために村落から取られた農民である」と述べ(30)、それが大ロシア諸県のドヴォロヴィのような「特別なカーストではなく」、むしろライフ・サイクル的な奉公人――すなわち青年時代の一時期だけ領主のために働く奉公人――であったことを匂わしている。一方、一八四七／四八年のインヴェンタール規則（第一一条）[31]は、農民をドヴォロヴィに取ることを明示的に禁止し、ただ「奉公人と孤児を、また同様に水呑とペーシー農民［これについては後述］から」取ることだけを許可するとしていたが、この規則に対してヴィリノ県貴族団長は一八五二年に次のように書いた。「当地の慣習では、奉公に取られた農民は一定期間後にまた経営に戻されるか、または特別に経営を整えてもらっており、彼がどこに登録されていようと、もはやドヴォロヴィとは考えられない。[32]」この文言からもドヴォロヴィとよばれた人々が世襲的な奉公人ではなく、ライフ・サイクル的な奉公人であったことは間違いない。

これらと並ぶ第三の村落下層民のグループは奉公人（kutnik）、すなわち土地を保有せず、また通常は家を持たない者からなる階層である。これらの奉公人は、多くの場合、農民経営主に雇われてその家に住んでおり、一年に一度、クリスマスから新年までの時期に雇主を変える権利を持っていた。ヴィルコミールの領主（セシツキー）は、「このような［移動の］自由があるため、経営主は自分の奉公人によい物を食べさせ、よい服を着せようとし、働き者の奉公人男女は報奨金までもらうことになる」と記している。

ただし、沿バルト地域と同様に、ここでも旧領主の貸し与える家＝ハタに住み、その直営農場（folwarka）で働く奉公人がしだいに増加していた。一八五八年の統計に示された「指摘なし」の奉公人（二六パーセント）のほとんどはこの領主の奉公人であると考えられる。もちろん、このように領主の農場で働く奉公人が多数生まれていたことは、リトアニアの領主直営農場がその経営基盤を農民の賦役労働から奉公人の賃労働に移しつつあることを示すものであった。ネウポコエフの研究によると、一八三〇年代にリトアニア西部で形成された奉公人経営（Knechtwirthschaft）では、奉公人に対して食料と衣料が現物で支給され、またわずかな額の貨幣賃金が支払われたという。次いで一八四〇年代には奉公人に食料の現物支給（ordynariusz）と幾分増額された貨幣賃

表５　1858年の領主地農民の社会的構成（人）

県	男性農奴数	ドヴォロヴィ	経営主	奉公人	経営数（戸）
コヴノ県	144,930	6,225	76,068	32,063	22,381
ヴィリノ県	104,168	5,262	94,982	3,924	18,623

出典）В. И. Неупокоев, Батраки в Литве накануне реформы 1861 г., ЕАИВЕ, Том 34, с. 532.

金を支払し、それに加えてわずかな面積の庭畑地（ogorod）を配分するという新しい方式が導入され始め、さらに一八六一年の農民改革前になると、「家父長的な、すべての者に知られている、経営主の食料で奉公人を養うという慣習にかわって、貨幣による」システム――奉公人が食料や衣料の現物支給を受けず、領主から支給される庭畑地と貨幣賃金によって生活するシステム――が導入された。(33)

一八五八年の領主地農民について作成された県貴族委員会の統計によると、このような奉公人の数はコヴノ県で三二、〇六三人（二二・一パーセント）、ヴィリノ県で三、九二四人（三・八パーセント）であり、また国有地農民の村落では、コヴノ県で八・一パーセント（一八三九年）または五・四パーセント（一八五八年）、ヴィリノ県で四・〇パーセントであった。(34)このように奉公人はリトアニア最西部のコヴノ県において最も多く、農村人口の三〇パーセントにも達していたことが分かる。ただし、コヴノ県でも国有地村落における奉公人の割合はかなり低かったが、その理由は一部は土地なし農民をなくそうとする政府の政策によるものであった。(35)

一方、コヴノ県やヴィリノ県の一部と異なり、白ロシア、とりわけその東部地域では奉公人の階層はほとんど形成されていなかった。たしかにそこでもごく少数とはいえ土地を全く保有しない農民や狭い土地しか保有しない貧農が存在していたことは事実である。しかし、すでに述べたように、村落農民の中のこれらの部分は土地の「部分フーフェ」への分割と細分化の中から現われたようである。このことは、白ロシアでは平均的な保有面積が三分の一フーフェ、四分の一フーフェにさえ達しないような領地も存在しており、しかもそれらの中にはドマノヴィチ裁判区のように一〇七家族全体で一三フーフェしか保有せず、すべての土地が一二分の一フーフェ、一六分の一フーフェ、さらには一八分の一フーフェにまで細分化されていたというような事例からうかがうことができる。[36] もちろん、このような場合には、リトアニアと白ロシアに対して出された一八六一年の地方規程に規定された分与地の最低限基準（一戸あたり一〇デシャチーナ）さえ満たされていないことは明らかであった。

グーツウィルトシャフトの発展

ちなみに、以上に述べたような農業制度上の地域的な相違が領主経営の状態の地域的な相違と関係していたことは容易に想像しえるところである。実際、多数の奉公人が形成されていた地域、すなわちメーメル河とブグ河の流域やポドラシア、サモギティアでは領主直営農場（folwarka）の著しい発展が見られたのに対して、奉公人のほとんど存在しなかった白ロシアの東部では実物地代や貨幣地代を支払う「チンシュ農民」の割合が高く、領主直営農場の発展が脆弱であったという関連が見られる。[37] もっとも後者の地域でもドヴォロヴィやメシャチニク（месячник）——食料と衣料の現物支給、貨幣賃金の支払いを受ける季節労働者——は存在しなかったわけではないが、それはリトアニアにおけるよりも著しく少数であったのである。

右岸ウクライナ（西南部）における伝統的な農業制度とその変容

さて、以上の二地域と同様に、右岸ウクライナ（西南部）もまたかなり古い時代にフーフェ制を導入した地域であるが、このフーフェ制は十九世紀中葉までに次のように形に変化していた。

表6　キエフ県の領地の社会的構成（人）

年	チャグロ農民	半チャグロ農民	ペーシー農民	水呑	小屋住
1845年	40,539	12,040	95,378	14,617	9,648
1861／63年	17,906	—	137,474	33,916	17,850

出典）Отмена крепостного права на Украине, Киев, 1961, c, 46-47.

第一に、ウクライナの農民もまた白ロシアの農民と同様に、あるいはそれ以上に耕地を分割し、細分化していたことである。ここでは農民は役畜を用いた賦役を負担する農民（畜役農民）（тягловый）と役畜を持たない農民（手賦役農民）（пеший）に分化し、さらに前者のチャグロ農民は――一八四七／四八年のインヴェンタール規則までは――四つのサブ・グループに、すなわち、①四頭の役畜とほぼ一フーフェに相当する土地を持つ農民（完全フーフェ農民）、②三頭の役畜とほぼ四分の三フーフェを持つ農民（プルーク農民）、③二頭の役畜と二分の一フーフェを持つ農民（チャグロ農民）、④一頭の役畜と四分の一フーフェを持つ農民（半チャグロ農民）に区分されていた。[38] しかし、インヴェンタール規則は、これらの農民をすべて「チャグロ農民」として一括し、[39] その下に「ペーシー農民」（すなわち八分の一フーフェほどの耕地を保有するが、役畜を所有しない農民）を置き、さらにその下に農民身分から法的に区別される村落下層民を置いたのである。そして、この村落下層民の中では、屋敷付属地を保有する者（小屋住）（zagorodnik, chalupnik）とそれすら持たない者（奉公人）（kutnik）という二つのグループが区別されていた。かくして右岸ウクライナの村落では十九世紀中葉までに、チャグロ農民、ペーシー農民、小屋住、奉公人という階層序列が形成されていたことになる。[40]

　キエフ県の統計[41]では、これらの階層の分布は表6に示す通りである。ここから見られるように、一八四五年までに、家畜を所有するチャグロ農民は少数となっており、村落住民の半数以上が家畜を持たないペーシー農民の階層に属し、耕地をまったく持たない水呑や小屋住の階層もかなりの割合を占めるようになっていた。しかも、一八四五年から一八六一／六三年にかけての十数年間に村落住民のより下位の群への移行が生じ、ペーシー農民、水呑み、小屋住の割合が増加している。このように右岸ウクライナでは農民経営が十九世紀中葉までに著しい零細地経営（Zwergwirtschaft）の特徴を濃厚に帯びるにいたり、それと同時に多数の村落下層民が形成されるにいたっていたことを確認することができる。

ところで、この村落内の下層民がどのようにして形成されたのかを明らかにするのは難しい。一方では、白ロシアの東部と同じように、ウクライナでもフーフェが頻繁に分割され、細分化されていたことから判断すると、この要素はまさしくフーフェの細分化によって生み出された貧農の中から現われたように考えられる。ところが、一八四七／四八年のインヴェンタール規則は「ミールの土地」(мирская земля)、つまり農民の保有地の不可侵性をうたい、領主がそれを農民から奪うことはできないと規定するとともに、耕地の分割を制限する次のような規則を定めていたのである。(42)

第一に、同一の村落共同体内では、チャグロ農民の土地はペーシー農民の世帯二戸分の土地より大きくてはならない。または、同じことであるが、チャグロ農民とペーシー農民の土地面積の差（追加地）はペーシー農民の分与地を超えてはならない。

第二に、耕地の分割が許されるのは、同じ共同体内に存在する最小のペーシー農民経営よりも小さい経営を生み出さない場合に限られる。

第三に、共同体は新たに生まれた「土地なし農民」や水呑に、上記の「追加地」の全体を世襲的な保有地として、または一定の期限を限って、譲与することができる。そして、この世襲的な保有地として譲与された追加地を分割することはできない。

見られるように、インヴェンタール規則では、ペーシー農民の耕地面積を農民家族の保有する最低限の基準面積とすることが定められており、それゆえ農民の子弟をフーフェを相続する者と相続することができずに「土地なし」（水呑や奉公人）の仲間に入る者とに分けることが規定されていたことなるだろう。[43] しかし、もちろん問題はこの規定が必ずしも農民の慣習法や実践と一致していなかったように思われることである。

西部地方における一八六一年以後の過程

さて、それでは、以上のような状態にあった西部地方の農村にはその後、二十世紀初頭までにどのような変化が生じただろうか。

まず最も注目される点の一つは、農奴解放後に農村人口のかなり著しい増加が生じ、それにともなって、ほとんどの地域において農民経営の分割が生じたことである。

例えば一八七〇年から一八九四年までの二四年間の西部地方の郡部（уезд）＝農村地域における人口増加率を見ると、[44] それはリトアニア、とりわけコヴノ県で比較的低かった（二四年間に三三パーセント）のを除き、その他のすべての県で四五パーセント以上を超え、ヴィテプスク県では五八パーセント、ミンスク県では六四パーセント、またヴォルイニャ県では実に七一パーセントに達していたことが知られる。このように農村の急激な人口増加は特に白ロシアの東部とウクライナの南部で顕著であったが、もちろんこのような人口の成長率は高い自然増加率に、また高い自然増加率は高い出生率によるものであったことは言うまでもない。実際、出生率は――最も低い水準にあったコヴノ県（年に三・五九パーセント）を除いて――四・二六ないし五・一六パーセントという高い水準にあり、それに応じて人口の自然増加率は白ロシアとウクライナの六県で一・五パーセント／年を超えており、ヴォルイニャ県では一・七二パーセント、ミンスク県では一・八八パーセントにも達していた。かくして白ロシアの東部やウクライナでは、農奴解放後に人口爆発とも呼ぶべきものが生じていたと言ってもよいであろう。

だが、それにしてもこのような激しい人口増加はどのような事情によるものであったのであろうか。

この点でまず指摘しうることは、人口統計学的に見ると、白ロシアやウクライナの出生率がこれらの地域に特有の婚姻パターンに——すなわち長い妊娠可能期間を可能とする早婚および未婚者の低い割合——に関連づけられることである。これらの諸県では娘たちは婚姻可能年齢（十六歳）になるとすぐに嫁ぎはじめ、そのほとんどが三〇歳までに結婚し、一生の間にかなり多数の子供（平均六人以上）を出産したのである。もっとも帝政ロシアの人口統計の示すところでは、子供たちのかなりは乳幼児期に（五歳に達するまでに）死亡し、成人することはなかった。しかし、それでも一人の女性の生んだ子供のうち四—五人が成人することができ、それらのほとんどが老齢を迎えることができたのである。これとは反対に、コヴノ県（リトアニア）では村落住民の初婚年齢は白ロシアやウクライナにおけるよりもかなり高く、またすべての年齢を通じて、未婚者の比率がかなり高かったが、もちろんこのような婚姻パターンが出生率と増加率を低くする役割を果たしていたことは言うまでもない。事実、コヴノ県では一人の女性の生む子供の数もそのうち成人した者の数もかなり少なかった。

しかし、われわれにとって重要に思われるのは、こうした人口統計学的な相違そのものではなく、それが村落におけるいかなる社会経済状態と関連していたのかということである。

十九世紀後半における分与地の分割

そこで、次に農民経営にどのような変化が実際に生じていたかを検討しよう。

まずリトアニアのコヴノ県について見ておこう。この県では、農民（旧領主地と旧国有地の農民）の世帯数は一八五六年に約九万七、六二一戸であったが[45]、それは一八八六年の土地所有統計では一〇万五、六六三戸にまで増加している[46]。それゆえ、この数字に従うならば、コヴノ県でも十九世紀後半に農民世帯の数はわずかながら増加しつつあったことになる。しかし、ここで注意しなければならないのは、この一八八六年の統計ではかなり零細な耕地を所有する者（すなわち水呑など）も農民世帯に含まれており、したがって一八八六年には狭義の農民世帯数が右の数字より少なかったことである。ここでは水呑などの階層の正確な数字を示すことはできないが、例えば一デシャチーナ以下の耕地面積の世帯が一万六〇〇戸であったことを示せば足りるであろう。

したがって農民世帯数がコヴノ県ではほとんど増加していなかったことは疑いないところである。もっともリトアニアでも農民世帯数がまったく増加していなかったわけではなく、それゆえ農民経営の分割が問題となっていなかったわけではない。そのことは例えば一九〇二年の特別協議会の西部委員会（コヴノ県、ヴィテプスク県、ヴィリノ県）でも農地の分割の問題が取り上げられていたことからも明らかである。これらの委員会では、農地の分割を規制する方策として「分割の限界面積」（分割を禁止される最低面積の基準）が議論され、コヴノ県の北部二郡（シャーヴェリ郡とポネヴェーシュ郡）やヴィテプスク郡では、九ないし一〇デシャチーナ（すなわちほぼ半フーフェ）が提案され、またコヴノ県の南部諸郡（ヴィルコミール郡、ロシエヌィ郡、コヴノ郡）では五—六デシャチーナ（四分の一ないし三分の一フーフェ）が提案されていた[47]。しかし、これらの最低限基準、とりわけサモギティア地方の中心をなす部分（北部二郡）について提案された面積はかなり広いものであったと言わなければならない。というのは、一〇デシャチーナという基準によれば、完全フーフェの基準を満たす分与地が分割されうるだけであり、部分フーフェの分割は許されないことになるからである。しかも、この分割の問題は一部の郡（例えばテルシェ郡）では議論されることもなかった。むしろ、そこでは次のような「労働問題」が論じられていたことが注目される。

「最近、われわれのところでは、労働力の外国、特にアメリカへの流出が著しく強まり、そのため働き手の価格が現在までに一〇〇パーセントという異常な規模に、地域によってはもっと上昇した。この事情が農村経営主の家計にとってどんなに困難であろうとも、それと折り合わなければならないが、事態の困難さは、農村経営主の実際の必要よりも実在の労働者が少なく、労働者が自分の例外的な状態を悪用しはじめたことにある。労働者は冬の間に経営主と一年の契約を結び、夏が来ると、しばしば経営主を恣意にゆだね、何かの日雇いに出かけることをもっと有利と考えるのである。[48]」

このように二十世紀初頭には、農民経営がほとんどまったく分割されることなく、多くの「土地なし」の奉公人＝農業労働者が形成されていたコヴノ県（テルシェ郡）で、その流出による「労働力の不足」が農業者にとって切実な問題として取り上げられていたのである。

もっとも、こうした労働力の不足の主張にもかかわらず、「土地なし」の社会層が十九世紀後半に増加していたことは疑いない事実である。ある統計では[49]、その数は一八六九年の七万四、九〇五人から一八九〇年の一八万六、三一四人へ、または一八九四年の一九万二、三一二人へ著しく増加しており（二五年間に二・五倍！）、また一八八三年の別の資料では、奉公人の世帯数は五万戸に、その人口は二三万人に増えていた。先に見たように、農奴解放前には領主地と国有地の村落における奉公人の数は四万人ほどであったのだから、このような「土地なし」社会層の急激な増加はそれがもともとの奉公人のみからでなく、農民や水呑からも補充されていたと考えずには考えられない。一方、この水呑（darzininkas）の階層について見ると、この階層も一八六九年の八、五三一人から一八八三年の六万〇、〇〇〇人（一万三、五〇〇世帯）に増加しており、また三デシャチーナ以下の分与地しか所有しない貧農も一八六九年の二万二、九七七人から一八八三年の九万人（二万世帯）に増加している。[50]したがって、水呑みや貧農もまた農民の子弟から補充されていたことは明らかである。

要するに、農民の家族分割が著しく抑制されていたリトアニアのコヴノ県では、かなり広い分与地を所有する農民経営主の農業経営が広汎に維持されるとともに、他方では村落住民の子弟の一部が「土地なし」の階層に移り、農奴解放前からの村落下層民のグループに加わったと言うことができるのである。しかし、彼らは本来的には農民経営主や旧領主の農場で働いていたとしても、しだいに近隣の都市やメステチコ（小都市）、工業地域やロシア諸県の大都市（ペテルブルクやモスクワ）に流出したり、外国（ポーランドやドイツ、アメリカ）に移住しはじめていたのである。[51]

リトアニアにおけるエンクロージャー運動＝土地整理

十九世紀後半のコヴノ県の農村における変化についてさらに注目されるのは、こうした変化と並んで、「分与地内での混在の廃止と農民の散村化」と呼ばれた運動が始まっていたことである。この運動は、各農民世帯主が村落耕区内に混在する自分の土地（地条）を一つの場所に集めて「農場」（ферма）――すなわちロシア語でフートルと呼ばれたもの――を創り出し、その農場に移住するというものであり、これは言うまでもなくリトアニア版のエンクロージャー（土地整理）にほかならない。もちろん、このような土地整理が、中世的な三圃式農法を離れて、牧草栽培を伴う多圃式農業への移行を可能にするだけでなく、休閑地を三分の一から六分の一あるいは

コヴノ県ロヴメイカ村の土地整理

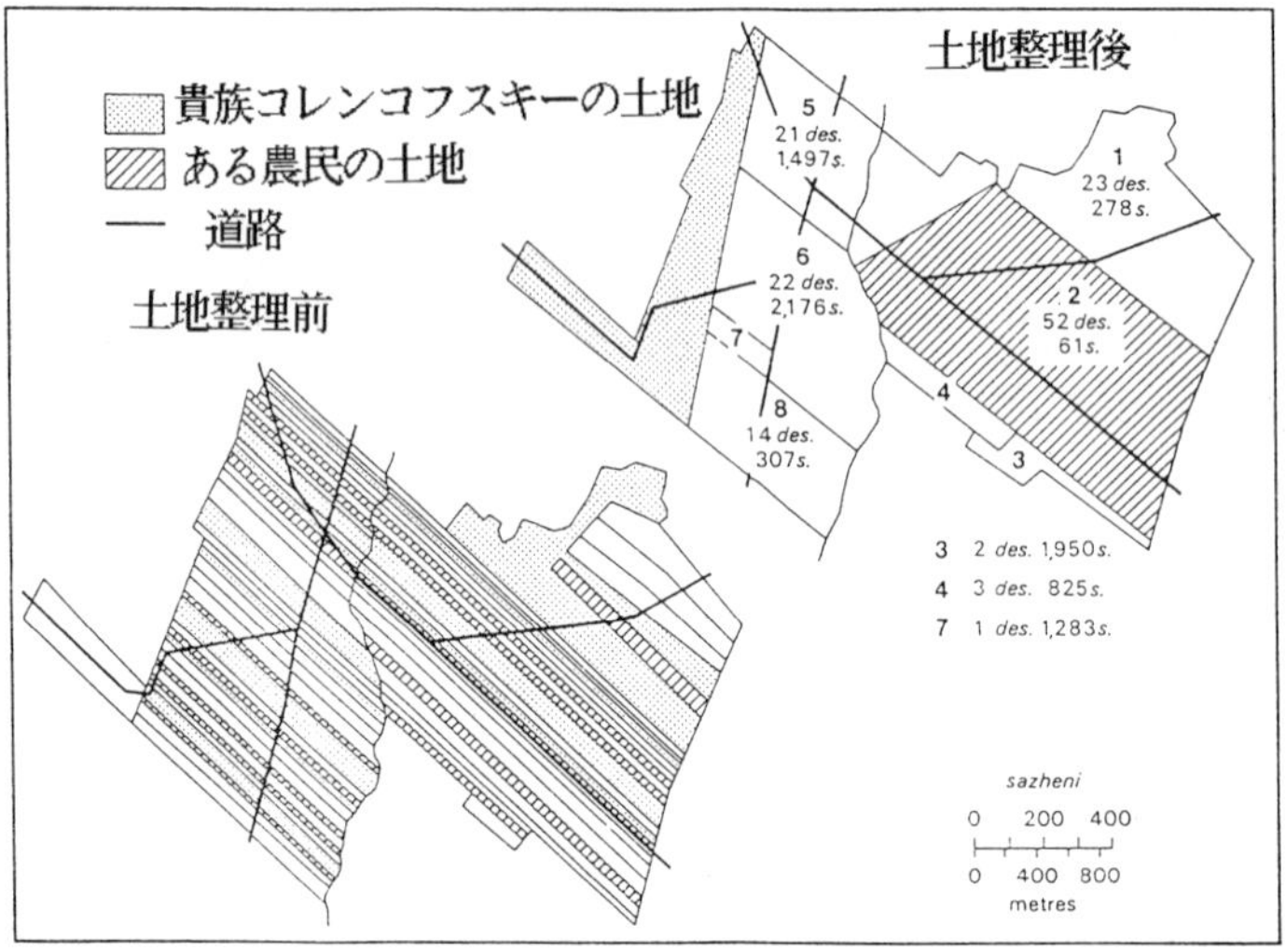

出典）J. Pallot and D.J.B. Shaw, Landscape and settlement in Romanov Russia 1613-1917, Oxford, 1990, p. 169.

九分の一へと縮小することによって可耕地を増加させ、また村落共同体の耕区強制を廃止し、農業技術の改善のインセンティヴをもたらすことによって農業の生産性を著しく高めることができることにあったことは言うまでもないだろう。したがってフートル化はまさしく村落農民を近代的なファーマー（農業者）に転換するために必要不可欠な経過点であったと見ることができる。

だが、このような土地整理の動きがコヴノ県で最初に始まった理由は何であったのだろうか。特別協議会の報告書は、その理由を次のような事情に求めている。

第一に、この地域では、散居制的な定住様式が古くから存在しており、とりわけテルシェ郡やロシエヌィ郡などでは「現在」にいたるまで、オコリーツァやザステンキ（okolica, zastenki）などという名称の下に存続してきたこと[52]、またここでは「村」の規模が小さく、耕地の混在の程度がその他の地域よりも著しく低かったという事情である[53]。すなわち、この地域にはフートルとオートルプにとって有利な自然的・歴史的条件が初発から存在していたのである。これと並んで、第二に、農民家族がかなり広い耕地を所有していたという事情も見逃すことができない。[54] このように広い農地（屋敷地、耕地、牧草地）を所有する経営ほどフートル化にとって有利であったことは、二十世紀初頭の土地整理事業に参加したコーフォドも述べる通りである。第三に、コヴノ県が新しい農耕方式への移行を早くから試みていた沿バルト地域や東プロイセンに隣接していたという事情があった。

特別協議会の報告書によれば、フートル化はいくつかの地域において始まったが、その一つの地域は東プロイセンとコヴノ県ロシエヌィ郡との国境地域であるという。フートル化はこの郡から周辺の郡に普及し、十九世紀末までには「ロシエヌィ郡のかなりの部分とその他の郡の多くの郷がいわゆるコロニヤによって全面的に自分の区画地に散村化され」るに至ったとされている。[55] ちなみに、コーフォドの一九一四年の著書では、フートル化が最も普及したのはクールラント県との隣接地域（シャヴリ郡、テルシェ郡など）やプロイセン、スヴァルキ県との隣接地域（ロシエヌィ郡やコヴノ郡）――であったことが明らかにされている。[56]

これと並んで、十九世紀後半にフートルが普及した第二の地域は、ヴィテプスク県のいわゆる「インフランド」諸郡――多くのラトヴィア人の定住する郡――である。これらの郡のいくつかの郷、例えばレジーツァ郡のヴァルクラン郷では一八九五年にこの運動が始まってから数年以内に、三〇の村落が散居制に移行したとされている。[57] このフートル化の運動は、リーフランド県（沿バルト）から波及したものであったと報告されている。

「このような散村化への志向は、村が古くからコロニヤまたは農場に改造されてしまい、現在はもう集落も混在的所有も存在しない隣のリーフランド県農民によってひきおこされていた。このようにリーフランド県の農民が豊かである……という明確な証明にもとづいた深い信念だけが散村化へのイニシアティヴとなったのである。[58]」

フートル化の運動は、この他に、上記の地域からかなり離れたヴィテプスク県東部の二郡（ヴェリーシュ郡とヴィテプスク郡）からモギリョフ県オルシャ郡にかけての地域や、グロドノ県のスローニム郡、西南部のポドリア県東部地域などで生じたことが知られているが[59]、これについてはこれまでにとどめておこう[60]。

いずれにせよ、ここで確認できることは、フートル化とファーマー化（фермеризация）の運動が東プロイセンや沿バルト地域と接するリトアニア人の定住地域から始まり、そこからさらに東スラヴ人の定住地域にまで達したことである。しかし、このような動きはそこに到達したときその動きは突然静止してしまった。このことはどのような事情によるものであっただろうか。次に白ロシアとウクライナにおける事情を検討しよう。

白ロシアと西南部における農地の分割と細分化

すでに述べたように、白ロシアや右岸ウクライナの農民も古くからフーフェ制（区画地的土地利用の慣行）の下にあり、農奴解放令によって耕地を世帯別所有として取得したという点では、リトアニアの農民とまったく同じであった。ヴァルーエフ委員会の報告に述べられているように、これらの地域の農民は、「シュヌール」（шнур）と呼ばれる「平行な地条の形態で明確に区切られた屋敷地、耕地および採草地の区画」[61]を各世帯または家族の世襲的な分与地として分与されたのであり、その際、それらの分与地を白ロシアの農民世帯主は形式的に平等に取得し――つまり等しい面積の土地を取得し――、右岸ウクライナの農民世帯主は、各範疇ごとに形式的に平等に取得したのである。一八六一年の一般規程はまた、西部地方の農民の分与地が「家族財産」ではなく、各世帯主の「個人財産」（личная собственность）であると明示的に述べ、この世帯主の個人財産が「各地の慣習に従って相続される」と規定していた[62]。すなわち法令は土地の登録がなされた農民＝世帯主を分与地の所有権者とみなし、納税・現物給付や親族の扶養などのすべての義務と親族を使用する権利を持っている者と見なしたのである。しかも、政府は西部地方の農民がそれまでも分与地を「家族財産」として頻繁に分割していたことを考慮し、もし一八六一年以後もそのような分割が繰り返されるならば、困窮した農民から租税と諸支払を集めることができなくなることを恐れ、白ロシアの農民に対しては一〇デシャチーナを最低限基準とし、それをしたまわるような分割を禁止し、ウクライナの農民に対してはペーシー農民の水準以下への分割を禁止していた。(63)

しかし、農民の慣習法や実践はこうした政府の法律の規定とはまったく異なるものであった。アルフォンス・トゥーンはそのことを一八七六年に行なった白ロシアのヴィリノ県ヴィレイカ郡とディスナ郡の二郷の調査によって明らかにしている。(64) その調査によれば、この二郷における村落住民の世帯数と人口は次の通りであった。

①農民経営主（七八〇戸、一万五八八人）

②わずかな屋敷地（約三デシャチーナ）と小屋を持つ水呑（一八六人）

③土地も家も持たず、経営主に雇われる「土地なし」奉公人（五二一人）

ここからも見られるように、白ロシアの農村には農奴解放後水呑や奉公人がわずかながら形成されていたとしても、ほとんどの住民は農民経営主の世帯（двор）の構成員であった。ところで、まず問題となるはこのうちの農民世帯であるが、それは同一の村落内では等しい面積の農地を分与され、保有していた。一方、農民世帯は親族構成上は平均してほぼ三つの家族からなり、一二人を含んでいた。もちろん実際には農民世帯の規模も構成もかなり多様であり、そこには一家族から六家族までを含むもの（あるいは四人から二四人までを含むもの）まで見られた。ところが、この二郷の農民世帯の平均的な規模は一八五七年には四・三人であったことが知られており、ここから計算すると、各農民世帯の人口はわずか二〇年足らずの間に平均して二・八倍に増加したことになるだろう（！）。しかし、もちろんこのように激しい人口増加が生じるはずもない。実際には、このことは農奴解放の時点まで個別に土地を保有していた兄弟たちが「根本世帯」（коренный двор）――つまり農奴解放立法によって分与地の個人的な所有者とされた世帯主の世帯――に統合されたために生じたものであった。

しかし、このように法律によって外面的に統合することを強制された世帯が土地を分割することはいわば当然のことであったと言えよう。事実、トゥーンも兄弟たちが分与地や建物・農具を分割し、ただ表面的にのみ経営の一体性を保っていただけであることを明らかにしている。

農奴解放後の白ロシア人農民の慣習法や実践が政府の法令に反していたことはまた他の研究者によっても指摘されている。この慣習法を一般化すると、土地は経営主の死後に最も近い親族によって相続され、その際、相続はおおむね父系的に行なわれるが、そこで適用される規則は「父親にしたがって」分割するというものであった。そこで例えば亡くなった世帯主に複数の息子がいる場合には、彼らが平等に遺産を相続する。しかし三人のイトコたちが財産を分割する場合には、財産はまず二つの等しい部分に分割されて、半分がイトコの一人に、もう半分が父親を同じくする二人の兄弟に分けられ、次いでこの二人がそれを半分に分割する。したがってこの場合にはイトコの一人が遺産の二分の一を取得し、二人が四分の一ずつを取得することになる。まったく同じ配分方法はオジと甥の遺産分割に際しても採用された。一方、普通、娘たちには相続権がなかったとはいえ、世帯主に娘しかいないような場合には、その娘に婿養子（примак）を取り、彼に土地を相続させることが――理想的と考えられていたわけではないとしても――しばしば行なわれていた。(65)

十九世紀末にミンスク県（白ロシア）の農民家族を調査したドヴナル＝ザポリスキーもまたそのようにして「家族分割が進行中である」ことを明らかにしている。その調査によれば、当地の農民の間では、一方で、小家族（両親と未婚の子供たちからなる家族）や大家族（結婚した兄弟たちからなる家族）と並んで家族共同体とも言うべき拡大家族が形成されており、他方では、これらの家族が頻繁に分割されていた。例えばレチーツァ郡（デルノヴィチ郷）、モズィール郡、ミンスク郡、ノヴォグルデク郡などでは、父親（世帯主）の死後に大家族が分割されるのが一般的な慣習であり、かりに生前に家族分割が行なわれたとしても、その分割は不完全なものであった。すなわち、父親は屋敷地に息子たちのためにハタ（家）（chata）を建ててやるが、土地・家畜・農具は共有のままであり、耕作と食事も共同で行なわれた。また古風な慣習が濃厚に残されていたピンスク郡では、一五ないし二五人を数えるような典型的な家族共同体が残存していた。そのような家族共同体はミンスク郡でも見られ、二五人ないし三〇人の世帯や、場合によっては五〇人を数えるような大世帯も存在した。ただし、ドヴナル＝ザポリスキーの観察では、そのような拡大家族は稀であり、多くの地方では世帯が三つ以上の核家族ユニットを含むような大家族に成長したときには分割されるのが普通であり、また分割によって生まれた新しい世帯は同じ屋敷地内に共住するのが通常であった。一方、ボブルィスク郡には大家族があまり存在しなかったが、それは父親の生前に家族分割が行なわれていたためであった。

同じように家族分割は右岸ウクライナ（西南部）でも行なわれていた。そのことは例えばこの地方で十九世紀末から二十世紀初頭にかけて実施された次のような土地整理の方法から明らかとなる。すなわち、この地方では、村落農民がフートルやオートルプに移行する場合、まず最初に分与地を保有する根本世帯と同数の農場を村落耕地から創り出し、各農場を世帯に配分した後に、各世帯の内部で農場を分割するという方法が採用されていたのである。例えばヴォルィニャ県ジトミール郡スコロボヴォ村では、一八九九年に村スホート（集会）の決議にもとづいて土地整理（フートル化）が行なわれたとき、まず七一の「フーフェ」（волоки）＝農場と二つの屋敷地が創り出され、村の七三戸の根本世帯（うち七一戸は農民、二戸は水呑）に配分されたのち、次に各根本世帯の内部で新しく創り出された「フーフェ」の分割が実施され、一一三戸がそれに参加した[67]。つまりこの村では土地整理に際して七一の「フェーフェ」が一一三の農場に分割されたことになる。同様にヴォルィニャ県ウラジーミル・ヴォルィンスキー郡のドレヴィニ部落では、一九〇三年に古い屋敷地をそのままに残し、耕地と採草地だけを個別化（＝オートルプ化）する土地整理を行なったが、その際、新しく創り出されたオートルプ農場（四〇）のうち分割されずに残ったのは一三だけであり、二七は二分または三分された[68]。

このような家族分割によって農民の分与地はどの程度まで細分化されたのか、その状態をさらにいくつかの地域で見ておこう。

まず白ロシアのグロドノ県ベリスク郡（一一郷[69]）では農奴解放に際してほとんどの農民が一つの「区画地」を取得し、ただ比較的少数の農民だけが「半区画地」を取得しただけであった。これらの農民経営主の取得した区画地の面積は村落によってかなり相違していたが、いまその平均値を求めると一八・四デシャチーナほどとなり、また半区画地は九・二デシャチーナほどとなる。もちろん、この区画地の中には森林や農業不適地が含まれていたが、それを除いたとしても、一六―一七デシャチーナのかなり広い農地（屋敷地、耕地、牧草地）がそこに含まれていたことはまちがいない。なお、この他にベリスク郡には水呑または三デシャチーナ以下の分与地のみを取得した貧農がいたが、その数は比較的少数であり、一、二五五戸（一七パーセント）にとどまっていた。

しかし、ここでも農奴解放後区画地の分割は急速に進んでいた。まず一八九五年までに五六・七パーセントの世帯が家族分割を経験し、その結果、この地域全体の世帯数はほぼ二倍に増加した。この分割された世帯だけについて見ると、二分されたものが最も多いが、三分、四分、五分されたものもあり、中には八分以上されたものもあり、その平均値は二・六分割であった。残念ながら、統計表は農民範疇別の家族分割についてのデータを与えていないが、完全区画地を分与された世帯の中に分割された世帯が多いことは疑いない。ベリスク郡貴族団長のシュテインは、二〇世紀初頭の状態を次のように述べている。「現在すでに、分与された区画地の½、⅓、¼といった平均的な分割分与地が支配的である。区画地のもっと零細な分割はまだそれほどでもないが、すでに区画地の一六分の一、二四分の一といった零細な規模の所有地も個別には存在する。分与された経営の総数は現在二万戸に達しており、……完全区画地を分与された本来的な五、四〇〇戸のうち、一九〇二年までに分割されて

表7　グロドノ県ベリスク郡の家族分割

農奴解放後の土地利用	
分与地の規模	世帯数
1.5 区画	11
1 区画	4778
0.5 区画	1038.5
3 デシャチーナ	213
水呑	1042
合計	7382.5
1895 年までの変化	
分割されなかった世帯	3193
分割された世帯	4189.5
1895 年の世帯数	14201

出典）ТМКСХПР, т. 11 СПб., 1903, с. 199.

表8　ミンスク郡の分与地面積別世帯数（戸）

分与地面積（デシャチーナ）	1861 年	1902 年
0-1	1403	1425
1-3	987	3124
3-5	398	4803
5-10	1144	7420
10-15	3857	2544
15-20	2812	880
20 以上	823	185
計	11061	20381

出典）ТМКСХПР, т. 11 СПб., 1903, с. 219-220.

いないのは三〇〇戸にすぎない。」[70]

一方、ミンスク県ミンスク郡では土地の零細化は次のように進行していた。表8に示されているように、この郡では農奴解放に際して三デシャチーナ未満の土地を分与された世帯が二、三九〇戸（二二・六パーセント）、三から一〇デシャチーナを分与された世帯が一、五四二戸（一三・九パーセント）と比較的少数であったのに対して、一〇デシャチーナ以上を分与された世帯は七、四九二戸と全体の三分の二を占めていた。しかし、一九〇二年までに、一〇デシャチーナ以上の分与地を持つ世帯数は三、六〇九戸（一七・七パーセント）に激減し、それにかわって三デシャチーナから一〇デシャチーナの土地を持つ世帯数が一、五四二戸から一二、二二三戸へと八倍に増加し、また三デシャチーナ以下の土地しか持たない世帯も二、三九〇戸から四、五四九戸へ激増していた。したがってミンスク郡でも家族分割の激流の中で農民経営の全般的な零細化が生じ、その中から水呑や貧農がもっと拡大された規模で出現しつつあったことを見て取ることができる。

これらの例が示すように、白ロシアやウクライナでは――沿バルト地域およびリトアニアと対照的に――零細地経営の巨大な増加がますます農村の様相を決定しつつあり、このためこの地方の農民が慢性的な「土地不足」と「農村過剰人口」に悩まされることになったことを知ることができる。

白ロシアとウクライナにおける土地整理の困難性

しかも、このように激しい人口増加、村落の大規模化とともに生じていた土地の零細化が矮小な地条の混在状態をいっそう耐え難いものとしていたことは想像に難くない。この状態は特にウクライナで顕著であり、例えばキエフ県委員会のリネヴィチの報告によると、多くの地域で農村人口が二倍以上に増加し、家族分割が実施されたために、土地が四つの耕区に分散し、各耕区に〇・二五デシャチーナにも満たない狭い地条（幅三—五サージェン、長さ六〇—一〇〇サージェン）が生れるという村落も出現していたという。リネヴィチは、農民の土地所有のこのような状態のため、「少数の農民にとってであるが」、「すべての土地［地主地と農民地］を『ドゥシャー（人頭）に従って』［均等に］割り替えるという希望」が消え去っていないと指摘している。[71]

そして、このような事情は土質の一様でない土地を一個所にまとめることを技術的にいっそう難しくする要因となっていたようである。実際、「混在耕地制の廃止と散村化」の運動が白ロシアやウクライナに深く浸透しなかったことはすでに見た通りである。もとより西部地方の農民が分与地を世帯別所有として取得していたことが土地整理（オートルプ化やフートル化）にとってきわめて有利な条件であったことはまったく疑いないところである。しかし、それにもかかわらず、混在耕地制の廃止の必要性と「ファーマー経営」(фермерское хозяйство)の優越性を主張していたヴィテプスク県委員会のベ・バルシチェフスキーなどにとっても、分与地の細分化がフートル化の障害となっていることは明らかであった。彼は、いくつかの要因を指摘した後、二デシャチーナや五デシャチーナの土地で農業経営を行なうことが不利益または不可能であり、そのため、「農民が分与地に領主の土地を買い足した」ところでのみ、実際のフートルが現われたと述べている。[72] もっともバルシチェフスキー自身は他方では、農民のフートル化を妨げる諸要因（フートル化の不利益）が「比較的大きくないか、非常に簡単に除去されるかである」と述べ、また分与地の零細化については、分与地が一定以上の面積に達することが好ましいとしながらも、現在の面積が個々の所有地の面積とならざるを得ないとした上で、その規模が時とともに「経済的必要に応じて」変化する——縮小するか、拡大するか、それとも現在アメリカに存在する株式大農場のようになる——と述べている。しかし、ともかく農民分与地の零細化がフートル化にとって著しく不利な要因であったことがまちがいなく、しかもこの要因が「簡単に除去される」と考えることはできなかった。
ところで、右に述べたような分与地の零細化の結果として過剰な労働力が生じたとき、この過剰な労働力はどのように処理されていただろうか。ここで問題となるのは特に旧領主の農場の状態および工業の状態である。

西部地域におけるグーツヴィルトシャフトの発展

もちろん十九世紀中葉に農奴制が廃止されたとき、西部地方の領主直営農場が困難な状態に陥ったことは想像に難くない。なぜならば、旧領主＝農奴主は農民に対してその保有地を分与地として譲渡することを余儀なくされ、また農民からチンシュ（貢租）を受け取ったり、その無償の賦役労働を利用する可能性を失ったからである。しかしながら、一般的に言うと、本来のロシア諸県の領主がその直営農場を維持することができずに、農民に対して貸し出され始めたのと対照的に、西部地方の領主たちの多くはその経営を資本主義的に再編することに成功し、グーツヴィルトシャフト的な発展をたどりえたことが知られている。この場合、もちろん領主階級がその手中に広大な農地（屋敷地、耕地、牧草地）――西部地域における農地の三九―四五パーセント――と森林とを維持しており、その上、分与地の売却の代償として国庫から巨額の有価証券（買戻証書）を取得し、それによって毎年五パーセントの利子を得ることも、それを償還して換金することもでき、いずれにせよ莫大な資本を手に入れていたことがそうした再編を可能とした理由の一つであったことはまちがいないであろう。

一八七二年のヴァルーエフ委員会の報告書によると、西部地域の旧領主が採用するにいたった新しい経営方法（способ ведения хозяйства）は次の三つに分けられる。(73)

①農業労働者の「自由な」雇用契約にもとづく経営――土地所有者またはその管理人が大農業経営を営む方法

②大借地人による借地——土地所有者は農業経営を経営せず、ユダヤ人やポーランド人シュラフタ（小貴族）出身の大借地人に貸し出される。この経営方法はさらに(α)借地人が自ら農業労働者を雇って農業経営を営む場合と、(β)分益小作などの条件で村落農民に小地片を貸し出す場合の二つの方法に分けられる。

③さまざまな条件による村落住民への小地片の貸地

残念ながら、この報告書からは、これらの経営方法がどの程度に普及していたのかを正確に知ることはできないが、白ロシア諸県では②(β)と③、つまり農民の小借地がかなり普及していたのに対して、リトアニアやウクライナではそれと並んで①と②(α)、つまりグーツヴィルトシャフトが広汎に普及していたとされている。[74] したがって特にコヴノ県とウクライナでは地主の農場において農業資本主義的な要素の強力な発展をうかがうことができる。この場合、もちろんグーツヴィルトシャフトの形成・発展の条件の一つが十九世紀中葉までに形成されていた村落下層民（水呑、奉公人など）の「自由な」労働力の存在にあったことは言うまでもないであろう。しかし、ここでも、沿バルト地域と異なり、ペーシー農民を中心とする零細地経営の存在が小借地関係の普及の前提条件となったこともまた明らかである。

西部地方における工業の状態

一方、西部地方の農村工業は一見したところ村落住民に対してあまり雇用機会を提供しなかったようである。十九世紀中葉から二十世紀初頭に西部における農村を観察した者は誰でも、そこには工業が「存在しない」か、あるいは存在しても「著しく脆弱にしか発達していない」ことを指摘するのが常であった。例えばリトアニア神学校教授のユルケヴィチは十九世紀中葉にヴィリノ県リダ郡のある教区についての民族学的報告の中で次のように指摘している。

「(住民の) 基本的な職業は農耕である。しかし、各農夫に分与された土地面積が狭いため、また山の多く、砂質の、さらに若干の地域では沼地の土壌のため、穀物の収穫は一般に乏しい。…当地の住民は商業と工業とを知らない。そこで、穀物不足のため、多くの人々は、特に春に、極端な不足を耐え忍ぶのである。[75]」

同様に一八九一年にミンスク県レチツァ郡の民族学的調査を実施したア・ゲは、「工場がほとんどまったく存在しない」ことや、「クスターリ工業［家内工業］がそこではまったく発展していない」ことを指摘し、「住民は農業の外には木材の伐採と薪の搬出に従事するだけである。ほとんど唯一の出稼ぎはドネプル河のキエフ、エカテリノスラフまたはヘルソンへの筏流しであるが、周辺の村落からはごくわずかな部分がこの筏流しに出かけるにすぎない」と述べている。[76] またユ・ヤンソンも一八八一年の著書で、「貧しい土壌、森林、農業にとっての不利益にもかかわらず、農奴制のために、そこでは農業以外のいかなる営業も発達せず」、「農民住民はまったく農業にのみ従事している」と強調した。[77] ただしヤンソンは、ウクライナのポドリア県南部からキエフ県、ヴォルイニャ県にかけての地域には領主の経営する製糖工場があり、そこでは一八七三／一八七四年に四三、五〇〇人が働いていると述べている。だが、それらの労働者も製糖工場のある郡の農民人口の一パーセントを少し超える程度に過ぎなかった。またポレシア（ポドリア県の北部とミンスク県の南部）ではユダヤ人などが林業に従事しているが、そこでも農村で商業や手工業に従事する者は少数であり、農場（экономия）における労働と日雇が農民や村落下層の間で普及していた唯一の賃仕事である、という。ところで、一八七〇年代にはロシア帝国の農村小工業（手工業・クスターリ工業）に関する資料集が出版され、また一八七九年からはクスターリ委員会の一連の報告書が出版され始めたが、これらはいずれも西部地方の農村工業についての具体的な調査を行なうことなく、ただ西部地方の農村にはクスターリ工業や手工業がほとんど普及していないと述べるにとどまっていた。

西部諸県に農村工業が普及していないことはまた特別協議会でも指摘されていた。例えばミンスク県委員会は「中央部諸県のように、一つの生産に従事しているような村または部落」は西部地方にまったく存在しないと報告し(78)、その理由を当地の農民がロシアの北部諸県の農民よりもかなり広い農地を保有していることに求めていた。またキエフ県委員会の報告書も、「わが国の非黒土諸県――モスクワ工業地帯――で理解されているような意味での」クスターリ工業はウクライナには存在しないと述べていた(79)。

しかし、もちろん実際には西部地方の村落住民の間に工業活動が存在しなかったということは文字通りの意味に理解するべきではない。このことは例えば一八九七年の国勢調査統計から明らかとなる(80)。この統計によれば、ヨーロッパ・ロシア五〇県において自立的な職業を持つ男性の二〇・八パーセントが様々な工業に従事しており、かつそのような者の五六パーセントが郡部に居住していたのに対して、西部の工業従事者の割合はポドリア県の一〇パーセントからキエフ県の一四・七パーセントまでと低く、しかもその多くが都市とメステチコ（小都市）に集中していたことは確かであるが、農村において工業活動に従事していた人々が存在していたことは否定しえない。

こうした農村における工業活動の実態は、ようやく戦前に設置されたキエフ県ゼムストヴォによって一九一二年に実施されたクスターリ調査――西部地方で実施されたほとんど唯一のクスターリ工業悉皆調査――から知ることができる。この調査は村長と通信員の回答による集計の二つの統計からなっているが、そのうちまず村長の回答にもとづく集計によると、クスターリの存在する村落は六五二村落（人口は九七万一、九八三人）であり、その中の一万七、三五〇戸に三万四四七人のクスターリ――つまり成人男性二万四、一五八人、成人女性三、五二〇人、児童二、七六九人——がいた。一方、通信員の回答にもとづく集計では、六一五村落（人口は九七万一、九七三人）中の八、八〇〇世帯に二万六、〇〇〇人のクスターリがおり、その内訳は成人男性一万八、六〇〇人、成人女性六、四〇〇人、児童一、二〇五人であった。これらのクスターリは、部門別には、織布工（八千人）、製靴工（五千人）、木材加工（六千人）、陶工（二千人）、鍛冶屋（一・五千人）、仕立工（二千人）、等々であった。この数字が示すように、キエフ県では村落（とメステチコ）の四分の一ないし三分の一にしか手工業者・クスターリがいなかったのであり、その総数（成人男性）はクスターリを持つ村落（とメステチコ）の人口の七・七ないし九・九パーセントに過ぎなかったのである。しかもこれらの手工業者やクスターリの中には、ユダヤ人の手工業者やメステチコの手工業者も含まれていた。

一方、手工業者・クスターリと土地保有との関係について見ると、彼らのほとんどが土地を持たない者やわずかしか持たない者——つまり「プロレタリア化した農民」——であり、特に「儲かる営業」の従事者の中にまったく土地を所有しない手工業者が著しく多いことが明らかとなっている。ただし、ここで注意しなければならないのは、このような土地を保有しない手工業者の中にメステチコの住民やユダヤ人がかなり（三分の一）が含まれていることである。[81]

以上に述べたことは、一部の地域（リトアニア西部）を除き、十九世紀後半に西部地方の農村において人口と労働力の巨大な増加が生じたとき、これらの増加しつつある労働力が主に分与地と領主直営地の土地耕作に向かい、ただ一部だけが工業に向かったことを示すものである。そして、このことは二十世紀初頭に最も重大な社会問題としてクローズ・アップされてきた「土地不足」の問題がこれらの地域でも生じていたことを示していたように思われる。しかしながら、それにもかかわらず、この問題は西部地方ではロシア諸県におけるほど大きな問題とならなかったと言わなければならない。というのは、後に詳しく検討するように、沿バルト諸県や西部地方では農業労働の生産性が人口増加率を超えて成長したことが認められるからである。ところが、ロシア諸県においては事情はまったく異なっていたのである。

（1）Werner Conze, Agrarverfassung und Bevölkerung in Litauen und Weißrussland, 1. Teil, Die Hufenverfassung im ehemaligen Grossfürstentum Litauen, Leipzig, 1940; А. Я. Ефименко, Южная Русь СПб., 1905; М. Довнар-Запольский, Очерки по организации западно-русского крестьянства в 16 веке, Киев, 1905.

（2）Johannes von Keussler, Zur Geschichte und Kritik des bäuerlichen Gemeindebesitzes in Russland, Dritter Teil, St. Petersburg, 1887, S. 184ff.

（3）Johannes von Keussler, a. a. O. S. 191.

（4）Ф. Ф. Брокгауз, Наш остзейский вопрос, Лейпциг, с. 9. 沿バルトの農民改革の全体については次の論文を参照。鈴木健夫「沿バルト海沿岸クールランドの農民改革」（早稲田大学『政治経済学雑誌』第三一五号、一九九三年七月）。

（5）Andrejs Plakans, Serf emancipation and the changing structure of the rural domestic groups in the Russian Baltic provinces. Linden estate, 1797–1858, Households: Comparative and Historical studies of the domestic group, 1984, p. 252, 260, 264.

（6）Ibid, p. 252.

（7）Ф. А. Брокгауз, Наш остзейский вопрос, Лейпциг, с. 70.

（8）Taivo U. Raun, Estonia and the Estonians, Hoover Institution Press, p. 50.

（9）Труды местных комитетов о нуждах сельскохозяйственной промышленности（далее, ТМКНСХП), Том 18, Курляндская губерния, СПб., 1903, с. 15–16.

（10）Там же, с. 16.

（11）Там же, с. 16.

(12) ТМКНСХП, Том 20, Лифляндская губения, СПб., 1903, с. 115.
(13) Общий свод по империи результатов разработки данных первой всеобщей переписи населения произведенной 28 Января 1897 года (далее, Общий свод), 2, СПб., 1905, с. 307.
(14) Влияние урожаев и хлебных цен на некоторые стороны русского народного хозяйства, Т. 2, с. 240-263.
(15) Первая всеобщая перепись населения российской империи 1897 года, IX, Воронежская губ., 1904, с. 64-65, XVII, Ковенская губ., 1904, с. 26, 76-77, XXIV, Московская губ., 1905, с. 32, 98-99, XX, Курская губ., 1904, с. 98-99, XIX, Курляндская губ., 1905, с. 28-29, XX, Минская губ., 1904, с. 26-27, XVI, Киевская губ., 1904, с. 28-29.
(16) Andrejs Plakans, Op. cit., p. 262.
(17) И. В. Чернышев, Сельское хозяйство, 1926, с. 27-28.
(18) また西部地方では一八六一年のポーランド反乱後に強制的償却を実施し、一時的義務負担農民の状態をなくす措置がとられていた。ペ・ア・ザイオンチコフスキー（増田冨寿・鈴木健夫訳）『ロシアにおける農奴制の廃止』早稲田大学出版会、一九八三年、二三三ページ以下。
(19) Доклад высочайше учрежденной коммиссии для исследования нынешнего положения сельского хозяйства и сельского производительноти в России, Приложение 1, СПб., 1873, с. 194.
(20) Там же, с. 194.
(21) Там же, с. 190.
(22) Werner Conze, 1940, S. 72.
(23) Ebenda, S. 35.「完全フーフェ上の小家族」が本来のフーフェ原則であった。Ebenda, S. 122.
(24) Акты издаваемые Виленской Коммиссией для разбора древных актов (далее, АВК), Том 35, с. 311-321.
(25) П. Г. Козловский., Землевладение и землепользование в Белоруссии в 18 - первой половине 19 в., Минск, 1982, с. 180.
(26) Общественнњи семёинњи быт и духовная культура населения Полесья, Москва, 1987, с. 119.
(27) Werner Conze, 1940, S. 193.

(28)　フーフェ制導入前のリトアニア人と東スラヴ人の定住単位はドヴォリシチェ（дворище）またはスルージバ（служба）と呼ばれる血縁集団（複数の家族からなる集団）であり、それらがいくつか集まって村（село）を構成していたという点で、両者に相違はなかったと考えられる。しかし、次の土地台帳に見られるように、白ロシア人農民のドヴォリシチェが複数の大家族を含む類型を典型的としており、より複合的であったのに対して、リトアニア人農民のスルージバは「一つの小家族」または「複数の小家族を含む一世帯」からなる類型に傾いていた。

(1) コシロフ・ドヴォリシチェ（白ロシア人）

Matej Jurkovich と三人の兄弟、Januk, Mikolaj, Petrok. Petrok に息子 Stasjuk, 牛四頭、馬四頭。

Potrok Kosilovich, 息子二人、Mikolaj, Matej. 彼に二人の兄弟、同じ世帯（dym）で同じパン：Jurko Kosilovich, 彼に息子 Stasjuk, 二番目の兄弟 Pavluk Kosilovich, そのもとに息子 Andrej, 牛二頭、馬三頭。

Bartomej Kasilo, 息子二人：Mikolaj, Matej, 牛一頭、馬一頭。

Schasny Tkach, 息子一人 Mikolaj、牛一頭、馬一頭。

(2) ヤナイテ（Janaite）村の四スルージバ（リトアニア人）

① Lukas と Jedviga（夫婦）、彼らの息子 Kgrykgutis と Matutis

Marek と Malkoreta（夫婦）、夫と先妻との息子 Mis と Andrej, Kasper

② Maculis と Makgdalena（夫婦）、彼らの未婚の息子 Brazjulis

③ Stas Jurkgaitis と Dorota（夫婦）、彼らの息子 Petrutis と Kgrykgutis

Andrej Puisys と Hanna（夫婦）、彼らの息子 Tomas

④ Jusas と Kgendruta（夫婦）、彼らの息子 Mis

Matej と Kgendruta（夫婦）、彼らの息子 Mikutis

（АВК, Том XIV, c. 522.）

(29)　В. И. Неупокоев, Батраки в Литве накануне реформы 1861 г., Ежегодник по аграрной истории Восточной Европы（далее, ЕАИВЕ）, Том 34, c. 531.

（30） Там же, с. 534.
（31） Сборник документов по истории СССР для семинарских и практических занятий（Период капитализма）. Первая половина 19 века, Москва, 1974, с. 84 ; В. И. Неупокоев, Указ. статья, с. 535.
（32） Там же, с. 536.
（33） Там же, с. 540.
（34） Там же, с. 532.
（35） 以下の叙述と注三七を参照。
（36） Werner Conze, 1940, S. 211.
（37） Ebenda, S. 164.
（38） В. А. Маркина, Крестьяне Правобережной Украины : Конец XVII – 60-е годы XVIII ст., 1971, с. 142.
（39） Сборник документов СССР, Москва, 1974, с. 83-84.
（40） 右岸ウクライナの村落諸階層については次の論文を参照。松村岳志「右岸ウクライナにおける領主土地台帳（一八四七―四八年）の歴史的意義」（『社会経済史学』第六一巻第六号、一九九六年二月・三月）、二九ページ。ここでは「菜園主」を水呑とし、「無宿農」を奉公人とした。
（41） Отмена крепостного права на Украине, Сборник документов и материалов, Киев, 1961, с. 46-47.
（42） Johannes von Keussler, 1887, S. 100.
（43） 領主地農民の村落では一八四〇年代までに階層分化の中から多数の作男が現われていた。しかし、国有地農民の村落では十九世紀前半に行なわれたキセリョフ改革によって村落下層民の農民への平準化が行なわれたようであるが、その意図は必ずしも明らかではない。松村岳志「右岸ウクライナにおける領主土地台帳（一八四七―四八年）の歴史的意義」（『社会経済史学』第六一巻第六号、一九九六年二月・三月）、三四ページ、松村岳志「十九世紀前半の右岸ウクライナにおける国有地農民の改革――負担金納化の農業史的意義」（『スラブ研究』第四五号、一九九八年）、一四五ページ。

（44） Россия, Энциклопедический словарь, СПб., 1898, с. 106-111 ; Вдияние урожаев на некоторые стороны русского народного хозяйства, Том 2, СПб., 1897, с. 264-363.

（45） В. И. Неупокоев, Указ. статья, с. 533 ; Ковенская губерния за время 1843-1893 г., Ковно, 1893, с. 226.

（46） Lietuvos valstieciai XIX amziuje, Vilnius, 1957, s. 236.

（47） ТМКНСХП, Том 5, Витебская губерния, СПб., 1903, с. 153, Том 14, Ковенская губерния, СПб., 1903, с. 42, 51, 101, 102, 143, 165.

（48） ТМКНСХП, Том 14, Ковенскея губерния, СПб., 1903, с. 85, 156.

（49） Lietuvos valstieciai XIX amziuje, Vilnius, 1957, s. 235-236.

（50） Там же, s. 236.

（51） ТМКНСХП, Том 18, Курляндская губерния, СПб., 1903, с. 16, Том 4, Ковенская губ., с. 85.

（52） ТМКНСХП, Том 14, Ковенская губерния, СПб., 1903, с. 72

（53） ТМКНСХП, Том 5, Витебская губерния, СПб., 1903, с. 177-178 ; А. Кофод, Русское землеустройство, 2-е изд., СПб., 1914, с. 21.

（54） ТМКНСХП, Том 5, Витебская губерния, СПб., 1903, с. 471, 477.

（55） ТМКНСХП, Том 14, Ковенская губерния, СПб., 1903, с. 73.

（56） А. Кофод, Указ. соч., с. 42. 土地整理は、ジュムト人やラトヴィア人の入植者の影響を受けて始められたものであった。鈴木健夫「ストルィピン改革前の西部ロシアにおける土地整理——コフォドの調査による地域的分布——」（早稲田大学『政治経済学雑誌』第三一二号、一九九二年十月）、四一—四三ページ。

（57） ТМКНСХП, Том 5, Витебская губерния, СПб., 1903, с. 470-474.

（58） Там же, с. 470.

（59） А. А. Кофод, Указ. соч., с. 43.

（60） 鈴木健夫、上掲論文。

(61) Доклад высочайше учрежденной коммиссии, Приложения 1, СПб., 1873, с. 190-195.

(62) ПСЗ, Собр. 2, Том 36, Отделение 1, СПб., 1863, No. 36657, с. 144, No. 36659, с. 200.

(63) Johannes von Keussler, 1887, S. 100 ; Alphons Thun, Landwirthschaft und Gewerbe im Mittelrussland seit Aufherbung der Leibeigenschaft, Leibzig, 1880, S. 145.

(64) А. Тун, Экономическое состояние крестьянского населения Белоруссии, Труды коммиссии по исследованию кустарной промышленности в России（далее, ТКИКПР), вып. 4, СПб., 1880, с. 1-13.

(65) Этнографическое Обозрение, 1891, no. 1, с. 95 и следующие.

(66) ドヴナル＝ザポリスキーによれば、結婚した兄弟の共住する型の家族が「最も慣習的で単純な種類の家族共同体」であったが、それ以外にも、オジとオイの共住する類型や「人為的な」共同体の類型が存在した。後者は血縁関係のない者の共住であり、たいていは家族に非血縁者を迎えることによって成立した。例えばピンスク県オザリチイ村では、農民コルネイが非血縁者のアントンを「セミヤニン」（семьянин）として迎え入れ、非血縁家族が成立した。このように家族に加えられる非血縁者には、「セミヤニン」、「ズドーリニク」、「プリョムィシ」などがあった。このうちセミヤニンとスドリニクは成人してから家族成員として迎え入れられる非血縁者であり、プリョムィシは子供のときに養子になった者であり、いずれも血縁者と同じように土地に対する権利を持っていた。ドヴナル＝ザポリスキーの見解では、その理由は土地耕作に投下された彼らの労働を考慮したものであった。М. Довнар-Запольский, Очерки обычного семейственного права крестьян Минской губернии, Москва, 1897, с. 56.

(67) А. А. Кофод, Хуторское расселение, СПб., 1907, с. 45, 55.

(68) А. А. Кофод, Русское землеустройство, СПб., 1914, с. 40.

(69) ТМКНСХП, Том 11, Гродненская губерния, СПб., 1903, с. 199-200.

(70) ТМКНСХП, Том 21, Минская губерния, СПб., 1903, с. 219-220.

(71) ТМКНСХП, Том 16, Киевская губерния, СПб., 1903, с. 589.

(72) ТМКНСХП, Том 5, Витебская губерния, СПб., 1903, с. 178-179.

（73）Доклад высочайше учрежденной коммиссии, Приложения 1, СПб., 1873, с. 32-36.

（74）アンフィモフによれば、西南部（右岸ウクライナ）では地主農場が地主自身の経営する「資本主義的な大企業」に転化したことはまったく明らかであるが、それにもかかわらず、この地方の農民がロシアの農民と同様に、地主的土地所有の廃絶の闘争に向かったのかというより複雑な問題があるという。А. М. Анфимов, Крупное помещичье хозяйство Европейской России, Москва, 1969, с.167-168.

（75）Этнографический сборник, Часть 1, СПб., 1853, с. 284.

（76）Этнографическое обозрение, 1891, no. 4, с. 140.

（77）Ю. Янсон, Опыт статистического исследования о крестьянских наделах и платежех, СПб., 1881, с. 107-108.

（78）ТМКНСХП, Том 21, с. 108.

（79）ТМКНСХП, Том 15, с. 79.

（80）Общий свод, 2, СПб., 1905, с. 302 и следующие.

（81）Труды III-го Всероссийского съезда деятелей по кустарной промышленгсти в СПб. 1913 г.（далее, Труды III-го ВСДКПР）, вып. 1, отдел 2, с. 118.

第二章　ロシア諸県における農業制度と農業問題

一　オプシチーナとドヴォール

(1) ロシア諸県における農奴解放令の一般的規定

オプシチーナ、ドヴォールと分与地

一八六一年の農奴解放令の規定によって西部地方の農民世帯主が分与地を個人財産として取得することとされていたのと異なり、ロシア諸県の農民は、(α)分与地をオプシチーナ（村落共同体）の財産（共有地）として取得するか、または(β)——比較的わずかな場合に限られていたが——家族財産として取得することとされていた。この農奴解放令によってロシア諸県の農村に創り出された農民の土地所有の性格は次のように要約することができる。

第一に、農民共同体は右の(α)、(β)いずれの場合にも耕地を共同体内の「ドゥシャー」(душа)、すなわち一八五七／五八年に実施された第一〇回納税人口調査時に数えられた男性人頭（乳児から老人までを含む全男性）に等しい数の持分——「ドゥシャー分与地」(душевые наделы)——に分け、各農民世帯はこのドゥシャー数に応

じて分与地を配分されたことである。その際、多くの村落では三圃制農法が実施されていたため、耕地は三つの耕区に分けられ、また各耕区はいくつかのブロックに、ブロックはいくつもの地条に分けられたので、農民は他人の土地と混在した多くの地条の形で持分を持つこととなった（耕地混在制）。このようなオプシチーナの土地共有とドゥシャー数に応じた土地配分の方法は、「オプシチーナ的・ドゥシャー的土地利用」と呼ばれていたものである。ただし共同体によっては土地を各成員の家族財産として取得したものもあったが、このような場合には世帯別所有であり、「オプシチーナ的・ドゥシャー的土地利用」と呼ぶことはできない。また旧領主地農民（旧農奴）の多くの村落では、――農奴解放前と同じように――分与地を「ドゥシャー」ではなく、「チャグロ」（夫婦数または労働年齢に達した男性人口）を基準として各世帯に配分することも行なわれていた。

第二に、この「ドゥシャー分与地」は、一八六一年の規則によれば、各地域ごとに設定された「最低分与地」と「最高分与地」（または「法定分与地」）の間になければならず、そのため従来農民の保有していた土地が最低分与地の基準に達しない場合には、農民は領主の土地から「付加地」（прирезки）を得ることができ、反対に農民の保有していた土地が最高分与地の基準を超えていた場合には、その超過部分を「切取地」（отрезки）として領主に返還しなければならなかった。したがってドゥシャー分与地の面積は同じ郡や郷の内部でもオプシチーナごとに相違することになったが、同じオプシチーナの内部では等しい面積であった。それはロシア諸県全体では平均して約三・五デシャチーナであった(1)。

ところで、もちろん、このような均等的な土地配分システムの下では、農民世帯の成員数もドゥシャー（男性人頭）数も様々であったので、各農民世帯に配分される持分（ドゥシャー分与地の数）も様々となり、それゆえ形式的には不平等の外観が現われることとなったことは言うまでもないであろう。例えば今ドゥシャー分与地が三デシャチーナの耕地からなるオプシチーナがあるとすると、そこでは一人の男性しか持たない小家族は三デシャチーナの耕地を与えられるだけであるが、例えば三人の男性を持つ平均的な世帯は九デシャチーナを受け取り、また五人の男性を持つ大きな世帯は一五デシャチーナを受け取ることができることになる。このようにオプシチーナの土地利用は当初から「人口統計学的分化」によって特徴づけられることになっていたのである[2]。

第三に、土地を家族財産として取得したオプシチーナ（β）では、各農民世帯は自分の分与地を世帯別所有地＝世襲財産として取り扱い、同じ共同体の内部で村仲間に譲渡・売却することができたのに対し、オプシチーナ法にもとづいて分与地を取得した共同体（α）では、各農民世帯は自分に配分された持分の一時的な利用権を持つだけであり、その再配分、すなわち持分と場所の変更をともなう土地割替（передел）の権利と義務を甘受しなければならなかった。ただし、土地割替を実施するためには、村落共同体のスホート（集会）がスホートのメンバー（世帯主）の三分の二の多数決で決議をあげることが必要であった[3]。この土地割替の対象となる土地には、イズバ（家）の建てられている屋敷地とオプシチーナの総有下の用益地とを除くほとんどすべての土地――耕地、牧草地・採草地などの土地――が含まれていた。

しかも、その際、注目されるのは、土地割替の対象が屋敷付属地にまで及んでいたことである。このことは、例えば一八八〇年の『村落共同体研究資料集』の中の「屋敷付属地」（усадьба）の利用慣行についての報告からも明らかである。ただし、この場合、土地割替の対象となったのは「菜園地」（огородная земля）として利用されていた土地――通常は屋敷地に付属し、街路から見て屋敷地の後方に位置する野菜・馬鈴薯・麻などの栽培用の土地――に限られていたことに注意しなければならない。

例えばリャザン県ダンコフ郡ムラエヴォ郷の諸村落では、農奴解放までは菜園地を各世帯の「チャグロ」（夫婦）数に従って配分していたが、その後、領主と農民が農奴解放令に規定された「約定文書」（уставная грамота）を取り交わしたとき、チャグロ基準による配分をやめ、ドゥシャーの基準に従って菜園地の配分を実施した。その配分方法は、まず測量によって菜園地を村落全体のドゥシャーに等しい数の「ドゥシャー区画地」に分け、次いでそれを各世帯に対してドゥシャー数に応じて、かつ世帯別の区画の形にまとめて割り当てる、というものであり、その際、この区画を割り当てる順番は屋敷地（屋敷地は街路に沿って一列に並んでいた）の配分の順番と同じとされたが、このことは菜園地と屋敷地とをできるだけ近づけようとする配慮によるものであった。

ただし、このムラエヴォ郷の諸村落では、その後の調査時点（一八七七／七八年）までは菜園地の割替は一度も実施されなかったようである。(4) しかし、これとは反対に、トゥーラ県トゥーラ郡のトルホヴォ村では、まず農奴解放のときに旧来のチャグロ基準による配分から離れ、菜園地を一七二人のドゥシャーに配分するために八六の区画（一区画＝〇・五六デシャチーナ）に分け、二ドゥシャーに対して一区画を配分し、その後も耕地の割替と同時に菜園地の割替を実施していた（一八七七年の調査時までに行なわれた割替のうち「最後の割替」は一八七三年であった）。(5)

だが、このような屋敷付属地と異なり、屋敷地自体が割替の対象となることはまったくなかったようである。もちろん屋敷地はもともと家＝イズバや経営用の建物の建てられている土地であり、そもそも割替が技術的に不可能であったことは言うまでもない。しかし、通常、こうした割替は技術的に可能となった場合にも行なわれなかった。例えば右のトルホヴォ村では一八六〇年代に全村を焼失してしまう火事があったが、その時にも割替は実施されず、「屋敷地はそれらが以前あった場所に設置され、ただ世帯間にスキマが設けられただけで」あった。(6)

とはいえ、屋敷地はかなり狭い敷地であり、しかもミール（共同体）から農民家族に与えられた土地であったことに注意しなければならない。例えばトルホヴォ村では、すべての屋敷地はほぼ同じ広さであり、間口五サージェン（一〇・七メートル）、奥行一〇サージェン（二一・三メートル）、面積五〇平方サージェン（二二〇平方メートル）ほどに過ぎなかった。そして、ロシア諸県の村落で一般的にそうであったように、この村でも兄弟が家族分割を行なうときには屋敷地を分割せずに、一人（例えば末子）が古い屋敷地に残り、長男がミールから与えられる新しい屋敷地に移ることが慣習となっていたのである。ちなみに、そのような場合、ミールは新しい屋敷地を村の街路（イズバの列）の端（конец）の共有地（耕地、牧草地、その他の用益地）の一部をさいて設けることとしていたので、街路は村落内の家族数が増加するにつれて、何らかの自然的障害にぶつかるまで伸びて行くこととなった。

しかし、屋敷地の総割替（общий передел）が見られなかったとしても、注目されるのは、ムラエヴォ郷の古老たちが述べたように、農奴解放前に「領主が何らかの考慮から全村を再計画した場合」(7)——つまり全屋敷地の移転——が実施されたことであり、また農奴解放後にもこのような屋敷地全体の移転がしばしば実施されたことである。例えば一九一四年にウラジーミル県ヴャズニキ郡ルィロ郷の大ロシア人農民の民族学的調査を実施したゲ・カ・ザヴォイコはこのような全村移転について述べている。「村落の多くは新しい場所に移転され、その際、新しい場所の選定にあたっては、ほとんど常により古い集落がより高い場所に置かれるように、また新しい場所への移転に際してはより低い場所へ置かれるように、配慮された。例えば、プスティン部落は以前の場所から約半ヴェルスタだけ南東に移動し、ルィロ村は南東のより低い位置に移った。フェドルコヴォ部落は自然境界(урочище)のフォドルスキー・ボロクとヴィソコエ（……）にあった二つの部落からなっていた。ノヴォ部落は以前の（……）高い小丘から南に半ヴェルスタ移動し、ペストリコヴォ部落も、その他の多くの部落と同じように、以前のより高い場所から若干南下した(8)。」

ここに見られるように、屋敷地が本来ミールの共有地から分与された土地であったという事実や、また各世帯主が自分の個人的な意思で屋敷地を移転するのではなく、オプシチーナが屋敷地全体を新しい場所に移転したという事実は、農民世帯と屋敷地との世襲的・相続的な結びつきが決して強固なものではなかったことを示すものではなかっただろうか。このようにロシア諸県の農民がヘレディウム（屋敷付属地や屋敷地）に対しても私的所有権を確立していたかどうかは疑わしく思われるが、このことは屋敷地から受ける外的な印象にも表われていたようである。例えばチェルニゴフ県（ウクライナ）の農村出身の研究者モギリャンスキーは、一九〇一年にトゥーラ県とオリョール県の農村の民族学的調査を行なったとき、これらの県の村落の屋敷地が世帯別・区画地的所有の支配的な小ロシアのそれとまったく異質な印象を与えていることについて述べていた。

「特に激しく私を驚かせた特徴は、ここでは屋敷（дворы）、すなわち私がチェルニゴフ県で慣れ親しんでいたような意味または外観を持つ個別の屋敷地がまるでまったく存在しないかのようであることである。それは一目見たところ、完全に無秩序に散らばった建物であり、個々の世帯の間には目に見える境界がなく、編垣も、垣根も、何かそのようなものもない。もし私が子供時代から知っている小ロシアの農村で自然に発展している精神的態度と比較するならば、この居住区を一目見ただけで、この農村の住民自身の心理自体に深い相違があるに違いないことが明らかである。そこでは、生活全体がすべての同村人の目にさらされており、人々は常にいわば人の目の前で（на людях）暮らしている。通常の型の小ロシアの村落では、村を一ヴェルスタ歩いても通りに面した住居の窓を見ることはなく、また各世帯は四面とも囲われた、閉鎖的な、ただ隣人の視線にさらされるだけの統一体であって、この小ロシアの村落は閉鎖性と個人主義の発展のための空間をなしているのである！」[9]

ヘレディウム（屋敷地や屋敷付属地）がこのような状態にあったことを考えれば、耕地・牧草地・採草地などの土地が割替の対象となっていたことは何ら不思議なことではないと言えよう。

かくしてロシア諸県ではオプシチーナの均等的な土地割替に表現される古風な村落共産主義が農奴解放後も存続したという事情を指摘することができる。われわれは次にこのような土台の上にたつロシア農業がどのような発展を経過することになったかを検討することとするが、その前に右の村落共産主義がどのような原理に由来するものなのかについて触れておきたい。

（2）農民世帯、オプシチーナと親族システム

ロシア人農民の家父長制大家族

ロシア人農民の「家父長制的大家族」、家長の絶対的な権力、息子たちによる家族財産の均分相続などはロシア家族史の研究者によって必ずといってよいほど語られてきた合言葉とも言うべきものであった。例えばM・ミッテラウアーはロシア人農民家族の「父系制的性格と複合的性格」を強調し、そのような家族構造が「その決定的な条件を父系制的な親族システムの中に持っているが、この父系制的な親族システムそのものはこの地域におけるはるかな過去にさかのぼる社会形成の伝統に由来しているであろう」と指摘している。[10] そして、実際にも古い土地台帳（писцовая книга）や十九世紀中葉までの「納税人口調査原簿」（ревиския сказка）などの史料は伝統的なロシア農民の家族の形態論的特徴が家父長制的大家族にあったことを明らかに示している。[11]

表 9　クラスノエ村の農民世帯（1858 年）

ドゥシャー数（男性人口）別の世帯規模						
ドゥシャー数	世帯数	男性	女性	合計	未成年者	平均規模
10 人	2	20	12	32	19	16.0
8 人	3	24	16	40	17	13.3
7 人	4	21	18	39	22	9.8
6 人	2	12	7	19	13	9.5
5 人	1	5	5	10	5	10.0
4 人	2	8	5	13	5	6.5
3 人	6	18	13	31	18	5.2
2 人	7	14	16	30	18	4.3
1 人	4	4	6	10	6	2.5
0 人	3	0	6	6	4	2.0
計	34	133	107	240	128	7.1

出典）РГАЛА, Ф. 1262, оп. 6, ед. хр. 173.

表 10　クラスノエ村の農民世帯の親族構成

核（夫婦）	世帯数	核家族数
6	1	6
4	5	20
3	7	21
2	10	20
1	10	10
0	1	0
合計	34	77

出典）РГАДА, Ф. 1262, оп. 6, ед. хр. 173.

ここでは一例として、一八五八年のモスクワ県コロムナ郡クラスノエ村の人口調査の原簿を見ておこう。この村には当時三四戸の農民世帯が存在し、その平均成員数はかなり多く、七・一人であった。もっともその中には男性二人（平均女性数二・三人）の小規模な家族（七戸）や、それよりももっと小規模な家族（七戸）なども存在している。しかし、村内の多くの世帯（二〇戸）は男性人口が三人以上（平均女性数三・二人以上）の大規模な家族であり、また人口の三分の二がそのような大家族に含まれていた。そしてそのような大家族の中には成員数が一九人という著しく大きな家族も存在していた。

これらの大規模世帯を親族構造の側面から見ると、その多くが複数の核家族を含む大家族であったことが分かる。表10から見られるように、クラスノエ村の全世帯のうち、一戸は単身世帯であり、また一〇戸は一組の夫婦しか含まない小家族であったが、二三戸は二組を超える夫婦を含む家族であり、しかも、その中に結婚した兄弟の共住する家族――「横への拡大」を特徴とする拡大家族――が見られ、またそのような家族に含まれる夫婦が最も多数であった。したがってロシア諸県では結婚した兄弟が一つの家（イズバ）で共住することがごく一般的に行なわれていたことを確認することができる。たしかに、後に詳しく見るように、これらの複合的な家族が農奴解放後急速に解体していたことはまちがいない。しかし、それでも、例えばシチェルビナなどがはっきりと示したように、大家族は十九世紀末にも決して例外的とは言えない程度に存在していたのである。(12)

家族財産に対する均等な持分権

しかも、ロシア農民家族の問題を考察する場合に、このような家族の形態論的特徴よりもはるかに重要に思われることは、ハウケなどの農民慣習法の研究者が指摘し、また多くの研究者が同意しているように、「世帯財産は家族全体のものである」という家族財産の共有の観念が「農民の意識に深く根をおろす農民の根本的教義」として存続していたことである。[13] すなわち、ロシア諸県では、一般的に言って、すべての男性成員は家族財産を分割することなく大家族の下で共同経営を営むことも、またすべての男性成員に慣習的に認められていた家族財産に対する平等な権利（持分権）に従って家族財産を均等に分割することも許されていたのである。したがってこの観点からすると、ロシア人農民家族の本質的な特徴はその形態論的特徴（＝大家族）にあったというよりは、むしろ家族財産に対する均等な持分権の観念という慣習法にあったと言うことができるであろう。この慣習法によれば、息子たちは父親の生前にさえ家族分割を実施することができたが、このことは家長（хозяин, большак）が個人財産の所有者ではなく、その管理者にすぎなかったことを示すものであり、また農民たちが近代的な民法に述べられている遺産相続を知らず、ただ家族分割（семейный раздел）を知っていたにすぎないことを示すものである。ちなみに、この平等な持分権の原則はもちろん土地＝分与地に対しても適用されたが、その際、当該オプシチーナの土地配分基準（ドゥシャーやチャグロ）に従うのが通常の慣習であった。

農民家族の家父長制的な性格

ところで、ロシア農民家族の家父長制的な性格はまた婚姻に際しての「夫方居住制」（patrilocalism）にもうかがうことができる。すなわち、世帯主に息子と娘がいる場合には、息子を家に残して財産を伝え、娘を嫁出させることとなっていたのであり、その場合、嫁いで行く娘たちは家族財産に対する持分権を持たなかったのである。

もっとも、ロシアではこの慣習は常に厳格に守られたのではなく、いとも簡単に破られていたことにも注意しなければならない。実際、家に娘しかいない場合には、その娘に婿（зять）が迎えられ（妻方居住）、その入り婿（プリマーク）（примак）に家族財産が伝えられることはしばしば生じたことであり、また家に息子も娘もいない場合には、養子・養女・継子（приемыш, пасынок, падчерица）が迎えられ、彼らが成人すると嫁または婿が迎えられ、その養子や婿に財産が伝えられることとなっていたのである。こうしたことからも見られるように、財産が息子たちに伝えられてゆくこと（父系的相続）や夫方居住制は必ずしも厳格な規則であったのではなく、むしろ理想あるいは選好であったと表現することができるであろう。ちなみに、古い教会法規では、養子を取るためには特別な浄めの儀式が必要であり、また養子と養父の妻・姉妹・オバ、その他の直系親族との婚姻が禁じられていたようであるが、十九世紀までにはそのような禁止規定もなくなり、ただ婚姻に関する教会法規の一般的な規則を守ることが要求されただけであった[14]。

さて、オプシチーナを構成した単位は以上に示したような家父長制的な特徴を色濃く帯びた農民家族であった。だが、このオプシチーナとはそもそもどのような集団であったのであろうか。それは多くの人々が考えたように、拡大された家族のようなものと理解することができるのであろうか。この問題を考察するために、ロシア人農民が家族の枠を超えるいかなる親族システムを持っていたかを検討しておこう。

親族システム（キンドレッド）

まず『教会法規集』（Кормчая Книга）の親族と婚姻についての規則を見ておこう。この規則は農民慣習法でも認められていたものであるが、親類（род）として、(α)血縁親族、(β)姻族、(γ)霊的親族（教父母関係）の三種類を認めた上で[15]教区司祭が「親族、教父母関係、姻族関係にある者」（つまり近い親類）に婚姻の祝福を与えてはならないと命じている。

このうちまず(α)血縁親族（cognatio）とは出生による親戚であり、この場合、親戚関係にある二人の距離は二つの方法（系、親等）で示される。まず系（линия）によって示される場合には、直系（父母、祖父母、曾祖父母、子、孫、曾孫）と傍系が区別され、また傍系は父母の子孫（兄弟姉妹など）（第一傍系）、祖父母の子孫（オジオバなど）（第二傍系）、曾祖父の子孫（第三傍系）などに分けられる。一方、親等（степень）によって示される場合には、親と子の距離が一親等とされる。ここで注目されるのは、いずれの方法でも親戚関係にある二人の距離が父系・母系に関係なく計算され、近い親族同士の婚姻が禁止されたことである。この婚姻の禁止範囲は時代によって変わっているが、十九世紀には直系親族間および四親等以内の者（つまりイトコ）の婚姻の禁止という形に定められていた。

これに対して、(β)姻族（affinitas）とは婚姻による結びつき（親族）であり、この場合には、一つの婚姻を介して結ばれた人々は「二次親族」（двухродное родство）とされ、二つの婚姻を介して結ばれた人々は「三次親族」（трехродное родство）とされる。そして、これらの姻族間の親等は、夫婦をゼロとして計算されることとされていた。そこである人（男性）にとっては自分の兄弟の妻との距離は第二親等となり、またその姉妹との距離は第四親等となり、そのため配偶者の兄弟姉妹同士は婚姻を禁止されることになる。

教会法はまた洗礼を受けた者と彼らの教父母との関係（кумство）を(γ)霊的親族と規定し、その距離を一親等と定め、婚姻規則上も、この霊的親族を血縁親族と同じようにとり扱っていた。そのためこの規定もかなり多くの人々を婚姻可能な人々のリストから省くことになった。

もちろんこのような規則の意味するところは明らかである。それはロシア農民の社会が父系的というよりもむしろ双系的な構造に収斂すること、または同じことであるが、ロシア農民の親族システム（родство）が自己中心的なキンドレッド（kindred）[16]であるということにほかならない。

オプシチーナの歴史的性格について

しかし、このように村落社会が双系的構造へ収斂していくと考えることは、オプシチーナの性格を考える上で重要な問題を提起することになるであろう。というのは、親族システムが自己中心的なキンドレッドに基づく社会では、地域共同社会（local community）——したがってオプシチーナ——を構造化する社会組織は家族でしかありえないということを意味することになるからである。その理由は、外婚的・父系的システムにおいては、メンバーシップの固定した出自集団（部族、氏族、リネジなど）が形成され、また序列構造の中で上位の親族集団が下位の親族集団に分節化されるのに対して、キンドレッドは主体中心的であるため、兄弟以外のどの二人の個人にとっても同じものでありえず、はっきりとした集団を構成しないという特徴を持つからである。要するに、オプシチーナは母系的、父系的を問わず出自集団（リネジ、氏族）ではありえず、またもちろんキンドレッドでもありえないということになる。

ところが、ロシア農民のミール共同体は、あたかも農民家族の上位に位置する氏族集団であるかのように家族の内部問題や家父長権力に干渉することを常としていたことも否定しえない。例えばまず婚姻からしてただ単に個人や家族の問題ではなく、オプシチーナ全体の労働力の問題としてミールと村落スホートの監督下に置かれていた。ミネンコが強調するように、「村落ミールは、部落、村、郷の内部における人口の自然的再生産と経営の増加とを保証しようと努め、両親との紛争をおこさなければならなかった」のである。[17]また家族分割の実施も

「ミールの干渉」（вмешательство мира）をまぬがれていなかった。すなわち、均分の原則は家族の内部における息子たちの平等主義的要求によって支えられていただけではなく、オプシチーナの平等主義によって外部からも強制されていたのである。実際、家族財産をめぐる家族内の紛争は必ずといってよいほどミールからの介入をまねいたため、農民家族の家父長権力といえども家産の均分主義を否定し、遺産として単独相続させることができなかった。さらに、ミールは家長への就任をめぐる紛争や家族成員の道徳的・教育的側面に介入し、その成員を後見し、またスタロスタ（村長）の指示のもとで行政的処分（笞刑、逮捕、行政的流刑など）を実施することができた。このようなミールの「粗野な恣意[18]」（грубый произвол）（リチフ）の一覧表をこれ以上あげる必要はないであろう。ともかく農民家族のミールからの自律性は著しく脆弱であったのであり、それは古い時代の農民家族が「氏族」（ジッペ）から干渉を受けたのとまったく同じように[19]、ミールからの介入を受けていたのである。こうしたことはどのように理解されるのだろうか。

オプシチーナと村落定住様式

そこで、オプシチーナについてさらに詳しく見ておこう。

ところで、十九世紀後半のロシア諸県におけるオプシチーナの最も普通の型が一つの村落からなる共同体——いわゆる「単純共同体」——であったことはよく知られている。しかし、小さな村落が広い地域に分散していた北部の非黒土諸県では、オプシチーナが複数の村落から構成される「複合共同体」である場合がしばしば見られた。例えばトヴェーリ県トヴェーリ郡トゥルギノヴォ郷（一八九三年）では、四つの教区（村と諸部落）に二五の共同体（村団）が存在し、そのうち一六の共同体はそれぞれ一村落からなる単純共同体であったが、七つの共

同体は二村落から構成され、また二つの共同体は三つの村落から構成される複合共同体であった。(20)

①トゥルギノヴォ教区（ここには他郷の二部落が入る）……………5共同体
②ドゥジノ教区…………………………………………………………7共同体
③ニコリスコエ・ゴロジシチェ教区………………………………12共同体
④二部落（ただし他郷の教区に属する）……………………………1共同体

一方、村落がかなり大きな規模に達していた南部の黒土諸県では、一つの村落が複数の共同体に分かれており、共同体がそうした大村落の一部分（コネツ、スロボダなど）から形成される「分割共同体」の型に属する例も見られる。例えばトゥーラ県ボゴロヂツク郡のイヴレヴォ村はスロボダと呼ばれるいくつかの街路に分かれており、それぞれのスロボダが共同体を形成していた。

その外に、共同体には「複合共同体」の一類型として、「村と諸部落」（село с деревнями）からなる型があった。例えば一九〇九年のカザン県のゼムストヴォ統計は二つの型の「複合共同体」が存在していることを示し、①いくつかの「オコロトク」（околоток）（世帯集団）から構成される第一の型と、②「村と諸部落」から構成される第二の型を区別し、特に後者が著しく普及していたと述べている。この後者の特徴は次の通りである。

「別の型の、より広まっている複合共同体は、若干の村落の、通常は、いくつかの村と諸部落の複合体であり、それらの村落は個々のオコロトクに分かれている。ほとんどの場合、そのような共同体にはいくつかの村団が入っている。

複合共同体は、しばしば広大な面積をしめ、個々の場合に六千、八千、一二千デシャチーナに達し、二〇―三〇の村落とオコロトクを把握する。例えば、ヤドリンスク郡アリコヴォ郷では、三三の村落とオコロトクからなるシュムシェウァシ村の共同体や、あるいは同郡の居住地点の数が四一もあるシュマトウァ村の共同体がそうである。しばしば複合共同体の構成には個々の居住区の一部がはいる。同ヤドリンスク郡のウベエヴォ郷ではさまざまなオコロトクの部分からのみなる共同体がある。……

各共同体成員は自分をいくつかの村落の広い面積の分与地の保有に参加している者と考えている。そして共同体の諸部落における人口の不均等発展のために必要と認められたならば、土地割替は、意見しだいで、二つの方法で実施される。すなわちまずはじめに土地を個々の村落間、あるいは特別な村落団体を形成する村落集団間で均等に配分され、ついで各村落に対して割当てられた土地境界内で、単純共同体と同じように、個別世帯間の土地配分が行なわれる。(21)」

この説明にはいくぶん理解しがたい部分が含まれているが、次のような歴史的事情を前提とすればよく理解することができるであろう。その事情とは、「村と諸部落」は本来的には教区、つまり①教会の置かれていた「村」(село)と②その周りに散在する多数の小部落＝世帯の集合体であり、この教区がミールのより古い型であったという事情である。(22)もっとも、そのような「村と諸部落」はもっと古い時代にはいくつか集まって「ポゴスト」(郷)と呼ばれる団体を形成していたようであり、そのような古い時代には、大公の「黒い郷の農民」や「白い土地」[私領地]の農民」の村落(村、部落)は一ないし三世帯またはせいぜい数世帯程度のきわめて小さな集落であり、その周辺には自由な土地が存在したため、土地を自由に占取していたと考えられている。ところが、十七世紀頃から村落人口の増加とともに土地が枯渇し始め、「自由な占取から共同体的土地所有へと行きつく発展過程」(クーリッシャー)が始まり、(23)土地をめぐる紛争の中から土地割替が現われるが、この土地割替を最初に行なったのがこの古いミール(村と諸部落)であった。そして農民世帯がもっと増え、大きな村落が形成されてくるとともに、この古いミールは凝集力を失い、より小さな単位に分節化したと考えられる。特にロシアの中央部では十八世紀の土地整理事業によって領地が「ダーチャ」（дача）――二、三の村落なる区画――に区画化されたため、オプシチーナは最初このダーチャに分節化し、さらに個々の村落に分節化し、それによって「部落間利用にあった土地が部落ごとに配分され、境界によって確定される」という過程が進行した。ただし、このような過程はすべての地域で終了していたわけではなく、辺境では古い型のミールが存続していたのである[24]。

ただし、この古めかしい「村と諸部落[25]」は十九世紀後半以降にもまだ存在していたとしても、教区としてであり、土地共同体としての機能はダーチャや村落に移行しつつあったことも事実であった。

「人口の増加とともに、または換言すれば、［一人あたりの］土地面積の減少とともに、そのような共同体における広汎な共同体的精神が弱まることに疑問はない。すでに基本統計調査によって強調されたが、多くの複合共同体は解体期にあり、一連のより複合的でない共同体か単純共同体に分解しつつある[26]。」

ちなみに、ヨーロッパ・ロシアとまったく同じことはシベリアにおいても観察されていた。例えばカウフマンは一八八〇年代にトボリスク県の諸郷で古い郷共同体が解体し、「大衆的な集村化」と「村別整理」（поселенное размежевние）が生じていることを示し[27]、この郷共同体の解体の中から「多少とも占取的な利用方法」から「［オプシチーナ的・］ドゥシャー的利用」への移行が生じたことを明らかにした[28]。

このように十九世紀の共同体が部落の世帯数の増加とともに古い郷（ポゴスト）が教区（村と諸部落）、ダーチャ、村落に分節化することによって生じてきたとするならば、共同体を「共通の祖先」に由来する親族集団として理解することもできないわけではないかもしれない。実際、カウフマンはシベリアのオプシチーナについて述べたとき、このような見解を示唆している。

「農民は部落から移住し、荒れた森林に新しい開墾部落を建てても、部落との結びつきをそれによって断ち切らなかった。そこには、父、母、兄弟、姉妹、おじ、おばなどが残っていた。彼は、彼らと何世紀にもわたる分裂しない同盟にあったのである。然り。彼は彼らと一緒に同じ森林に、同じ川、同じ湖に住み、部落と開墾部落との関係がきわめて強いため、開墾部落は長期間特別の名前をもたず、部落と同じ名前をもつだけでなく、部落の不分割の部分と考えられるほどである。その結果、オロネツ県の『部落』とは、ひとつの集落ではなく、相互に親族関係と経済的利害……で結ばれた集落集団全体であった。……農業的シベリアの北部森林辺境でも同じような型の集落に出会う。現在約数十の村落の集団全体がペルィマという歴史上の名前をもち、その各々がそれ以外に、自分の名前を有している。トゥリンスク郡の他の同様な村落集団は『ガリ』という名称をもっている。そしてそのような村落集団全体、つまり百人組も、各部落、つまり十人組も、それぞれが特定の中心であり、それをめぐって農民の特定の経済的利害がグループ化し、徐々に形成される土地共同体はそれに引きつけられているのである。百人組と十人組との二重性は農業的シベリアの森林北部の農民的土地所有の固有な制度における最適な特質のひとつである。(29)」

同様にエフィメンコも極北部（アルハンゲリスク県）のポゴストまたはポゴスカヤと呼ばれる集落の教会にはいくつかの小集落――共同体を形成し、部落（деревня）やペチシチェ（печище）と呼ばれる小集落――からなる村（село）全体の聖者が祭られていることや、またそのような村に属する各部落が自分たちの守護者を祭る「ブラーチナ祭」（братчина）を行なっていたことに言及し、このブラーチナ祭が「まだ自分の出自の共通性についての記憶をまだ完全には失っていない」部落住民のための祭りであることを強調している。(30)またこのエフィメンコの見解を受け継ぐソ連の村落定住史の研究者ヴィトフとヴラソヴァは、ロシア北部諸県の共同体をパトロニミヤ（патронимия）――「共通の祖先」に由来する血縁的集団――と呼んでいる。[31]

しかし、かりにカウフマンやエフィメンコの指摘が正しいとしても、ヴィトフが述べるように、共同体が「一人の共通の祖先から代々一方の性［男性］をたどってきた子孫であるという主張によって一体感を共有している」集団――リネージや氏族――であったとすることができるかどうかははなはだ疑問である。その理由は、すでに述べたように、父系的・外婚的リネージの規則自体がロシア農民の間に存在していなかったことにある。

しかし、ここで、オプシチーナには一つの重要な特徴があったことを指摘することができる。その特徴とは、十九世紀以来、多数の観察者が注目してきた点であるが、共同体が著しく閉鎖的であり、その構成員の間に「地域的内婚への強い選好」が存在したことである。例えばチャップは、十九世紀中葉のリャザン県ミシノ領（ミシノ村と三部落）が一二八世帯からなる小さな領地であったにもかかわらず、この領地の既婚女性のうち外部から嫁いで来た者はわずかに六・五パーセントに過ぎず、ほとんどが領内の出身者であったことを、またこの領地の各村落（平均三二世帯）の内部では平均して六四パーセントの女性が同じ村の男性と結婚していたことを明らかにし、このような事実から「高い内婚率がミシノの婚姻パターンのもう一つの特徴であった」と結論している。[32]

もっとも、このようなオプシチーナの閉鎖性は農奴制時代の領主の農民に対する人格的支配に由来するものであったのではないかと考えられるかもしれない。しかし、クリューコヴァが十九世紀後半―二十世紀初頭の事例にもとづいて、農民は「通常、同じ村の娘を嫁にした」と述べ、次のような点を明らかにしている点からしても、そのことは否定されるであろう。「もし自分の村に婚姻年齢の娘がいるのに、若者がよその村から自分の妻を選んだならば、婿もその両親も何かある非難（пороки）を受けた。同じ規則は娘にも適用された。すなわち、「娘をよそに嫁をやることは何かよくないことを意味したのである」、と。[33] クリューコヴァは、リャザン県リャージュ郡のセミオン村の事例（二十世紀初頭）では、このような内婚の具体的な理由について、「かつて村の内部で婚姻が結ばれたのは、当地の男性が大工の出稼ぎに従事しており、セミオン村が周辺の村々と比べてもっと豊かであると考えられていたためであった」と述べている。

一方、一見したところ、こうした村落の婚姻上の閉鎖性を否定するような指摘が存在しないわけでもない。例えばア・スミルノフは一八七〇年代に村落農民の婚姻慣習を調査し、「現在まで地方によっては自分の村落からでなく、他の村落から嫁をとる慣習がある」と述べている。しかし、ここで述べられていることは右に述べたことを否定するものではない。というのは、スミルノフによれば、こうした「部落外婚」が行なわれたのは「人々が家族ごとに（семьями и родами）住んでいた」古い時代のように、すべての村仲間がきわめて近い親戚関係にあった小村落の支配的な地域においてであったからである。

「現在ではこの慣習は、今でも小さな部落ではしばしばすべての住民がお互いに親族であることによって維持されている」。「シンビルスク県では、ほとんどすべての部落で、農民は大部分が自分の部落からではなく、近隣の部落から嫁をとる。それは、地元の慣習の採集者の意見では、嫁は婿にとって非常に遠い親族にさえ当たってはならないが、小さな部落ではほとんどすべての農民が血縁的または宗教的な親族関係にあり、そのためそのような村落では嫁を見つけるのがむつかしいということによって説明することができる。[34]」

ちなみに、これと同じような事情は農奴解放前のシベリアでも見られる。ミネンコによれば[35]、西南シベリアでは部落外婚が見られたが、その理由は小部落（平均して約一〇世帯）では親族関係が錯綜していたため、自分の部落から嫁をとることができないことにあったという。「農家で息子に嫁をとる時期が来る。どこから花嫁を迎えるか。自分の部落からである。しかし、ここでは全員がすでに親族関係を結んでいるか、花嫁がいない。どこか離れた部落に行かなければならないのである。」だが、農民にとってはできるならば同じ村落の内部で婚姻を結ぶことが望ましい方法であった。一八五〇年代にペトロヴァヤ（ネルピナ）部落の村長と妻は、なぜ姉妹を嫁にやらないのかという調査員の質問に対して、「まわり中が親類で、もう昔から全員が親戚となっている」が、「身内に嫁に行くことはできないから、娘たちは家にいる」と答えた。ミネンコはこのような部落内婚への傾向が領主の強制によるものではなく、農民自身の求めるところであったことを明らかにしている。

オプシチーナの「ディーム」的性格

このように見てくるならば、ロシア諸県のオプシチーナを民族学者が「閉鎖的共同体」(closed community)と呼ぶ社会集団の一類型——構成員全員が遠近の親族関係で結ばれているような集団——に関係させることができることには異論はないだろう。このことはロシア農民が地域的内婚への強い傾向（必ずしも厳格な規則ではない）を持ち、閉鎖的な婚姻圏を形成していたことを確認し、そのような婚姻圏をディーム（дим, deme）と呼んだロシアの民族学者ブナクとジョモヴァによっても支持されている。[36]このうちジョモヴァは、モスクワ県セルプホフ郡ウグリューモヴァ村（一九〇〇年に四三戸の小村）の一八六一年から一九〇〇年までの四〇年間における三四九件の婚姻を調査し、そのうち二〇・三パーセントがウグリューモヴァ村の内部で結ばれ、また四四・五パーセントが半径五キロメートル以内の村落の内部で、七〇・六パーセントが半径一〇キロメートル以内で結ばれたことを明らかにした。ジョモヴァはまたクラスノヤルスク地方のケジェマ地区でも通婚圏内部における内婚率が著しく高い水準にあったことを示し、このような「地域内婚姻」(уникальный брак)の関係にある通婚圏をディームと呼ぶ。「各村落の住民はいくつかの部落の出身者と結婚するとはいえ、その地区のほとんどの村落にとっては、大きな村落の一つを中心とする、多少とも明確な婚姻圏が分離される。周辺地区では婚姻圏は交じり合うが、明らかに地域内婚姻が優勢である。このことが示すのは、そのような婚姻圏が住民のグループ化の実在の単位をなすということであり、それを示すために『ディーム』という用語を提案する。[37]」なお、ジョモヴァはこのディームの名称の由来については何も触れていないが、それがマードックの「(内婚的)ディーム」[38](endogamical deme) から来たものであることは明らかである。

さて、このようにロシア諸県のオプシチーナが「ディーム」的性格を濃厚に帯びていたということは、それが父系的なリネージまたは一種の「農民的ジッペ」(Sippe) の双系的社会における対応物をなしており、まさしく「一つの血縁的な単位とみなされるような地域共同団体」であることを示すものである。したがってオプシチーナは地縁的な「隣人団体」の外観を呈していたとしても、その内部に血縁的な原理を含むものであったと言うことができるのではないだろうか。[39]

二　オプシチーナにおける土地割替をめぐる状況

しかし、右に述べたことは、オプシチーナがその内部に何らの利害対立や紛争を抱えない牧歌的で均質な平等社会であったことを意味するものでは決してなかった。そのことは、そもそもオプシチーナの平等主義を体現すると考えられる土地割替自体が「自由な」土地が枯渇し、村落間や郷間に土地紛争が生じたときに出現したことや、また農奴解放後における農民の最も切実な要求が「より多くの土地を」であったことを考えれば、明らかであろう。この意味では、土地割替は村落農民の平等主義的な理想の現われではなく、むしろ利害対立の表出の場であったとさえ言うことができる。そして、この利害対立は、幾分単純化して表現すると、すぐ後に見るように、①土地割替によってドゥシャー分与地を増やすことのできる者が割替に賛成し、逆に、②分与地の一部またはすべてを失ってしまう者が反対派を形成するという公式に要約することができる。[40]

ただし、そうは言っても、このような農民の利己主義的態度をもって、共同体農民の個人主義を強調することも正しくないであろう。なぜならば、例えば土地割替の反対派の多くは必ずしも土地割替そのものに反対したのではなく、またましてや分与地の私的所有権を擁護したのでもなく、ただ具体的な状況下で土地割替を実施することの是非を問題としていただけであったからである。このことは、農民たちがある時には土地割替の賛成派となり、また別の時には反対派となることがしばしば見られたことからも明らかである。

こうしたことをよく示す事例として、オリョール県ムツェンスク郡ドロゴイ部落において一八八〇年に実施された土地割替の経過をあげておこう。[41]

この部落では一八五八年の納税人口調査のときに九〇人のドゥシャー（男性人頭）が数えられ、農奴解放令の約定文書では、このドゥシャーにもとづいて各世帯に土地および租税が割り当てられていた。ところが、その後、一八八〇年までにこのドゥシャーのうち一九人が死亡し、七一人に減少したのに対して、実在の男性人口は一〇九人に増加し、その結果、世帯の人的構成と分与地の持分との間に不均衡が生じていた。こうして村落住民の間でしだいに新たな土地配分の実施を求める声が高まり、ついに村落スホートにおいて土地割替の実施を検討するにいたった。その際、そこで提案された土地割替の方法（基準）は次の二つであった。

①実在のドゥシャー——一八五八年の男性人口のうち生存者（七一人）への土地配分

②実在の男性（一〇九人）への土地配分

この土地割替をめぐる対立は、スホートが①実在のドゥシャーに対して土地を配分するという決議を賛成二二票、反対六票、棄権四票をもってあげたことによって決着したが、右の二つの基準にもとづく土地割替に対して各家長が表明した態度は基本的には「より多くの土地を」という原則から理解することができる。たしかにそこには、一方で分与地面積が増えるのに割替に反対した者（一例）や、逆に面積が縮小することになるのに賛成した者（五例）が見られる。しかし、詳しく観察すると、そのような例外もそれ自体として理解することのできる別の動機から発していたことが分かる。すなわち、そのような動機には、兄弟に対する同情（二例）、実在のドゥシャーの基準は不利であるが、実在の男性人口の基準はもっと不利になるという事情（一例）、実在の男性人口で土地割替を実施すると、家族分割のときに三人の男性を持つ兄の家族に対して、一人の男性しか持たない自分の家族が不利であるという事情（一例）などがあった。

　このように「より多く土地を」が農民の態度を決める根本的なモチーフであったことは、ヴォロネシ県オストロージュ郡のゼムストヴォ統計からも確認される。ヴェ・ヴェのまとめた表では、この郡で土地割替を実施した三三の村落では、新しい割替によって分与地面積を減らすことのない世帯（つまり不変または増加の世帯）が三、九〇二戸あり、そのうちの九七パーセントに当たる三、七九〇戸がスホートで割替に賛成したのに対して、反対票を投じた家長の世帯（一、六六六戸）のうち一、五五四戸（九三パーセント）が分与地面積を縮小することになる世帯から登場していた。ただし、その際、注意しなければならないのは、もし分与地を減らすことになる世帯主が

表11　土地割替に対する態度（戸）

割替による変化	賛成	反対	棄権	合計
分与地の増加する世帯	17	1	1	19
分与地の減少する世帯	5	6	3	14
計	22	7	4	33

出典）Сборник стат. сведений по Орловской губернии, Мценский уезд, вып. 1, М. 1886, с. 34-37.

表 12　ヴォロネシ県（33 村落）の土地割替に対する態度（戸）

割替による変化	賛成	反対	合計
分与地の増加する世帯	3562	95	3657
分与地の変化しない世帯	228	17	245
分与地の減少する世帯	1134	1554	2688
計	4924	1666	6590

出典）B.B., Крестьянская община, 1894, с. 134.

こぞって土地割替に反対したならば、ほとんどの村落で賛成派は三分の二という条件──『農民に関する一般規程』が土地割替の実施に必要と規定していた要件──を満たすことができなかったであろうという事実である。しかし、実際には賛成派はかろうじて三分の二を確保していたが、それは分与地の一部を失うことになる世帯主のうち四二パーセントが割替に賛成票を投じたためであった。このことは土地持分の単なる増減以外の要因が世帯主の態度に作用していたことを示すものである。先のドロゴイ部落の事例が示すように、そのような動機の中にはもちろん物質的な利害関係があったことは間違いないであろうが、しかし、それと並んである程度までは理念の力が世帯主の態度の決定に影響を及ぼしたことを否定することはできないように思われる。この点で注目されるのは次のような事情である。

第一に、法律上は分与地が村落共同体の共有地であるとしても、実際には各世帯が自分に割り当てられた「ドゥシャー分与地」の利用のために貨幣（償却支払金）を支払い続けてきたという客観的な事実である。もちろん、このことは土地割替の反対論に有力な論拠を与えるものであった。例えばテムニコフ郡の農民たちはスホートで、「現在のドゥシャー分与地の不均等な配分」も「現在の分与地保有者がそのために最も重い部分の償却支払金を支払わなければならなかったことを考慮するならば、今のところ［！］まだ耐えられる」と主張していた。もっともこのような見解には例えば次のような反論も用意されていた。それは、「長期間の分与地利用が各人のもともとの高い諸支払を補償するので、分与地の長い利用期間が過ぎれば、土地割替を延期することには根拠はなくなるであろう」[42]というものである。これは、分与地からの果実が土地購入の代金を補償するという見解であり、一種の「喪失時効」――取得時効の反対物（マックス・ヴェーバー）――と言うべきものである。

第二に注目される点は、旧国有地農民および一部の旧領主地農民の間では、土地割替はミールのイニシアティヴで行なうべきではなく、納税人口調査後に「ドゥシャー」にもとづいて行なうのが旧来からの慣習（伝統）であるという意見があったことである。実際にも、納税身分としての農民から人頭税（＝ドゥシャー税）（подушная подать）を徴収するために十八世紀初頭に導入された納税人口調査は、十九世紀には一八一一年、一八一五年、一八三三年、一八五〇年、一八五八年と数年ないし十数年おきに実施されてきており、ほとんどの国有地農民の村落ではそれに合せて土地割替を実施していた。ところが問題は、一八五八年の調査が政府の実施した最後の納税人口調査となり、それから数年が過ぎ、十数年が過ぎても、新たな納税人口調査が行なわれなかったことにあった。このような状況の中で、一方で、旧国有地農民の共同体の中に「自発的な人口調査」（самовольная ревизия）――ミールによる実在男性人口の調査――を実施し、それを基準とする土地割替を求める声が生まれるのはいわば当然のことであったと言えよう。しかも、この自発的な人口調査の要求は、一八八七年に大蔵大臣ブンゲの租税改革によって人頭税が廃止され、もはや納税人口調査が行なわれないことが明らかになったとき決定的となる。

第三に注目されることは、土地割替に対する農民の態度が分与地に賦課される諸負担義務の量によって変化したことである。すなわち、(α)村落共同体に賦課される諸負担義務（償却支払金、国税、ミール税など）が著しく高く、分与地の企業家的な純収益（доходность）――純収入から労働力の価値を差し引いたもの――を超えるような場合には、世帯主は分与地の利用を権利とは考えず、むしろ義務と考えるため、土地割替に対する反対論が弱まるのに対して、(β)諸負担義務が軽くなり、分与地の純収益よりも低くなるにつれて、分与地の利用を権利と考え、より多くの分与地を求める者が増加するという傾向である。このことを初めて明らかに示したのは一八七八年にモスクワ郡の土地割替を調査したオルロフであり[43]、彼はそれを次のように説明している。すなわち、オプシチーナは、自分たちに賦課される諸負担義務を課税対象ごとに区別して個々の農民家族に課税するのではなく、その総額を分与地全体に対して賦課されたものと考え、土地割替と同じ基準で各家長に配分するため、土地割替は同時に租税割替の実践を意味し、また分与地の利用権を与えられるということは、それに比例する諸負担義務を負わなければならないということを意味し、そこで農民=納税身分に対する国家の苛斂誅求のために分与地の利用――実際には耕作しなくても！――が重い負担と感じられる村落共同体では、世帯主たちは自分の分与地をすぐに放棄する用意があり、また時としてはそれを望んでさえいたのに対して、ミールの方は世帯の土地持分と労働力が常に照応しているように配慮し、租税滞納がないようにしなければならない、というわけである[44]。

実際のオルロフの調査の示すところでは[45]、一八五八年から一八七八年までの二〇年間に実施された平均割替回数は、分与地が狭く、かつ重い諸負担義務の賦課されていた旧領主地農民の共同体では二・六回であった（割替から次の割替までの割替期間は一一年）のに対して、分与地が比較的広く、諸負担義務の軽い旧国有地農民の村落では一・七回にとどまっていた（割替期間は一七年[46]）。なお、この調査では、いわゆる地条交換（разверстка）――つまり耕地の混在を解消・軽減するために場所だけを変える、土地持分の変化をともなわない交換――が土地割替と区別されずに含まれているため、割替の頻度が実際よりも高くなっているが、このことは右の主旨の正しさをそこなうものではない。

表 13　モスクワ県の土地割替と土地収益の関連（1878 年）

	完全所有者	旧国有地農民	旧領主農民	県平均
1 デシャチーナの平均税額（ルーブル）	1.30	2.18	4.09	3.23
税額の土地純収益に対する比率	0.65	1.09	2.04	1.61
1878 年の租税滞納額（%）	4	47	209	134
割替回数（回）	1.2	1.7	2.6	2.1
割替期間（年）	18	15	11	12.5
共同体の割合（%）				
2 回以上割替をした共同体	0	7	35	20
割替期間 9 年以下の共同体	6	12	44	27

出典）A. Thun, Landwirthschaft und Gewerbe im Mittelrussland seit Aufhebung der Leibeigenschaft, Leipzig, 1880, S. 125.

ちなみに、右の事情はまた二つの点で土地割替に対して影響を及ぼすこととなったと考えられる。すなわち、諸支払が重圧と感じられる共同体では、各世帯の土地面積（持分）をなるべくその労働力に照応させようとする努力が払われ、そのため一方ではドゥシャーや実在男性人口ではなく、チャグロ（労働力）を基準とする割替が生み出され、他方では頻繁な部分割替――すなわち共同体全体の分与地の再配分である総割替（または根本割替）から次の総割替までの間に、働き手を失った世帯からその分与地を取り上げ、まだ土地を利用していない働き手のいる別の世帯に付け加えるという操作（скитка и накитка）――が生み出されていたのである。

　このような頻繁な部分割替の例は、例えばニジェゴロト県マカリエフ郡の村落、とりわけ劣悪な土壌、狭い分与地、高い諸負担義務、農外営業の広汎な普及などによって際立っていたベトルーガ地方の旧領主地農民の村落に見ることができる。これらの村落では、実在男性人口の基準による土地割替は少数であり（一八八八年に、二五村落）、ほとんどの村落（二九一村落）ではチャグロ――働き手（例えば一八―六〇歳の男性）――による割替が行なわれていたが、その方法は次のようなものであった。すなわち、これらの村落のミ

表14　ニジェゴロド県マカリエフ郡の共同体の割替基準（1888年）

割替基準	共同体
チャグロ	291
分与地の受取が義務的	58
分与地の取戻と受取が自由	134
分与地の取戻が義務的	99
実在男性人口	25
均等　年齢にかかわりなく	16
特定の年齢の者のみ	2
年齢別に相違	7
不明	12
合　　計	328

出典）В. В., Крестьянская община, 1894, с. 260-296.

ールは、まず総割替に際して分与地を村落内のチャグロと等しい数の区画（チャグロ分与地）に分けて各世帯に配分し、その後に死亡した者や決められた年齢（例えば六〇歳）に達した老人からその分与地を取り戻し、分与地を持たない最年長者に「年齢順に」(по старшинству) 付け加えるというものである。このように二つの総割替の間に部分割替を行なう慣行は普通チャグロ基準と結びついており、ドゥシャー基準と結びつくことはきわめて稀であった。

ニジェゴロト県のゼムストヴォ統計はまた、ミールと世帯の土地に対する態度について次のことを明らかにしている。それは、①諸支払が分与地の純収益を超えており、その利用が義務と感じられていたような村落（五八村落）では、老人は「チャグロ分与地」をミールに返すべき時が来ても、もし利用しつづけたいならば手放さなくてもよく、逆に分与地を持たない若者は分与地の受け取りを拒否することができなかったのであるが、これと反対に、②分与地の利用が利益と感じられていた村落（九九村落、そのうち二五村落は実在男性人口により割替）では、老人は分与地をすぐに手放さなければならないのに、まだ分与地を持たない若者は分与地の受け取りを任意とされており、③これらの中間にある村落（一三四村落）では、分与地の「取返しと付加え」は両者の自由な合意によっていた、ということである。

このように農奴解放後の村落における土地割替をめぐる状況は著しく複雑であったが、その態様からオプシチーナを次の四つに分類することができるであろう。

(α)一八五八年のドゥシャーにもとづいて土地配分を行なったもの

(β)実在の男性人口に移行したもの

(γ)チャグロ基準による土地割替を行なっているもの

(δ)その他（実在ドゥシャー、両性人口など）

例えば一八八五年のリャザン県の調査では、一、〇〇一の共同体が最後に実施した土地割替の基準は次の通りであった。すなわち、(α)ドゥシャー＝六〇八共同体、(β)実在男性人口＝一九一共同体、(γ)チャグロ＝一八六共同体、(δ)その他＝六共同体であり、(α)の共同体――つまりドゥシャーにもとづいて割替を実施したのち、新たな割替を行なわないもの――が圧倒的であった（六〇パーセント）。同様にカザン県でも(α)の共同体がかなり多かったが、この県では(β)の村落共同体も一八八〇年代中葉までに五〇パーセントを超えていた。

ところで、ロシア政府はブンゲが大蔵大臣に就任していた一八八〇年代に償却支払金の軽減（一八八一年）、また一時的義務負担の状態にあり、オブロークを支払っている旧領地農民の買戻操作への強制的な移行、旧国有地農民の買戻操作への移行、人頭税の廃止（一八八七年から）などを内容とする一連の租税改革を実施し、農民――すなわち納税身分（податное состояние）として共同体の徴税台帳に登録されている人々――に賦課する租税・諸支払の総額を一億九、〇〇〇万ルーブルから一億五、四〇〇万ルーブルに引き下げたが[47]、これらの措置は農民の土地割替に対する態度にも影響を及ぼすことなしにはすまなかった。

その結果の一つは、ブルジェスキー（大蔵省）が述べているように、農民の間に土地割替を求める声が強まったことである。

「最近、いたる所で、とりわけ主に黒土地帯の土地価格の高い地域で、世帯の実在男性人口にもとづく土地割替への潮流が、すなわちドゥシャーにもとづく配分基準を変更しようとする潮流が強く現われた[48]。」

しかし、ここで注意しなければならないのは、いまや国庫への租税・諸支払の軽減措置によって分与地の利用がいっそう利益と感じられるようになったため、より多くの土地を求める人々が増えたとしても、すべての村落共同体が新しい土地割替に取りかかったわけではなく、また村落共同体の内部のすべての人々が割替を求めたのではないことである。実際には、ブルジェスキー自身が述べているように、土地割替を求める人々が現われたのは、まず農奴解放後にドゥシャーを基準とする土地配分を実施したのち新しい土地割替を実施していない共同体（α）においてであり、しかも新しい割替を求めた人々は「大家族、小ドゥシャーの家長」（すなわち実在男性人口が多く、土地割替によって前よりも広い分与地を配分される者）であった。しかし、彼らは「以前から土地のために高い諸支払をなし・そのため土地を手放したがらず・その分与地が何年も、ときには何世代にもわたる利用によって取得した世襲的な権利であるという権威を味方にしている・小家族で多ドゥシャーの世帯主[49]」――すなわち割替によって分与地を減らす者――の強力な反対に会い、必ずしも土地割替の実施に必要な三分の二を得ることができたわけではなかった。このことは、土地が分与されてからまったく土地割替の実施されなかった共同体の世帯数が一九〇六年の政府の調査によると三七一万戸[50]に達していたことからも知られる。

ブンゲの租税改革によって新たな土地割替を求める動きが現われたもう一つのグループの共同体は、それまで租税・諸支払が土地の純収益を超過していたためチャグロ（労働力）基準にもとづいて土地割替を行なっていた共同体である。これらの共同体の内部では、チャグロから実在男性人口への土地配分基準の移行を求める動きが生じたのであり、ヴィフリャーエフが示したように[51]、それが生じたのはとりわけ南部の黒土諸県の旧領主地農民の村落においてであった。しかし、これに対して北部の非黒土諸県では二十世紀初頭にいたってもチャグロの基準がかなり広汎に残っていた。ちなみに、政府は一八九三年六月八日の勅令によって分与地の総割替と総割替との間の期間を最低一二年とし、事実上、頻繁な部分割替を禁止することを命令したが[52]、しかし、カチョロフスキーの研究が示しているように、この命令も分与地の部分割替を終息させるものではなかった[53]。一九〇六年のカチョロフスキーのデータでは[54]、ヨーロッパ・ロシア三七県全体の農民（男性）、五、三六〇万人のうち、(α)ドゥシャー基準にもとづいて土地を配分していた者は一、五二九万人（二九パーセント）、(β)実在男性人口の基準の者は二、五二〇万人（四七パーセント）、(γ)チャグロとその他の基準の農民は一二、六六万人（二四パーセント）であり、このうちチャグロ基準の農民の四七パーセントが非黒土地域（中央工業地域と北部）に集中していた。しかも北部の非黒土諸県では二十世紀にいたってもいまだに多数の共同体で頻繁な部分割替が行なわれていたが、それはまさしく「破滅」分与地（надел-разоритель）がそこに集中していたために外ならなかった。

したがって一八八〇年代以降にドゥシャーやチャグロから実在男性人口への割替基準の移行が生じていたことは確かだとしても、それを過大評価することはできないであろう。しかし、それにもかかわらず、七一パーセントもの農民世帯が実際に実在男性人口またはチャグロの基準にもとづいて土地割替を実施していたこと、そして残りの二九パーセントの世帯の中にも――スホートで三分の二の賛成を得られないため割替を実施していないとしても――土地割替を求める人々が多数いたことには充分注意しなければならない。

さて、われわれはこれまで均等的な土地割替の中に「より多くの土地」を求める農民の姿を見てきた。しかも、この土地要求は村落人口が増加し、分与地面積が縮小するとともにより切実なものとなっていたように思われる。この点を詳しく見ておこう。

三 「土地不足」と「農村過剰人口」の問題の発生

一八六一年から一九〇五年までの農村人口の増加とその帰結

一八六一年から一九〇五年にいたるロシア帝国の社会的変化を一見したときにまず注目される事柄の一つは、かなり激しい人口増加が生じていたという事実である。したがってこの点からするならばロシアには資本主義の形成にとって有利な条件が存在したと考えることもできるかもしれない。しかし、ここで注意しなければならないのは、イギリスやドイツ、フランスと異なって、ロシアで生じていたのはまさしく農村における農業人口の巨大な増加であったことである(55)。

もちろんこうしたロシアの事情が英独仏における事情と顕著な対照をなしていたことはロシアの経済学者にはよく理解されていた点である。例えばゲ・ペ・ペトロフはドイツ帝国の農業人口が十九世紀中葉以降わずかながら減少しはじめ、もっぱら製造業や商業・運輸業などの諸産業において人口増加が生じていたことを指摘し(56)、また――一九一七年のロシア革命後のことであるが――ラツィスは、フランスでは十九世紀前半から都市人口がかなり急速に増加したのに対して、農村人口は都市への移住のためにほとんど増加せず、一八六一年以後には減少さえ始めたことを強調した(57)。イギリスの事情については言うまでもないであろう。

もちろんロシアでも一八八〇年代以後の急速な工業化の進展の結果、大量の労働力が村落から都市と工業中心地に流出していたことは否定しえない事実である。政府の強力な経済政策の下で工業化が最も急速に進んだ一八八七年から一八九七年の一〇年間に、ロシアの大工業の労働者は一三二万人から二一〇万人へと増加し、その数はその後一九一三年までに二九三万人に増加した。[58] だが、この低いとは言えない工業成長率もロシア帝国における巨大な人口増加を考慮に入れたならば決して高くはなかったと言わなければならなくなる。なぜならば、右の数字によれば、ロシアの工場労働者は平均して一年間に六万四千人ずつ増加したことになるが、それは二十世紀初頭に毎年一〇〇万人近くにも達した農村の労働力の巨大な増加と比較すれば一小部分に過ぎず、また――いまもし総人口と工場労働者との増加率を基準とすると――例えばドイツの約六分の一の水準に過ぎなかったからである。

こうしたことはまたかつてE・H・カーが革命前後の農村過剰人口の問題について述べたときに触れたところでもある。カーは、ロシアにおける経済成長率が「人口爆発」を吸収するには十分な水準になかったと述べ、また革命後のネップ期について、「生産を拡大することが、増加する人口を処理するただ一つの道であった」のに、「欧米の大部分の批評家は、あるいは人道的理由から、あるいは経済学的理由から……ブハーリンとルィコフの味方をしてきている」と、また「もしより低い工業化率が採用されていたら農村人口がどうなったかを熟考すること」をさけているのではないかと問題を提起した。[59]

だが、それにしても、このような状態はなぜ生じたのであろうか。

いま外国資本の輸入や貿易などを捨象して、抽象理論的に考えると、一方では、ロシア農村における人口爆発は工業が農村における労働力の増加を吸収しうるほどに強力に成長していなかったためであると言うことができるだろう。しかし、他方では、そもそも工業化は社会的分業の進展を前提としており、それはまた商業的農業の発展、農村から都市への人口移動、農業および諸産業部門における資本形成などを前提とするが、ロシアのような農業的な、または「低開発的な」社会においては、農業生産力の上昇と商業的農業の発展が開発の前提条件となるはずである。もしこうした条件が満たされるならば、農業部門において工業製品に対する購買力が生じ、資本が形成され、工業部門に移転され、かくして発展する工業部門が農村人口の一部を強力に吸収することになるであろう。したがって右の問題を検討するとき、われわれはまずロシア農業自体にどのような変化が生じていたのかを検討しなければならないこととなる。

農村の人口増加と「土地不足」の問題

ところで、十九世紀末から二十世紀初頭のロシア農村には最も深刻な社会問題として、当時の多くの農業専門家や経済学者の指摘するところでは、「土地不足」(60)(малоземелье)の問題が生じていた。例えばトゥガン＝バラノフスキーは次のように述べている(61)。

「農民の土地不足の問題は、一般的に認められているように、現代ロシアの最も深刻な社会問題である。ロシアの農民世帯の平均分与地は一〇デシャチーナを超えているが、様々な地域の間で、あるいは様々なグループの間で分与地が不平等に配分されているので、農民のきわめて著しい部分では分与地はそれよりはるかに少なく、また農民が農民銀行の援助で、または自分で購入した土地面積も分与地の不足を補うにはあまりにも少ない(62)。」

この「土地不足」とは一体どのような問題であったのかを簡単に説明することは難しいが、それはさしあたり一般的・抽象的に表現すれば、その社会で支配的となっている所与の経営技術の下で、①農民経営の利用する土地がその労働力に比して小さく、そのため土地に充用することのできない「過剰な」労働力が存在するか――労働力基準――、または②土地の与える生産物が家族を養うのに不足するか――物質的福祉の低水準――(＝消費基準)のいずれか、または両方が生じることと要約することができるであろう。ロシアの多くの農業専門家や経済学者の見解では、まさにこのような問題が二十世紀初頭のロシア農村に生じていたということになる。しかし、このロシアにおける「土地不足」の問題を歴史的に考察する場合には、次の二つの事情を考慮しなければならないように思われる。

第一に、この問題は歴史的には土地所有をめぐる二つの階級、すなわち地主（помещики）＝旧領主の土地の一部を分与地として取得するために膨大な償却支払金を払い続けてきた農民と、その手中に広大な領地を持ち、かつそれを慢性的な「土地不足」に苦しむ農民に貸し出し、高率の借地料[63]を受取る大土地所有者（旧領主、商人など）との対立の中で生じていたことである。これら二つの階級の間には農奴解放の当初から深い断絶が存在していたのである。

第二に、しかし、それと同時に、この断絶をいっそう深め、「土地不足」を二十世紀初頭のロシアの「最も深刻な社会問題」とした要因として、農村人口の急増によって農民分与地の細分化が進行していたという現実があったことである。例えば統計学者のヤンソンは一八七九―八一年の諸事件に際して、「巨大な人口を収容しえない地域の相対的な土地不足と相対的な人口余剰[64]」が存在していることを指摘し、また――自分自身が大土地所有者であった――ヴァシリチコフも、「土地不足が人口の増加とともに増大している」ため、農民には農奴解放時に与えられた分与地で十分であるという「従来の見解」を放棄しなければならなくなったと述べていた[65]。

しかも、二十世紀に入るとともに、こうした農村における人口爆発が「土地不足」をいっそう耐え難くしているという見解はもっと多数の人々をとらえるようになった。例えば先に言及したトゥガン＝バラノフスキーは、「ロシアにおける土地不足の増加は、西欧と異なり工業に吸収されない農業人口の急速な増加の結果」であると断じ[66]、またオガノフスキーは、農民人口が一八六一年から一九〇五年の間に著しく増加したにもかかわらず、

「分与地は同じままであり、ますます食料用の土地が不足し、所得を得るためだけでなく、自分が生活するための土地さえ不足」していると述べた。(67) またネフェドフは一九一七年に「あまりに急激に人口が増えた」ことが「土地不足」の根本的な原因であるとし、その解決策を人口増加の抑制策に求めるにいたった。

「ロシアは恐ろしい経済的危機へ向かって傾斜面をころげおちている。危機を克服する唯一の手段は、出生率の低下によって国の人口増加を抑えることである。農民経営と国民の福祉とを向上させる唯一の手段は、出生率の低下によって国の人口増加を抑えることである。(68)」

さらに注目されるのはこうした認識が政府の内部にも生まれていたことである。例えば一九〇一年にココフツォフを議長として設置された中央部委員会の報告書は、一八七〇年から一九〇〇年の三〇年間に、ヨーロッパ・ロシア五〇県の村落住民（県知事の報告による）が五、八一八万五、〇〇〇人から九、一三〇万一、〇〇〇人に、また世帯数が九〇六万六、〇〇〇戸から一、四三〇万六、〇〇〇戸に増加し、その結果、一世帯あたりの耕地面積が七・八八デシャチーナから五・六〇デシャチーナに縮小したことを示していた。またこの報告書は、男性人口一人あたりの分与地面積が一八六〇年の四・八デシャチーナから一八八〇年の三・五デシャチーナに、さらに一九〇〇年の二・六デシャチーナへと縮小し、(69) しかも、それにともなって村落人口一人あたりの農作物の収穫がロシア諸県において著しく低下したことを示していた。(70)

農奴解放後における人口統計学的過程の特徴

こうした変化について少し詳しく検討してみることとしよう。

まずロシアにおける人口の自然増加率については、内務省の中央統計委員会の統計から、それが十九世紀中葉

表15　ヨーロッパ・ロシア五〇県の農民世帯と農村人口（中央部委員会）

年度	世帯数 千戸	農村人口 千人	男性労働力 千人	農民耕地 千デシャチーナ	耕地／世帯 デシャチーナ	耕地／男性労働力 デシャチーナ
1870	9,065.9	58,185	13,332	71,423	7.88	5.4
1880	10,835.8	69,677	15,959	72,525	6.69	4.5
1890	12,142.7	78,114	17,898	76,625	6.31	4.3
1900	14,305.7	91,301	20,917	80,083	5.60	3.8

出典）Материалы высочайше учрежденной 16 Ноября 1901 г. коммиссии по исследованю вопроса о движении с 1861 по 1900 г. благосостояния населения, СПб., Вып. 1, 1903, с. 210 и следующие.

から増加しはじめ、一八七〇年前後に一・四パーセントに達したのち、二十世紀初頭に一・七パーセントの水準にまで上昇したことが分かる。(71) この増加率は欧州諸国中で最も高く、セルビアをはじめとする南スラヴ地域のそれとほぼ同じ水準にあったようである。

このようなきわめて高い増加率はロシアでも人口転換の最初の局面が生じ、多産多死から多産少死への転換が始まったことを示すものであった。事実、この時期には死亡率がかなり低下しはじめていたのに対して、出生率はわずかに低下していたとはいえ依然として四・五から五パーセントという高水準にあった。(72) そしてもちろんこのような高い出生率がロシア女性の早婚と多産によるものであったことは明らかであった。(73) 例えば十九世紀中葉のトヴェーリ県の郡部のロシア正教会の教区簿冊は、女性が教会法の許す婚姻年齢（十六歳）に達するとすぐに結婚し始め、二五歳までに九〇パーセント以上が初婚に入っていたことや、一六歳以上の女性に占める未婚者の割合が著しく低い（一四パーセント）ことを示しているが、このことは一人の女性が一生の間に出産する乳児数をかなり引き上げることになった。同じトヴェーリ県の教区簿冊では、特殊出生率、つまり一六歳から四五歳までの妊娠可能年齢にある女性が一人で一年間に出産する子供の数は〇・一八―〇・二〇人であったが、このことは女性が一生の間に平均して五・四―六人を出産することを

表 16　婚姻率（トヴェーリ県，1871-73 年）（%）

年　　齢	男性	女性
20 歳以下	45.78	66.95
21—25 歳	35.09	24.88
26—30 歳	6.22	3.90
31 歳以上	12.91	4.27

出典）Сборник стат. сведений по тверской губернии, Тверь, Том 2, 4, 6, 8, 10.

表 17　出生率の比較（パーミル）

地　　域	出生率	特殊出生率
ヨーロッパ・ロシア 50 県	5.9	—
トヴェーリ県	4.8	—
ノウォトルジョク郡	5.2	17.7
スタリック郡	5.4	18.4
ルジェフ郡	5.4	19.3
ベジェツク郡	6.1	20.3
トヴェーリ郡	6.5	—
フランス	—	10.2
イギリス	—	13.7
プロイセン	—	15.0

出典）Сборник стат. свед. по Тверской губернии, Тверь, Том 6, с. 40.

示している。この数字はイギリスやドイツ（プロイセン）の数字よりもかなり高く、フランスの約二倍にあたっている。[74] もっともこうして生まれた子供のすべてが成人することはなく、かなりの割合の子供が一歳までは五歳まで生き長らえることがなかったため、高い出生率には高い死亡率がともなっていた。しかし、それでも平均して一組の夫婦につき三、四人の子供が成人を迎えていたのである。

人口統計学的パターンと農業制度との関連

では、このようなロシア諸県の人口統計学的特徴、とりわけ高い人口の自然増加率はその農業制度とどのように関係していたであろうか。前段で述べたように、ロシア諸県の農業制度は世帯（ドヴォール）における家族財

表18　1857／58年と1877／78年の分与地所有

群	ドゥシャー分与地面積 デシャチーナ	共同体 1878年	世帯数 1878年	ドゥシャー 1858年 千人	実在人口 1878年 千人	人口増加率 %	分与地／人口 1878年 デシャチーナ
Ⅰ	0―2	15,359	868,362	2,305.7	2,703.3	17.2	1.13
Ⅱ	2―4	59,125	15,171,771	8,230.0	9,806.1	19.2	2.62
Ⅲ	4―6	40,036	2,288,959	5,818.1	7,139.4	22.7	4.01
Ⅳ	6―8	10,409	912,478	2,304.0	2,876.5	24.9	5.52
Ⅴ	8―10	4,112	416,131	966.6	1,297.8	34.3	6.94
Ⅵ	10―15	3,073	291,031	700.1	905.2	29.3	9.29
Ⅶ	15以上	1,111	93,979	220.0	303.1	37.8	15.16
	合計	133,725	7,942,110	20,594.0	25,031.4	21.5	3.80

出典）Поземельная собственность Европейской России 1877-78 гг., СПб., 1886., с. 44 и следующие.

産の均等な持分権と共同体（オプシチーナ）における均等な土地割替という二つのレベルの村落共産主義的な土台に立脚するものであったが、このような農業制度にあっては若者の世帯形成が著しく容易であるばかりでなく、むしろそれを促進する傾向を持つとさえ考えられるのであった[75]。なぜならば、世帯においても共同体においても人口の多いことは土地の多いことを意味したからである。したがって早婚・未婚者の低い率・高い出生率という人口統計学的特徴はこの農業制度にとって本質的なものであったと考えることができるであろう。しかし、そうだとしても、このような事情が共同体全体にとっては必ずしも好ましくない結果をもたらすかもしれないという「合成の誤謬[76]」の問題も考えなければならないであろう。このことはロシア諸県の多くの地域で農民経営が零細化し、収穫の低下さえ生じていたとされていたのであるからきわめて重要な点である。

ドゥシャー分与地の規模と人口増加率の関係

そこで実際には人口の増加が農民の農業経営にどのような作用を与えていたのかを検討しておこう。

まず最初に一八七七／七八年の土地所有統計（ヨーロッパ・ロシア五〇県）から一八五八年―一八七七／七八年の二〇年間に農民の土地利用に生じた変化を見ておこう。この統計から明らかになることは、まず農民（男性人口）が全体で二、〇五九万四千人から二、五〇三万二千人へと二一・五パーセント増加し、その結果、一人あたりの分与地面積が四・六二デシャチーナから三・八〇デシャチーナへとかなり縮小したことであるが、しかし、人口はどの共同体でも同じような率で増加していたわけではなく、実際には農奴解放の際に狭い「ドゥシャー分与地」を取得した共同体では人口増加率が低く、それゆえ分与地面積の縮小速度も緩慢であったのに対して、より広い「ドゥシャー分与地」を取得した共同体に移るほど人口増加率が高くなり、分与地面積が急速に縮小していることである。

しかも、このような相関はヨーロッパ・ロシア全体について認められるだけではなく、地域間にも認められる。すなわち、南部の黒土諸県、つまり分与地面積が広く、農民が主として穀物耕作に従事している地域では人口増加率が高く、また一人あたりの分与地面積が急速に縮小しつつあったのに対して、北部の非黒土諸県、つまり分与地面積が相対的に狭く、農民が穀物耕作とならんで手工業・クスターリ工業を始めとする営業に従事していた地域では人口増加率が相対的に低率であり、また分与地の零細化も緩慢であったことがそれである。(77) ただし、工業的な北部諸県における出生率や増加率が南部のそれと比べれば相対的に低かったとしても、西欧における出生率と比較すれば「驚くべき」高い水準にあったことは注意を要する点である。(78) 要するに、ロシア諸県の北部で見られたのは、出生率と増加率が「上から」右下がりでヨーロッパの水準にわずかに近づきつつあるという傾向であった。

まったく同様な相関はまた同一の地域（県や郡）の内部でも認められる。例えばカザン県の村落共同体では、一八五八年から一九〇七年までの五〇年間に農村人口が七一・四パーセント増加したが、この人口増加率は、「ドゥシャー分与地」が一ないし二デシャチーナの共同体では二八パーセントであったのに対して、三ないし四デシャチーナの共同体では六〇・九パーセントとなり、四デシャチーナを超える共同体では七七・八パーセントに、また一〇デシャチーナ以上の共同体では九七・四パーセントにも達していた。[79]このように同一の地域内でも「ドゥシャー分与地」が広いほど人口が急増し、分与地が急速に縮小したことは、ヴォロネシ県、オリョール県、トヴェーリ県、タンボフ県、サマーラ県などの統計でも確認することができる。[80]もっとも、サラトフ郡の場合のように、ドゥシャー分与地と人口増加率の間に正比例の関係が認められない郡もあり、[81]またトヴェーリ県ヴィシネヴォロチカ郡やノヴォトルシュシュキー郡のように両者の間に逆の相関関係の見られる郡もあった。しかし、ヴィシネヴォロチカ郡の場合には、ゼムストヴォ統計報告書が「明らかに、分与地面積以外に農民の貧困化とわが地方の村落の人口増加に対してもっと強固に作用する他の原因がある」と述べているように、相関関係を乱す別の要因が存在していたようであり、[82]またノヴォトルシュスキー郡では、そのような逆の相関をもたらした事情は土壌の質にあったようである。[83]

したがって一般的には広い分与地ほど人口扶養力を持っていたことは疑うことができない。しかも、このような人口増加率の相違が出生率と死亡率の両方に関係していたことは、エフ・シチェルビーナの収集したヴォロネシ県の統計などから明らかとなる。この統計の示すところでは、ヴォロネシ県の一世帯あたりの分与地面積の最も狭い共同体（五デシャチーナ以下）では出生率が低く、死亡率が高くなるが、分与地面積の広い共同体に移るほど、出生率が上昇し、死亡率が低下するという傾向が認められた。そこで例えば一世帯あたりの分与地面積が二五デシャチーナ以上の共同体では、出生率は五・五八パーセント（！）の高率に達し、これから死亡率（二・

表 19　ヴォロネシ県の分与地面積別の人口統計

分与地面積 デシャチーナ	出生率 ‰	死亡率 ‰	自然増加率 ‰
0— 5	51.8	35.0	16.8
5—15	53.8	33.2	20.6
15—25	53.0	28.6	24.4
25 以上	55.8	26.2	29.5

出典）Ф. Щербина, Сводный сборник по 12 уездам Воронежской губернии, 1897, с. 353-355.

六二パーセント）を差し引いた自然増加率も二・九五パーセントに達していた(84)。

土地利用の全般的下方移動

さて、以上の検討から明らかになることは、農村人口の巨大な増加によって農民の分与地経営の零細化が生じたとき、より広い分与地を所有する共同体や農民世帯ほど零細化が急速に進行したことである。

この細分化過程がロシア全体で一八七七／七八年以降にどのように進んだかを示す帝政ロシアの統計は存在せず、ただ一九二〇年代にエヌ・トゥルチャニノフの作成した二時点の比較の数字が存在するだけである。ただし、この統計は一八五八年と一九二三年の二時点比較であり、その際、一九二三年の統計が一九一八年の土地の社会化後のものであることは注意を要する点である。また、一八五八年の統計はドゥシャー分与地の面積別に共同体を群別し、その群ごとに男性人口の変化を把えたものであるため、その後の世帯別統計と比較することができず、一方、一九二三年の統計は食い口（едок）――実在両性人口――あたりの分与地面積を基準に群別しているため、この統計の実在両性人口の半分（ほぼ男性人口に等しい）を一八五八年のドゥシャーと対比しなければならないことも注意を要する点である。しかし、ともあれ、この表から明らかになることは、六五年間に中央農業地域（黒土地域）でも中央工業地域（非黒土地域）でも土地利用の全般的な下方移動が生じていたことであり、また黒土地域においてより急速な下方移動が生じていたこと、非

表 20　土地利用の全般的下方移動（人）

群	土地利用面積（デシャチーナ）		中央農業地帯		中央工業地帯	
	調査人口あたり	食い口あたり	1858 年	1923 年	1858 年	1923 年
I	0—2	0—1	332,774	2,867,696	347,274	10,555,852
II	2—4	1—2	1,330,352	6,625,001	2,474,632	4,461,390
III	4—6	2—3	858,411	325,276	1,173,206	128,651
IV	6 以上	3 以上	347,163	46,270	295,858	14,776
合　計			2,868,700	9,864,184	4,290,900	15,160,669

出典）Н. В. Турчанинов, Потребность в миграциях сельского населения, Труды гос. колонизационно-исследоватльного института, Том 3, М., 1926, с. 386.

表 21　農民世帯の土地保有の下方移動（%）

群	経営規模 デシャチーナ	中央農業地帯		中央工業地帯	
		1905 年	1924 年	1905 年	1924 年
I	0— 6	35.3	51.5	53.7	75.8
II	6—10	40.9	34.6	40.2	19.4
III	10 以上	23.8	13.9	6.1	4.7
合　計		100.0	100.0	100.0	100.0

出典）Н. В. Турчанинов, Потребность в миграциях сельского населения, Труды гос. колонизадионно-исследовательного института, Том 3, М., 1926, с. 338-339.

黒土地域は一八五八年の当初からいっそうの零細性に特徴づけられていたことである。

家族財産の分割と農民経営の全般的な下方移動

それでは、このような全般的とも表現できるような零細化は村落共同体の内部ではどのようにして進んでいたのであろうか。もちろんそれが「家族分割」（семейный раздел）によって現実のものとなっていることには何らの疑いもなかった。

実際、農奴解放後の一八六〇年代と七〇年代は、ロシア諸県の農村が家族分割の激流に襲われて伝統的な大家族がより小さな家族に分割され、経営の零細化が生じた時期であった。

例えば北部の非黒土地域のトヴェーリ県トヴェーリ郡では、一八五八年から一八七七年の二〇年間に人口が八・二パーセント増加したとき、世帯数は四二パーセントも増加し、その結果、平均的な家族のサイズは七・二人から五・六人へと減少した。[85] またタムボフ県スパスキ郡（南部の黒土地域）では、一八五八年から一八八二年までの二四年間に人口は三四・一パーセント増加し、世帯はそれよりはるかに急速に（七三・一パーセント）増加した結果、家族の平均的な規模は八・九人から六・七人に低下した。[86] このような家族分割の波はその後一八八〇年代には沈静化したように見えるとはいえ、これによって家族分割は終局を迎えたのでは決してなかった。

それでは、この家族分割は農民経営にどのような変化をもたらしただろうか。ここではトゥーラ県ゼムストヴォがエピファン郡で一八九九年と一九一一年に実施した動態統計[87]からこの点を明らかにしておこう。

この統計からまず最初に知ることができるのは、いずれの時点でも、また(α)規模（食い口、働き手）、(β)耕地面積、(γ)播種面積、(δ)保有役馬数、(η)営業従事者数のいずれの指標から見ても農民経営には分化が見られ、しかもそれらの指標の間に強い相関関係があるということである。もちろんこのことが基本的には先に触れた「人口統計学的分化」によって説明されることはあらためて説明するまでもないであろう。

それでは、この一二年間に生じた「実体的変化」、とりわけ家族分割によってもたらされた変化はどのようなものだっただろうか。ここで問題となるのは次の点である。

(1)　いかなる家族が分割されたか。

このことを確認するために、まず一八九九年に実在した家族のうちその後の一二年間に分割された家族に対する割合を見よう。この割合は世帯規模（働き手）別の最下位の群では二・八パーセントに過ぎないが、上位の群に移るにつれて上昇し、最上位の群では七二・二パーセントとなっている。この割合はまた播種面積の最下位の群から上位の群に移る場合にも上昇する。このことからまず明らかになるのは、分割されたのが主に大家族＝大経営であったという点である。

(2)　家族分割によって農民経営にどのような変化が生じたか。

そして、次表から見られるように、こうした家族分割の結果はまさに農民経営の「全般的な下方移動」とも言うべき状態であった。たしかに分割された世帯の中にも経営上の上位の群に移動したものがまったくないわけではない。しかし、それはほんの一部に過ぎず（一八・二パーセント）、ほとんどは以前より下位の群に移るか（七二・五パーセント）、せいぜい同じ群にとどまるか（九・三パーセント）であったのである。かくして分割された家族の中では一八九九年には四―六デシャチーナの播種面積の群に属する世帯が最多であったのに、一九一一年には〇―四デシャチーナの世帯が最も優勢となっていた。

(3)　分割されない家族はどのように変化したか。

これに対して分割されなかった家族についてはまったく異なる状態が見られる。すなわち、そのような家族は一八九九年には主として小規模な世帯であり、また最も小さな経営群に属していたが、十二年間にそれらの家族のうち下方に移動したのはわずかに一七・六パーセントに過ぎなかったのに対して、四五・九パーセントが上位の群に移動し、また三六・五パーセントが同じ群にとどまったのである。

われわれは以上のエピファン郡の統計から次の二点を結論することができるであろう。

第一に、現実の村落内にはたしかに分化が生じていたことは否定しえないが、そのような分化は各経営が下方と上方への移動を不規則に繰り返す過程の総体の中で生じているものであり、それは必ずしも両極への不可逆的な、一方向的な過程ではなかったことである。

表 22　トゥーラ県エピファン郡の世帯の実体的変化（%）

群	播種面積	分割	消滅	融合	移住	分割と融合	変化なし	合計
I	0	4.0	37.7	1.4	18.7	0.2	37.9	100
II	0— 3	5.9	7.1	2.2	10.8	0.7	73.3	100
III	3— 6	25.4	1.5	0.8	4.0	0.3	67.9	100
IV	6— 9	45.0	0.7	0.3	1.7	0.6	51.6	100
V	9—15	56.0	0.6	0.4	0.9	1.0	41.1	100
VI	15 以上	63.1	1.9	1.3	5.1	1.3	27.4	100
合計		22.6	4.2	1.3	6.4	0.5	65.0	100

出典）A. Хрящева, Крестьянские хозяйства по переписям 1899-1911 гг., 1916, том 2, с. 38, 41.

表 23　家族分割による変化

分割された世帯の変化（戸）

群	播種面積 デシャチーナ	1899 年	1899 年—1911 年の変化				1911 年	12 年間の増減
		世帯	下方移動	不変	上方移動	計	世帯	
I	0	45	0	12	42	54	260	213
II	0— 4	1185	1024	779	309	2022	5054	3869
III	4— 8	1743	2644	476	295	3415	1963	220
IV	8—10	433	813	64	62	939	356	−77
V	10—15	492	992	102	39	1133	297	−195
VI	15 以上	184	453	33	0	486	97	−87
合　計		4082	5925	1466	747	8049	8027	3945

分割されなかった世帯の変化（戸）

群	播種面積 デシャチーナ	1899 年	1899 年—1911 年の変化				1911 年	12 年間の増減
		世帯	移住・消滅	下方移動	不変	上方移動	世帯	
I	0	795	483	0	108	204	301	−494
II	0— 4	8171	1221	729	3538	2674	6253	−1918
III	4— 8	3621	174	1198	1030	1219	3550	−71
IV	8—10	567	19	147	127	169	752	185
V	10—15	430	12	186	144	88	684	254
VI	15 以上	115	13	24	23	55	238	123
合　計		13699	1921	2284	4970	4409	11778	−1921

出典）A. Хрящева, Крестьянские хозяйства по переписям 1899-1911 гг., 1916, том 1, с. 24-31, 112-123.

表 24　農民層の分化（ウラジーミル県ポクロフ郡）　（単位：デシャチーナ）

群	播種面積	世帯数	家族規模人	一世帯あたりの耕地面積						
				分与地			購入地			分与地外借地
				利用	放棄	貸出	利用	貸出	借地	
I	0	4704	1.8	1.0	−0.2	−0.5	0.04	−0.01	—	—
II	0—3	10490	5.6	2.6	−0.1	−0.1	0.03	—	0.2	0.05
III	3—6	5465	7.2	5.5	−0.1	−0.03	0.14	—	0.4	0.15
IV	6—9	1038	8.8	8.8	−0.1	−0.02	0.47	—	0.9	0.31
V	9 以上	191	10.8	12.1	−0.3	−0.03	1.79	—	1.6	0.84
合計		21888	5.7	3.3	−0.1	−0.16	0.10	—	0.2	0.08

出典）Материалы оценки земель Владимирской губернии, Том XII, Покровский уезд, 1907, с . 560-573.

第二に、しかも、この複雑な過程の中で、家族分割が農民経営全体を下方に押し下げる作用を果たしたことである。その際、もちろん、すぐ上で見たように、分割されることなく、より上位の群に移行する家族が存在したこともまた確かである。しかし、明らかなことは、そのような分割されなかった家族も十二年というかなり短い時間（約半世代）よりもっと長い時間の中ではいつか分割される時が来るかもしれず、その時には下位の経営に移動するであろうということである。

ただし、ここで述べたような人口統計学的分化とその中での下方移動が主要な傾向であるとしても、それとは根本的に区別される新しい傾向が生まれていたことも否定しえない。その傾向とは、様々な地方のゼムストヴォ統計に示されているように、一方には自分の狭い分与地を耕作するための農具や役畜を持たないため、もはや自分で穀作経営を営むことができず、分与地を放棄し、同村人に貸し出し、農村から都市に移住し、産業プロレタリアートの隊列に投げ込まれるような貧農層（主に小家族）が生まれており、他方には、オプシチーナと闘ったり、それを利用しながら、貧農＝村仲間からの分与地の借地、私有地の購入や借地などによって経営を拡大しつつある富農的な要素が生まれていたことである。だが、繰り返すと、二十世紀初頭にはまだ村落共産主義の環境の中でこれらの要素はまだあまりに脆弱であり、それがどのような発展をとげるかは未だに未知数であったと言わなければならない。

ところで、農民経営が全体として家族分割によって零細化し、下方移動を経験していたとするならば、それが経済的には有害できわめて重大な社会問題をなすと考えられるようになったとしても不思議ではない。事実、それは一八七〇、八〇年代にはロシア社会の注意を最も引いていた問題の一つであったと言っても過言ではない。

もっとも家族分割は必ずしも常に経済的な観点から否定的に捉えられていたわけではなかった。例えばエフィメンコは、一八八四年に家族分割について論じたとき、それが大家族制を解体し、人々に「人格の独立」をもたらすという理由からそれに共感を表明していた。彼女の考えでは、家族分割の一般的かつ根本的な動機は家長の家父長制的な束縛から独立した生活を送りたいという人々の自然な衝動であり、それは農奴制時代には実現不可能であったとしても、いまやそれを実現することが可能であるという事実が重要であった。こうした衝動は特に世帯内の最年長者が家長となり、その他の成員をその統制下にある働き手とみなすような場合には、いっそう強まる。弟とその妻は専制支配に変質した兄の後見から逃げ出したいと願い、ひとたび兄弟間でもめごとが生じると、彼らの妻たちが争い始め、夫たちに分割するように説得する。(88) こうしてエフィメンコは、「血縁的家族は人格の発展と両立しえず、われわれにとっては人格の発展の外に経済的な意味さえこめていかなる意味での前進運動も考えられない」と述べ、それゆえ何らかの法的な手段を用いて人為的に家族分割を阻止し、大家族を維持しようとしてはならないと結論する。(89) まったく同様にイサーエフも家族分割の意義を認め、法律によって農民の家族分割のみを人為的に阻止しようとする政府の試みを批判していた。(90)

しかし、これらの考えの背後にある価値評価がたしかにそれ自体として理解しうるものであったとしても、次の点もまた客観的には明らかであった。

第一に、家族分割そのものは必ずしも大家族の解体の終曲では決してなかったことである。それは家族のライフ・サイクルの一つの局面としてはるか昔から行なわれてきたものであり、他方では、大家族の小家族への分割と平行して、小家族から大家族への拡大も生じていたからである。そして、このことがかなりの程度に農奴解放後にも当てはまる事実であったことは、大家族の解体と並んで小家族から大家族への成長が見られたことを示す先のエピファン郡の調査からも、小家族と大家族とが存在していたことを示すシチェルビナの一八九〇年代のヴォロネシ県についての調査からも明らかである。[91]

第二に、それよりも注目されることは、家族分割はまた家族財産に対する均等な持分権という農民の伝統的な慣習法――村落共産主義を支える基本的な原理――を変えるものでは決してなかったことである。そもそも農民の様々な資産（土地・イズバ・家財・農具・家畜）が家族全体の共有財産であることは、農奴解放立法に正式に認められていた規定であった。例えば一八六一年の大ロシア諸県についての規則は、「土地と屋敷付属地に対する権利の主体は家長自身ではなく、家族全体、世帯全体である」と述べ、その相続を民法の規定にではなく、農民慣習法に委ねるべきことを明記していた。しかも、この規定がストルィピン土地改革の始まる一九〇六年まで有効であったことは、一八八八年のキコチ事件に関する国家評議会の意見書が「分与地は法的には所有者として登録された人の財産ではなく、家族成員全体の財産であって、家長はただ世帯の代表者に過ぎない」と述べたことや、一九〇四年の元老院（＝棄却院）判決がこの意見書を確認していることからも明らかである。[92] また、すでに述べたように、世帯別所有が支配的であり、政府が家族財産の分割を法律によって禁止し、分与地の所有名義人とされている最年長の兄弟を法的な所有者と規定していた白ロシアでさえ、家族共有財産制度は農民慣習法に根づいていたのであるから、オプシチーナ的所有の支配的なロシア諸県で家産の均分慣行が強固に維持されていたとしてもまったく驚くに足らないであろう。

第三に、経済的な観点からすると、家族分割が農民の農業経営の分割を――あるいはむしろ破壊を――意味することが問題であった。

すでに一八七二年のヴァルーエフ委員会の報告書は、家族分割が農民経営を破壊するものであり、それゆえ「農民の全般的な経済的混乱の最も深刻な原因の一つ」であることを論じていた。例えばシムビルスク郡ゼムストヴォ参事会は、その報告の中で、「農民の家族分割は、経営関係上、住民の福祉に有害な影響を与えており、その結果、一定程度まで農民経営とその労働生産性に衰退が生じている」と述べ、また別の郡の報告は、「オプシチーナ的利用も家族分割も破滅的な悪である。ただ相違点は家族分割では分割した個人が貧窮化するのに対して、オプシチーナ的利用は村落全体の経営を衰退させるだけである」と述べていた。(93) とはいえ、この農民家族の分割をめぐる経済問題は一八七〇年代にはまだそれほどロシア社会の注意を引く問題となっていたわけではなかった。このことはヴァルーエフ委員会の報告書があまりこの点に力を注いでいないことからうかがわれる。

しかし、それは一八七九年から一八八一年にかけての諸事件後にははるかに重要な問題として登場してくる。すなわち、この時、政府は「土地の再分割、均等化、農奴再解放の噂や、その外の同じような均等化に関する一切の報道」(農民の土地拡大要求についての報道)を禁止する通達を出すとともに、(94) 家族分割についての資料を本格的に収集しはじめたのである。エフィメンコは、そのような政府の活動が「分割に反対する方策への第一歩」となることを危惧したが、(95) その予言の通り、政府は一八八六年に村落のスホートの許可なしに家族分割を実施してはならないという勅令を公布した。

しかも、こうした家族財産の分割を制限しようとする考えは政府内に限られず、一部の自由主義的な人々の側からも表明されていた。例えばアルフォンス・トゥーンは一八八〇年に、エフィメンコなどと同様に「家族生活を自律的に送る自由への衝動」の意義を認めながらも、家族財産の均分慣行がロシア農村に膨大な「資本の浪費」をもたらしていることを問題とし、それを防ぐための具体的な方策を提案した。彼の考えでは、白ロシアや小ロシア（ウクライナ）の農民でさえ世帯主の個人財産の分割の禁止規定を守っていない事実を考慮すると、ロシア諸県の農民に対して家族財産の分割禁止立法を制定しても、その効果は疑問であり、むしろ「弟たちの相続権の制限」の方が目的を達成しやすい方策であるという。

「弟たちは、…最低分与地を規範化することによってであれば、最も効果的に［家族財産の］分配から排除されるであろう。なぜならば、それによって持分数が減少し、個々の家長に分散した分与地が特定の家族の手中にふたたび戻るであろうからである。それによって混在耕地制は縮小し、それと同時に一連の事情が分与地の割替をもたらさなくなる。オプシチーナ的土地所有は家族的所有に関連しているのである。ちなみに、あらかじめ人民の慣習を正確に調査しなければならないが、それは、農民身分の法的見解に矛盾しているために実施できないような法律を出さないようにするためである。(96)」

ここに見られるように、アルフォンス・トゥーンの提言は、弟たちの持分を「最低分与地」の基準（狭い土地）に制限することによって、彼らの農業経営の放棄と土地売却を促進し、土地を少数の家長（長子）に集中させ、農奴解放立法が西部地方の農民について規定していた個人所有や一子相続制に出来る限り近づけようとするものであった。

しかし、政府は一八八〇年代にはまだこのような政策の導入を検討することもなかった。そもそもオプシチーナ的土地所有が支配的な社会状態の下で、それと根本的に結びついていた家産の均等持分権を廃止することは考えられもしなかったであろう。ちなみに、一九〇二年の特別協議会の各県委員会が「家族財産の分割」の弊害について議論したときにも、「土地分割の最低限基準」の導入の是非の議論がなされたのはもっぱら西部地方に限られており、ロシア諸県では行なわれなかった。

四　「土地不足」と農村過剰人口をめぐる議論

この家族分割をめぐる議論についてはこれまでにとどめておこう。ここでは、農民の「土地不足」が家族分割による土地の細分化によってますます感じられるようになっていたことを確認すれば十分である。

ところで、「土地不足」が農民自身によって主観的に感じられていたことはしばしば農民が「土地不足」について語り、またスホートが「土地不足」の解決を訴える決議をあげていたことから知られる。一方、それが客観的に存在することは、多数の農民が土地利用面積を拡大しようと競争し、その結果、商業的農業のための「企業家的な借地」ではなく、短期の「食糧借地」が普及し、借地料が企業家的な純収益をはるかに超えて異常に高騰したことや、また同様に土地価格が異常に高騰していたことに表現されていた(97)。そして、これらの現象の背後には零細な分与地に充用され得ない膨大な「過剰」労働力の存在があったことも否定しえなかった。

この過剰労働力の規模については、一九〇一年の中央部委員会は次のような結論に達していた(98)。すなわち、ロシアの農民世帯は現在平均して九デシャチーナ（＝一〇・二ヘクタール）の分与地を利用しているが、いまロシア農村における通常の（粗放的な）経営技術を前提とすると、四五デシャチーナ（＝四八・六ヘクタール）の土地を耕作することができると考えられるので、「労働力の完全利用の基準」から計算すると、分与地は農村の働き手の二〇パーセントを有効に吸収しているだけであり、それゆえ八〇パーセントが過剰であるというものである。また、この委員会のもう一つの計算によれば、ヨーロッパ・ロシア五〇県の働き手は四、四七二万人であったが、——「ロシアにとって通常の原始的な技術」の下では——一九〇〇年の収穫に実際に必要であった働き手は一、五〇八万人であったので、二、九六四万人が農業にとって「余剰」ということになり、またこの数字から様々な農外営業に従事する者の数（六六〇万人）を差し引いて得られた二、三〇四万人という数字（五二パーセント）が農村にとって「余剰」となるという(99)。

この、過剰労働力がどのような規模に達するのかという問題は、ロシアの経済学者や農業専門家によっても論じられていた。例えばトゥガン＝バラノフスキーは、農民世帯の播種面積を基準として、それを、①「絶対的な土地不足」に苦しむ播種面積五デシャチーナ以下の経営、②「何らかの土地不足」を感じている八ないし一二デシャチーナの経営、③それ以上の土地を保有する「合理的なフートル経営」の三つのグループに区分した上で、ロシアの農民世帯の半数以上が①と②、つまり何らかの労働力過剰を抱える「土地不足」農民であるとした(100)。これに対して、ルブヌィ＝ゲルツィク（一九一七年）は、ロシアの農民家族は平均して一〇ないし一一デシャチーナの分与地を利用しているが、農民が古い経営技術を離れて「合理的な農業経営」（ファーマー経営）を営むためには二五デシャチーナの土地が必要であるという前提から、農村人口の六〇パーセントが過剰であるとした(101)。このような農村過剰人口の計算は一九一七年の革命後も続けられ、例えば全連邦移住委員会の一九二三年の推計では、労働基準に従うと二、八五〇万人ないし三、五〇〇万人の住民が過剰であり、また消費基準（「食い口」

基準）に従うと九六六万人が過剰であるとされていた。またオガノフスキーは（一九二五年）、一、九九〇万人の働き手または四、五九〇万人の農村人口が過剰であるとした。

だが、ここでは右に示した数字のうちどれが現実の状態を正確に表わすものであったかに煩わされる必要はないであろう。ここでは、ただロシア農村に膨大な規模の「隠された失業」が存在していたことを、またもしそれがかりに中央部委員会の示したような規模に達していたとしたならば、それを解消するために必要な土地はどこにも存在しなかったことを示せば十分である。

五　農業生産の長期的動向

十九世紀後半―二十世紀初頭の穀物生産の動態

この農村過剰労働力の規模の問題と並んで注目されるのは、分与地の細分化が生じたとき、それが農作物の生産にどのような影響を与えたかという問題である。

一八九九年の特別協議会(102)や中央部委員会の報告書の示すところでは、一八六一年から一九〇〇年までの四〇年間にヨーロッパ・ロシア（五〇県(103)）における主要穀物の純収量（総収量―播種）は五四・五パーセント増加し、また馬鈴薯の純収量は二五二パーセント増加していた。このうち馬鈴薯の生産の著しい増加は、一部は土地の生産性の上昇によってもたらされたものであるが、主に播種面積の著しい拡大（二・六倍）によるものであった。ただし、この時期のロシアでは馬鈴薯栽培の国民経済的な意義はまだかなり低く、その播種面積も農作物全体の播種面積の三・四パーセント（一八九〇年代）ほどであったに過ぎない。一方、主要穀物の生産の増加は、一部

表 25　穀物収量の長期的変化　　単位：百万プード

年	農村人口 千人	播種量		総収量		純収量		同／人	
		分与地	私有地	分与地	私有地	分与地	私有地	分与地	私有地
1861—1870	54,150	380.1	106.4	1,281.9	404.6	901.9	298.2	16.7	5.5
1871—1880	62,312	377.4	118.2	1,380.3	509.1	1,002.9	390.9	16.1	6.3
1881—1890	72,763	377,9	136.8	1,492.0	683.4	1,114.1	546.6	15.3	7.5
1891—1900	84,087	381,9	147.7	1,750.1	855.1	1,368.2	707.4	16.3	8.4

出典）Материалы Коммиссии Центра, Вып. 1, с. 155 и следующие.

表 26　穀物生産・消費・商品化率の変化　　単位：百万チェトヴェルチ

年	生産	消費 都市	工業	輸出	計	同率 %	商品化率（パーセント） 北部	中央部	南部	東部	全体
1851—1860	227.7	12.6	12.5	8.0	33.1	14.5	—	—	—	—	—
1861—1870	241.6	14.6	13.0	12.1	39.7	16.4	4.0	28.1	4.3	9.5	15.0
1871—1880	273.9	17.3	14.0	28.9	60.2	22.0	4.9	31.5	18.1	20.0	21.9
1881—1890	331.5	22.4	14.7	43.1	80.2	24.2	18.3	30.4	30.6	20.7	26.5
1891—1900	375.0	17.1	16.2	50.8	94.1	25.1	24.6	32.8	41.4	36.6	34.5

出典）А. С. Нифонтов, Зерновое производство России во второй половине XIX века, Москва, 1974, с. 198, 214, 284, 310.

表 27　農村人口一人当たりの穀物粗収量の変化　　単位：kg

地　　域	1885—89	1890—94	1895—99	1900—04	1905—09	1910—14	増加率（倍）
東部諸県							
北部	281	304	289	286	256	266	0.95
北西部	362	342	323	312	284	295	0.81
中央非黒土	435	381	371	360	290	301	0.69
中央黒土	666	568	613	767	520	592	0.89
中流ヴォルガ	648	489	545	653	520	501	0.77
下流ヴォルガ	580	495	650	767	553	721	1.24
南東部	426	401	415	506	544	484	1.14
プリウラル	553	554	571	606	582	571	1.03
西部諸県							
リトアニアと白ロシア	340	363	362	377	334	374	1.10
西南部	469	481	518	350	529	632	1.35
左岸ウクライナ	400	446	493	506	502	565	1.41
沿バルト	535	516	679	585	540	549	1.03
南ステップ	667	966	865	1035	1061	991	1.49
ロシア	508	514	535	583	532	565	1.11

出典）В. Г. Громан, Влияние неурожаев на народное хозяйство России, Часть 1, Москва, 1927, с. 59-108. Часть 2, Москва, 1927, с. 66-90.

は、主に私有地における播種面積のかなり著しい拡大（四七・八パーセント）がもたらした総播種面積の拡大（一一・二パーセント）によるものであったが、その意義は比較的小さく、むしろ主として土地の生産性の上昇によるものであったと考えられる。中央部委員会の統計では、単位土地面積（一デシャチーナ）あたりの生産性は、農民の播種地では四〇年間に二九プードから三九プードに上昇し、また土地所有者の播種地では農民の分与地より一四―二〇パーセント高く、三三プードから四七プードに上昇していた。したがって政府の穀物統計からは農業生産がかなり著しく成長していたことが明らかとなる。

しかし、ロシア農業の成長について検討するとき問題となるのは言うまでもなくロシア全体の穀物生産量だけでなく、農村人口一人あたりの穀物生産量の変化である。それは十九世紀後半にどのように変化しただろうか。中央部委員会の資料では、この一人あたりの穀物純収量はヨーロッパ・ロシア全体で一八六〇年代から一八八〇年代にかけてわずかながら低下し、その後一八九〇年代にわずかに回復したとはいえ、一八六〇年代の水準にまで戻っていないということが明らかになる。しかも、いま農民の播種地だけについて見ると、一人あたりの純収量は二三・七プード（一八六〇年代）から二〇・八プード（一八九〇年代）に減少したというもっと驚くべきことが明らかになる。もっともこのような低下がすぐ右に見たような馬鈴薯の収量の増加によっていくぶん埋め合わされていたことは考慮しなければならないであろう。このような穀物から馬鈴薯への転換はおそらく単位面積あたりの馬鈴薯の収穫量が穀物収量の約一〇倍であったという事情に促されたことによるものであったと思われる。つまり同じ重量の馬鈴薯の栄養価（カロリー）は穀物のそれよりかなり低かった（三分の一）としても、主要穀物に代えて馬鈴薯を生産した場合、同じ面積の土地から三倍の収量を引き出すことができたのである。だが、この馬鈴薯と穀物とを合計しても、農民分与地における農村人口一人あたりの穀物純収量の上昇が生じていないことに変りはない。フィン＝エノタエフスキーが述べたように、まさしく農業生産の「退行的な過程」[104]が生じていたのである。[105]

しかし、このことはロシアが西欧諸国へ穀物を輸出することによって外貨を獲得していた後進的な農業国であり、その穀物の輸出量が毎年増加していたこと、それゆえロシア帝国全体における穀物の商品化率が明らかに上昇していたこととどのように関係するのであろうか。[106]

この点を若干立ち入って検討するために、次に穀物生産と穀物市場の趨勢を地域別に見ることとしよう。

われわれにとってまず注目されることは、ロシア帝国の内部には農業生産の成長率を異にする二つの地域がはっきりと区別されることであり、その際、農業生産が停滞的な様相を示したのがロシア帝国の東部、すなわち本来のロシア諸県であったことである。統計が示すように、この地域に属する北西部、中央黒土地域、中央非黒土地域、中・下流ヴォルガ地域、南東部では、農村人口一人あたりの穀物純収量は増加していないか、または減少しており、この例外をなすのは東部の辺境地域に属するプリウラルだけである。しかし、これに対して西部地方における農村人口一人あたりの穀物純収量はかなり順調に増加しており、特に南部辺境の南ステップと沿バルトで、またそれに次いで右岸ウクライナ（西南部）と左岸ウクライナ（小ロシア）で急速な成長を観察することができる。もっとも白ロシア諸県はその例外であり、ここでは十九世紀末にいたっても十九世紀初頭の経済危機から完全には回復していないことがうかがわれる。しかし、この白ロシアを含めても西部地方（世帯別ロシア）が全体としてロシア諸県（オプシチーナ的ロシア）よりも順調な発展を示したことはまったく疑いないところである。

われわれが利用することのできるもう一つの穀物統計は、一八八五年から一九一三年までの時期についてのグローマンのデータであるが、このデータからもロシア帝国の西部と東部の間に同様な相違があったことを知ることができる。(107) いまこの統計から一八八五／八九年と一九一〇／一四年との間の穀物総収量の増加率を求めると、それがロシア諸県では三二パーセントに過ぎなかったのに対して、西部地方では一〇二パーセントに達していたという結果を得ることができる。なお、このロシア諸県の中で穀物生産の増加率が最も高かったのは辺境地域（ヴォルガ下流域と東南部、プリウラル）であり、最も低かったのは北部および中央部諸県であった。一方、農村人口の増加を見ると、ロシア諸県全体の増加率（四一パーセント）は西部地方の増加率（四八パーセント）より低く、またロシア諸県の中では辺境（ヴォルガ下流域・東南部）が帝国全体の平均（四四パーセント）よりも高いが、これに対して西部地方では沿バルト三県とコヴノ県の増加率がかなり低かったのを例外として、全域でかなり高い率を達成していた。したがって以上のデータから明らかとなるのは、①西部地方では農業生産が人口増加を超えて成長しており、その結果、農村人口一人あたりの穀物収量もかなり上昇した（三六パーセント）のに対して、②ロシア諸県では農業生産の成長が人口増加を超えることなく、その結果、農村人口一人あたりの穀物収量が低下していたことである。その低下率は中央非黒土諸県では三一パーセント、中央黒土諸県では一一パーセントであった。

なお中央統計委員会の穀物統計では、ヨーロッパ・ロシアの穀物収穫（純収量）に占める西部と南部の割合は一八七〇年代から一八九〇年代に三七・五パーセントから四七・一パーセントに上昇し、また人口一人あたり二・二五チェトヴェルチ（非黒土地域）または二・五チェトヴェルチ（黒土地域）を必要消費量としてニフォントフが計算した「可能余剰量」に占める西部と南部の割合も、二六・九パーセントから五一・二パーセントに上昇していた。一方、この間に中央黒土地域とヴォルガ河の上流域・下流域の多くの地方では「可能余剰量」は減少さえしており、これらの地域全体でも二、九〇一万六、〇〇〇チェトヴェルチから三、一三五万八、〇〇〇チェトヴェルチへと微増しただけであり、その結果、「可能余剰量」に占める割合は七六・四パーセントから三三・〇パーセントに激減していた。(108) したがって穀物生産と、とりわけ商品化穀物の生産の重心がロシア諸県の南部黒土地域から西部および南部に決定的に移動していることは誰にも否定しえない事実となっていたのである。このように全体として見ると、農業の「困窮」がオプシチーナ的な土地所有の支配的なロシア中央部において生じており、そのために帝国の穀物輸出を支える地域もまたロシア帝国の本来の領域を離れてロシア帝国の「東エルベ」とも言うべき地域に移動しつつあること明らかであった。近代化＝工業化のために商業的農業を発展させることを至上命令と考えていたロシアの近代化推進論者にとっては、もちろんこれが著しく重大な社会問題と考えられたことは言うまでもない。

牧畜と牧草地・採草地の状態

農民経営の「困窮」はまた家畜数の趨勢にも現われていた。同じ中央部委員会の統計では、十九世紀後半の四〇年間にロシアの農民世帯一戸あたりの保有家畜数は九・七頭から六・五頭に減少し、役馬は一・三頭から〇・九頭に、牛は二・二頭から一・九頭に減少していた。(109) このような状態の理由の少なくとも一つは、ア・イ・チュプロフの分析では、農民が穀物栽培面積を拡大するために採草地と牧草地を耕地へ転換したことによるものであった。

「人口の急激な増加は、農民の農耕方式が変化しなければ、不可避的に耕地の漸次的な拡大に行き着かざるをえなかった。黒土地帯の多くの地域では、分与地が一つのほとんど全面的な耕作地に転換した。開墾できるとこ

表 28　家畜飼育の状態

年	農民世帯 千戸	飼育家畜数（千頭）				一世帯の平均家畜数			
		総数	馬	役馬	牛	総数	馬	役馬	牛
1870	9,065.9	84,577	15,031	12,017	19,966	9.7	1.7	1.3	2.2
1880	10,835.8	86,427	16,544	13,215	21,140	8.0	1.5	1.2	2.0
1890	12,142.7	88,576	17,965	14,310	22,679	7.3	1.5	1.2	1.9
1900	14,305.7	92,628	16,539	13,158	26,600	6.5	1.2	0.9	1.9

出典）Материалы Коммиссии Центра, Вып. I, СПб., 1903, с. 210.

ろはすべて開墾された……。この点で特に顕著なのは、その他の諸県では中央農業諸県、小ロシアと南西部（ポドリアとキエフ）であり、農業局の声明によると、そこでは八〇パーセントまたはそれ以上の割合の農民可耕地が開墾され、農民の採草地は分与地の三ないし七パーセントを占めるに過ぎず、牧草地面積はもっと狭かった。[110]」

しかし、このように穀物栽培面積を拡大することは穀物栽培に悪影響を及ぼさざるを得ない。すなわち牧草地と採草地の縮小は、一方で、重要な労働手段である役馬を保有しないため土地耕作を営むことのできない経営を生み出し、他方では、有機肥料を提供する家畜を減少させ、その結果、土地の生産性の停滞とをもたらさざるを得ない。チュプロフの示すところでは、地味を枯渇させることなく伝統的な三圃制を維持するためには、一デシャチーナの耕地に対して約一・五デシャチーナの採草地や牧草地が必要であったが、「この旧い規則が実施されているところは、現在農民の下ではほとんどどこにもない」という状況であった。

さて、以上の検討から明らかとなることは、ロシア帝国、とりわけその「オプシチーナ的ロシア」において激しい農村人口の増加が生じたとき、土地／労働比率が著しく低下して「土地不足」と農村過剰人口の問題が生じ、その結果、生産／労働比率（＝労働の生産性）が低い水準に停滞したことである。したがってペシェホーノフが中央部委員会や特別協議会の資料を要約して、「土地を保有する人口の増加が農業の生産性よりも急速に進行している」[111]と述べたとき、またトゥガン＝バラノフスキーが「多数の地域にとっては収穫率の上昇があまり大きくはなく、いかなる場合でも農民人口の増加の結果として、農民の土地面積の減少にまったく対応していない」と述べ、しかも、この「最も重要な社会問題」が西欧では決して経験されなかったような問題であったという考えを表明したとき[112]、それはまさしく問題の核心を示すものであったと言えよう。

解決の手段

しかし、それにしても、このような問題を解決する有効な社会政策的な手段はなかったのであろうか。中央部委員会や特別協議会の審議した中心的な問題は本質的にはまさしくこの問題に対する社会政策的対応を探ることであったのであり、そのような解決策として極北部やシベリアへの農民の移住、「農業生産の集約化」や農村手工業・クスターリ工業への援助などが提案されていた。

このうち人口の稠密な中央部からヴォログダ県やアルハンゲリスク県などの極北部やシベリアに村落住民を移住させることは政府にとっても最も有効な解決策の一つと考えられるようになっていたものである。事実、ロシア政府は最初は移住政策を進めることに消極的であり、むしろそれを規制する方策を取っていたが、一八八九年と一九〇四年の移住法では自由化の方向に転換していた。そして、一九〇六年には移住のための本格的な措置が採用されるにいたる。しかし、カウフマンが指摘したように、そうした移住を奨励するべきであるとしても、移住には多くの困難が伴っていたことも明らかであった。例えば南部黒土諸県の農民が気候の厳しい極北部やシベリアに移住することができるかどうかが危ぶまれていた。また新開拓地に移住者が増加するにつれて、そこでも移住に適した自由な土地が早晩枯渇するであろうことは言わずもがなのことであり、それゆえすべての移住希望者を農業適地に入植させることができないことも明らかであった。[113] それに入植地において「土地不足」が起きないという保障はあっただろうか。いずれにせよ、こうした様々な理由を見ても、移住が土地問題の根本的な解決のための方策とはなり得ないことはまったく明白であった。

これに対して、サラトフ県の知事であったデ・ア・ストルィピンが一八九二年の著作でコヴノ県の土地所有者からの手紙を紹介しながら述べたように、[114] 一方で土地整理（フートル、オートルプ化）などの方策によって経営技術の改善（農業の集約化）を実現し、他方で農村人口の一部を北部諸県に普及しているクスターリ工業や工場に吸収させることはある意味で本質的な問題解決法であったと言うことができるであろう。しかしながら、すでに述べたように、そもそも力強く成長する諸産業が増加する農村人口に有利な雇用機会を提供していたならば、右に述べた困難は生じなかったはずであり、実際には、まさにそのことが生じなかったのである。[115] そして、実際には、この事実が農村からの人口流出を強要するべきではないという政府内の保守的な考えに有力な根拠を提供していたのである。トヴェーリ県の一地方司政官（ノヴィコフ）が述べたように、西欧ではたしかに故郷を離れた人々が近代産業に吸収されるが、ロシアでは土地を離れた農民はどこにも避難所を求められないというわけである。[116]

したがって理論的に考えると、結局、「土地不足」の問題がまずは土地自体において解決されなければならないことは誰にとっても疑うことのできない自明の理であり、またその根本的な解決策が新しい経営技術の導入（農業の集約化）、しかも、その際、より多くの労働力を充用することができるような経営技術の導入であることもまた明らかであった。しかし、このことに反対する者は誰もいなかったとしても、問題はその実現がかなり長期的な事業となることが疑いえなかったことであり、それゆえまた現在緊急に解決を迫られている問題に対する解決策ではなかったことである。

かくして農民の分与地を除くすべての土地、とりわけ地主＝大土地所有者の所有する私有地はどうしても避けて通られない問題とならざるをえなかった。

六　ロシア帝国における私有地の状態

私有地の面積と経営方法

それでは、農民分与地以外の土地、つまり国有地・御料地・皇帝官房地、教会・修道院領および私有地はどのような状態にあったであろうか。ここではヨーロッパ・ロシアだけに限定して見ておこう。

これらの土地のうち、まず農業省（国有地局）の管轄する国有地はとてつもなく広大なものではあったが（一億三、八一〇万デシャチーナ）、そのほとんどは極北部の四県に遍在する森林や農業不適地（ツンドラ、沼地など）であった。[117]ヨーロッパ・ロシアの四四県では、この国有地に宮内省の管理する御料地、それに皇帝官房地を加えた総面積のうち五、八五〇万デシャチーナは森林であり、耕地や牧草地として利用しうる土地はわずかに五三〇万デシャチーナに過ぎなかった。また教会・修道院領もわずかな耕地（一六七万デシャチーナ）を提供するだけであり、そのほとんどは農村の教区司祭によって耕作されていた。

これに対して、地主（旧領主、商人など）の所有する私有地の面積はほぼ分与地に匹敵し（一億一七〇万デシャチーナ）、そこには広大な森林の他にかなり広い耕地、牧草地・採草地、屋敷付属地が含まれていた。一八八一年の土地統計の示すところでは、[118]ヨーロッパ・ロシア五〇県における私有地の中の耕地と牧草地・採草地はそれぞれ三、三三〇万デシャチーナ、三、〇〇七万デシャチーナであり、すべての耕地、牧草地・採草地のそれぞれ三一パーセントと四六パーセントを占めていた。これらの農地面積はその後の森林開墾によって拡大されたが、その増加は比較的わずかであった。

したがってヨーロッパ・ロシアの農民はもしこれらの土地を何らかの方法で取得することができたならば、その分与地上の耕地（七、三一四万デシャチーナ）を三分の一弱拡大し、牧草地（三、五三〇万デシャチーナ）を二分の一強拡大することになるだろう。

とはいえ、これらすべての土地が農民の土地利用面積の拡大に役立つわけではなかった。なぜならば、その中には、①農民によって購入されていた土地、②農民の借地している土地、またはいわゆる雇役（オトラボートカ）――農民が地主に雇われて、だが自分の労働手段で耕作する方法――の形で耕作していた土地などが含まれており、これらの面積を差し引かなければならないからである。

このうち農民の借地している土地については、次のような数字をあげることができる。まずマヌイロフの示すところでは、森林を除く私有地の総面積（ヨーロッパ・ロシア）は五、五〇〇万デシャチーナであり、一方、ゼムストヴォの調査した一八〇郡における借地面積（耕地、牧草地）は一、〇〇〇万デシャチーナであった。[119]しかし、この借地面積はヨーロッパ・ロシア全体ではもっと広く、二、〇〇〇万デシャチーナほどであったと推計されている。しかも、この数字には休閑地が含まれていないが、いまそれが播種面積の半分とすると、農民の借地は約三、〇〇〇万デシャチーナとなる。一方、元農業大臣のエルモロフが一九〇六年に示した数字では、地主の経営する農場の面積は三、七〇〇万デシャチーナ（休閑地を含む）とされている。しかし、この数字には私有地だけでなく、国有地や御料地などが含まれていたようである。[120] ちなみに、オガノフスキーは戦前（一九一三年）の借地の数字として、二、〇〇〇万デシャチーナないし二、五〇〇万デシャチーナという数字をあげている。[121] また一九一六年の農業センサスの数字では、リトアニアなどの被占領地域を除くヨーロッパ・ロシアの私有地における播種面積（耕地）は一、八〇〇万デシャチーナであり、そのうち農民の借地する面積は一、〇〇〇万デシャチーナ（五六パーセント）であった。[122] このセンサスによれば分与地における播種面積は五、四〇〇万デシャチーナであったから、私有地の播種面積は分与地の播種面積のほぼ三分の一に等しく、農民はその半分強を借地していたことになる。

表 29　農業経営（1916 年，49 県）

経営の型	経　営 千戸	人　口 千人	播種面積 千デシャチーナ
農民型経営	15,535.4	82,334.0	64,022.3
私有地経営	101.2	2,369.5	7,687.4
合計	15,636.6	84,703.5	71,709.7

出典）Предварительные итоги всероссийской сельскохозяйственной переписи 1916 г. Вып. I, Европейская Россия, с. 624-641.

したがって、これらの数字から、二十世紀初頭にヨーロッパ・ロシアの農民は私有地上の農地のうち、三、〇〇〇万デシャチーナを下らない面積（耕地と牧草地）を借地していたと考えてもよいであろう。もちろん、これらの土地の借地契約は慢性的な「土地不足」に苦しむ農民がその生活の必要のために短期（一年）で著しく高率の――企業家的な純収益をはるかに超える――借地料の支払を条件として結ばれていたものであり、その借地料総額は二十世紀初頭に二億ルーブル以上にのぼったと見積もられていた。ただし、私有地のうち農民に貸し出されていた部分が村落の中では相対的に上層の農民によって借地されていたことはすでに見たとおりである。[123]

私有地の譲渡と移動

表30　貴族の土地譲渡（千デシャチーナ）

年	売却	購入	喪失
1863—1872	16,120	9,673	6,447
1873—1882	23,431	1,940	9,491
1883—1892	17,996	9,688	8,308
1893—1902	21,012	10,979	10,037
1903—1905	4,013	2,125	1,888
合計	82,576	46,405	36,171

出典）Материалы по статистике движении землевладении в России, вып. 20, с. XXV.

一方、私有地のうち農民の手中に移動した部分については、大蔵省の不動産登記証書にもとづく『土地移動統計[124]』から知ることができる。この統計からはまず、本来的には貴族（＝旧領主）の独占的に所有していた領地である私有地が一八六三年以降、商人、名誉市民、町人、農民の手中に移転しはじめ、一九〇五年までに累計で八、二五七・六万デシャチーナの土地――すなわち九〇パーセント以上（！）――が譲渡され、もともとの土地貴族の手を離れていたことが知られる。もっとも貴族はその売却面積のうち四、六四〇・五万デシャチーナをふたたび買い戻していたので、貴族が全体として喪失した土地は三、六一七・一万デシャチーナ、つまり貴族がもともと所有していた土地の四〇パーセントとなる。ちなみに、この土地移動において貴族の購入した領地の平均面積は同じく貴族の売却した領地の平均面積をかなり超えていたが、このことは資力のない貴族が土地を売却し、より経済的な力のある貴族が購入したことを、それゆえ土地貴族の内部にも分化が生じていたことを示している[125]。

この貴族の土地譲渡にはまた著しく特徴的な地域差があったことにも触れておかなければならない。すなわち、ヨーロッパ・ロシアの東部（ロシア諸県）では貴族が一八六三年から一九〇五年までに大量の土地を売却して手放しており、例えば中央非黒土地域の八県では領地の五六パーセントを、また中央黒土地域の六県では三八パーセントを喪失していた。しかしこれに対して、沿バルトや西部地方（リトアニア・白ロシア、ウクライナ）では、そのような土地貴族による大量の領地売却は見られなかった。大蔵省の統計では、西部地方の九県の貴族が喪失した領地は二〇パーセントにとどまっていた。ここでは土地貴族がわずかな領地を売却しただけであり、しかも売却された領地の多くはより豊かな貴族によってふたたび購入されていたのである。[126]

もちろん、このような土地移動の状態における地域的な相違が十九世紀後半から二十世紀初頭に生じていた帝国の東西における農業制度の相違に由来することはまったく明らかであるように思われる。すなわち、すでに述べたように、西部地方では封建領主層は農奴制の廃止によって無償の賦役労働を利用する機会を失う以前からすでに「土地なし」の村落下層民（水呑、小屋住、奉公人）の労働力にもとづくグーツヴィルトシャフトへの転換を推進しつつあったのであり、そのため農奴解放後に「自由な」農業労働者の雇用にもとづく農業資本主義的な再編成を実現することができたのである。このことが最も純粋に見られたのは沿バルト地域である。

ところが、ロシア諸県では領主の賦役農場のグーツヴィルトシャフト的な発展のチャンスは著しく制約されていたと言わなければならない。その理由の一つは、オプシチーナと世帯がすべての構成員に対して土地を均等に配分していたため、地主家計のために働く世襲奉公人＝ドヴォロヴィ以外には農民から法的・身分的に区別されるような奉公人（プロレタリアート）が生み出されていなかったことに求められる。もちろんロシア諸県の村落でも富農（大家族）と貧農（小家族）の分化がしだいに生じていたことは事実である。しかし、それらの貧農も法的・身分的には農民であって、かりに領主直営農場で働く場合があったとしても、場合によっては上位の農民グループに移行することもあったのであり、いずれにせよ領主農場の農業労働者となるよりは借地人となる方を選んだのである。ロシア諸県におけるグーツヴィルトシャフトの発展を制約したもう一つの理由は、ロシアの土地貴族がツァーリ（皇帝）の家産官僚であったことに関連していたと考えられる。すなわち、ロシアの土地貴族は農奴制時代には都市に住み、その農業経営を管理人や村落共同体の長老に任せていたが、農奴解放後にはレン

表31　農民の土地譲渡（千デシャチーナ）

年	購入	売却	増加
1863—1872	2,376	870	1,506
1873—1882	5,325	2,144	3,181
1883—1892	7,921	2,758	5,163
1893—1902	10,400	3,949	6,451
1903—1905	3,258	1,412	1,746
合計	29,280	11,133	18,147

出典）Материалы по статисике движения землевлалении в России, вып. 20, c. XIII-XIV.

トナーの階級に加わり、それゆえ地代源と化した土地を売却することには何らの障害もなかったのである。

実際に農奴解放後に賦役農場が急速に解体したことはよく知られていたが、ここではサマーラ郡の旧領主デ・エフ・サマーリンの農場の事例をあげておこう[127]。この農場ではまだ農奴解放立法の出された一八六一年には賦役によって三、七七〇デシャチーナの土地に主要穀物の播種がなされていた。しかし、この賦役農場はその後急速に解体してゆき、その播種面積は一八六四年には一、七〇二デシャチーナに、一八六六年には七〇三デシャチーナに減少した。一方、それに応じてサマーリンは農民に対する借地面積を拡大し、一八八〇年代には領地の耕地、八、一六六デシャチーナのうち七、〇〇〇デシャチーナが農民の借地する土地となっていた。このような経過はサマーリンの領地に限られず、サマーラ郡全体で見られたところであり、実に二八万一、八五九デシャチーナのうち一九万九、三八三デシャチーナ（約七〇パーセント）が農民に貸し出されていた。そして農民の購入地も一八八〇年代にすでに一万一、七七二デシャチーナに達していた。

さて、土地貴族から他身分に移動した三、六一七万デシャチーナの土地のうち農民の購入した面積はどれほどであっただろうか。大蔵省の土地移動統計では、一九〇五年までに農民の購入した面積は二、九二八万デシャチーナであったが、そのうち一、一一三万デシャチーナはふたたび農民以外の身分に売却されたので、一九〇五年末の時点で農民の購入地となっていた土地はほぼ一、八一五万デシャチーナである。これは貴族が本来的に所有していた私有地の二〇パーセントを超え、また貴族の喪失した領地のほぼ五〇パーセントに相当する。

それでは、土地を購入したのは村落農民の中ではどのような人々であっただろうか。そのことを検討するには、土地移動統計において行なわれていた土地購入の主体、つまり①村落共同体、②土地購入組合（товарищество）、③個人の区分に従ってその購入面積を見なければならない。

この区分のうち、まず村落共同体が購入した土地は分与地と同様に共同体の共有地として各世帯に均等に――つまりドゥシャー、実在男性人口、チャグロ、等々にもとづいて――配分され、その支払額もこの配分基準と同じ方法で割り当てられたと考えられる。したがって村落共同体による土地購入の場合には、その全構成員が利用権を得ていたことはまちがいない。しかし、これに対して個人で土地を購入したのは主に経済的な力のある農民――ただし必ずしも広い分与地を利用しているとは限らず、「土地なし」農民でさえありうるが――であった。大蔵省の土地移動統計では、[128]個人購入の方法による土地取得の場合、その購入面積はほとんどが二五デシャチーナ以上であり、また二五〇デシャチーナを超える場合もあったが、これはもちろん平均的な農民世帯の利用する分与地（九―一一デシャチーナ）と比較して著しく広いことは言うまでもない。一方、土地購入組合による購入の場合には、その土地が購入に加わった組合員の共有地となり、彼らに連帯責任が課せられるという点で個人購入の場合と異なり、村落共同体の土地購入と類似する。しかし、多くの場合、組合員は購入後にその共有地を「持

表 32　農民の土地購入形態（千デシャチーナ）

年	個人	組合	共同体	その他
1863—1872	735	532	104	120
1873—1882	1,577	1,375	239	−144
1883—1892	1,193	2,400	914	451
1893—1902	853	4,383	946	301
1903　1904	122	1,140	169	9
合計	4,480	9,830	2,372	737

出典）B. B. Святловский, Мобилизация земельной собственности в России（1861-1908г.）, СПб., 1911, с. 129.

分」に分割してしまい、この持分に応じて地価の支払いをなすという点では、共同体による購入方法と本質的に異なっていた。しかも、通常は土地購入組合に加わることができたのは個人購入の場合と同様に村落内の上層部であり、土地購入組合の性格上ただその範囲がいくぶん下方に拡大したに過ぎなかった。

さて、これらの方法によって農民が購入した土地面積は、個人購入の方法によるものが四四八万デシャチーナ、土地購入組合によるものが九八三万デシャチーナ、村落共同体によるものが一三七・二万デシャチーナであり（表32参照）、ここから確認されるように個人および組合の購入した面積が圧倒的であり、村落共同体の購入面積はわずかな割合（一四パーセント）を占めるに過ぎない。したがって右の三つの方法によって土地を購入した人々は村落内のあらゆる階層にわたっていたとはいえ、より広い購入地を取得した人々が農民の上層（＝富農）であることはまったく明らかであった。

ただし、その際、土地売買が地主と農民との「自由契約」にまったく委ねられていた一八八三年以前と比較すると、農民土地銀行が地主から農民への土地移動を仲介し、農民に抵当貸付を与え始めた一八八三年以後の時期には組合と村落共同体が集団的に購入した土地面積の割合が上昇しているという変化が注目される。[129] しかも、農民土地銀行の活動の第一期（一八八三年—一八九五年）から第二期（一八九五—一九〇五年）にかけては、すなわち農民土地銀行が従来の抵当貸付に加えて、①貸付負債の延期、②農民が農民土地銀行の援助なしに購入した土地に対する負債の借り換え、③農民土地銀行が地主から土地を購入して創出した土地フォンドから農民に売却する業務を始め、本格的に土地市場に介入しはじめた時期にかけては、[130] 地主から農民への土地移動のテンポが加速化し、組合および特に村落共同体が集団的に購入した面積の割合が上昇していた。したがって農民土地銀行の援助を受けて土地を購入した農民の中では最も「土地不足」に苦しむ村落最下層の比重が相対的に高かったことは確かである。とはいえ、それでも、農民の購入した土地の最大部分が村落内の上層部に属していたことはまったく疑いえなかった。

したがって、この点からするならば、一九〇五／〇六年に「土地不足」に苦しむ農民大衆が分与地の追加・補充を求めて国有地、御料地、皇帝官房地、教会・修道院領の他に私有地の没収を求めたとき、没収されるべき土地の中に農民の私有地（購入地）を含めたことは当然なことであったと言えよう。

一九〇五年夏にモスクワで社会革命派の影響下にあった農民同盟の創設大会が開かれ、私有地の没収が審議されたとき、この農民購入地をどう取り扱うべきかについても議論がなされたが、出席していた代議員のほとんどはその没収に賛成し、ただその条件（有償か無償か）について異なる意見を提示しただけであった。ある代議員は農民たちが「勤労貨幣」で購入した土地は有償で収用するべきであると発言し、これに対して別の代議員はそのような土地ではほとんどの場合に購入されてから長い時間が過ぎており、その取得者は「土地の果実をすでに充分に享受している」のであるから無償で没収するべきであるという喪失時効論を表明し、また第三の代議員は「そのような者［土地の購入者］は少数であり、その土地も少なく、彼らすべてが土地配分に際して等しく土地を受け取るであろう」という理由から没収案に賛成した。[131] 結局、この大会は、「土地は私的所有者から一部は有償で、一部は無償で没収される」（第二項）ことを決議し（反対五票）、また「私有地を収用するための具体的な条件」の決定を憲法制定会議に委ねること、農民同盟は次の大会までにこの問題をより完全に審議するべきことを満場一致で議決した（第三項）。[132] このように大会に出席した農民代議員は農民購入地を含む私有地の収用条件には留保を付したが、没収そのものには賛成したのである。ちなみに、土地の社会化に対する反対は、大会にオブザーバーとして出席していた社会民主党のメンバーと少数の南部地方の代議員とによって表明され、その際、前者は大経営の優位性というカウツキー流の正統的な社会民主派の見解を理由としており、後者は世帯別所有の支配的な南部や西部の農民が土地の社会化を到底支持しないであろうという考えを理由としていた。(133)

私有地における土地の生産性

私有地の状態を検討するとき、いま一つ見ておかなければならないのは、そこにおける土地の生産性である。
中央部委員会のデータでは、それは分与地における生産性を一二―一八パーセントほど超えるとされていた。ところが、元農業大臣エルモロフは一九〇六年に一連の論文で、その相違が四〇パーセントまたは五〇パーセントにも達するとし、それを根拠として、もし私有地を農民の土地利用面積の拡大に用いるならば国民経済的に有害であるばかりでなく、農民にとっても不利益であると主張した。(134)

エルモロフの数字では、まず単位面積(一デシャチーナ)あたりの分与地における総収入は九ルーブル三五コペイカであり、ここから五ルーブル四三コペイカの「労働の価値」を差し引いた企業家的な純収益は三ルーブル九二コペイカとなるのに対して、一方、農民が地主=大土地所有者の経営する農場における労働によって受取る賃金は単位面積あたり一七ルーブル(または一九ルーブル)であるとされた。また農民はいわゆる「分与地外の借地」によって単位面積あたり一五ルーブル四〇コペイカの総収入をあげることができ、その中から七ルーブル六五コペイカの借地料を地主に支払うとしても、七ルーブル七五コペイカの純収入を得ることができる。したがってもし三、七〇〇万デシャチーナの農場が没収され、農民の土地に追加・補充された場合、それは農民の所得の減少さえひきおこすであろうというわけである。

しかし、チュプロフが正確に反論したように、このエルモロフの主張の根拠には二つの問題点があったと言わなければならない。その一つは、土地（農業適地）には様々な種類の用益地が存在しており、それぞれの用益地によって生産性が相違していたことであり、またロシア農業において支配的であった三圃制にあっては播種面積が耕地面積のほぼ三分の二であったことに示されるように、耕地面積と播種面積とが決して同一ではなかったことである。

さて、チュプロフの計算によると、まず分与地については、その四分の三が耕地と牧草地、残りの四分の一が屋敷地や森林などであり、そのうち耕地の単位面積あたりの収入は一一ルーブル七八コペイカに等しく（耕地から休閑地を除いた播種面積部分のみの収入は一七ルーブル六八コペイカに等しい）、また牧草地における収入は一二ルーブル六六コペイカ、その他の用益地における収入は五四コペイカであった。また地主の経営する農場における賃金率についても問題があった。まずエルモロフの数字のうち、耕地（休閑地を含む）（二、〇九〇万デシャチーナ）と牧草地（八四四万デシャチーナ）、工芸作物用の土地（一九九万デシャチーナ）における賃金総額がそれぞれ三億四、八〇〇万ルーブル、三、九〇〇万ルーブルであったことは中央部委員会の統計のとおりであり、この数字から計算すると、単位面積あたりの賃金率として、一一ルーブル二四コペイカが得られる。ところが、エルモロフはその他の農業労働に対する賃金として一億一、三〇〇万ルーブル（根拠の不明の数字）をこれに付け加えて賃金総額を五億ルーブルとし、さらに様々な奉公に対する賃金（一億八、五〇〇万ルーブル）、工場労働に対する賃金（二、〇〇〇万ルーブル）を付け足し、総計で三、七〇〇万デシャチーナの土地から七億五〇〇〇万ルーブルの賃金が支払われたとしている。この数字から計算すると、単位面積あたりの賃金率は一九ルーブルとなる。しかし、この数字が必ずしも正確な評価に従って計算されたわけではないことは明らかであり、またア・エルの推計によると地主の経営する農業適地全体における単位面積あたりの賃金が七ルーブル二〇コペイカであったことが示すように、この数字が問題の多い数字であったことはまちがいない。一方、農民の借地している土地については、農民が播種地だけでなく休閑地に対しても借地料を支払っていたことを考慮に入れると、単位面積（播種面積）あたりの借地料は一一ルーブル四七コペイカとなり、農民の手元に残る純収入は三ルーブル九三コペイカとなる。

したがって、エルモロフの主張と異なって、私有地を地主の直営農場であれ農民の借地している土地であれ農民の手中に移すことは、少なくとも農民の収入を増やすこととなったであろう。

しかし、私有地の生産性がエルモロフの主張するほど高くはなかったとしても、分与地のそれよりも高いことはチュプロフも認めざるをえない「事実」であった。そこで、もし私有地が農民の利用に移されたならば、土地の生産性が低下し、国民経済的には有害なのではないかというもう一つの問題が残ることになる。そして、この問題に対する回答はそもそも右の相違がなぜ生じるのか、その理由に対する把握如何によって異なることとなるだろう。

まず私有地における高い収穫が部分的には農奴解放に際して地主が良質な土壌の土地を取得していたことによるものであることは確かであったが、この考えによれば私有地が農民の手中に移転したとしても収穫の低下が生じるとは言えなかったであろう。一方、エルモロフは、地主の高い「農業技術」（агрикультурное искусство）がその本質的な理由であり、それゆえ私有地が分与地に付け加えられると、その収穫は現在の農民の水準にまで低下すると考えていた。また彼は、「可能なすべてが耕作されている分与地と比較すると、私的所有者の農場では総面積のごく一部が耕作されているだけである」が、土地が農民のものとなると、「かなりの程度まで農民地より高い収益性を条件づけている用益地の関係にすぐに変化が生じ、牧草地と採草地がすべて耕地にされてしまい、休閑地の面積が増え、森林が伐採される」と述べていた。しかし、これに対してチュプロフが述べたように、その場合には農業技術の低下と収穫率の低下は確かに生じうるかもしれないが、かりに生じたとしても私有地上のさまざまな用益地における耕地の拡大によって収穫を増加させることも可能かもしれなかった(135)。この点は重要な問題を含んでいたと考えられるが、ここでは以上にとどめておこう。

われわれは以上の検討によって、二十世紀初頭に「土地不足」または農村過剰人口の問題に表現される農業危機の最も深刻な問題となっていたのがロシア帝国の本来的な領域をなす「オプシチーナ的ロシア」においてであったことを確認した。そこでわれわれは次のこの問題が一九〇五年以後どのように展開したかを検討することとするが、その前にロシア諸県中央部から北部に普及していた農村小工業——いわゆる手工業・クスターリ工業——が右の農業問題にどのように関係していたかを見ておくこととしよう。

（1）この土地利用の点で、旧国有地農民は旧領主地農民より有利な条件下にあった。例えばヤンソンのデータでは、黒土地域十九県における旧国有地農民の「ドゥシャー分与地」の面積は六・五デシャチーナであるが、旧領主地農民のそれは二・九デシャチーナであった。Ю. Янсон, Указ. соч., с. 6-7.

（2）人口統計学的分化（人口論的分化）については、ア・ヴェ・チャヤーノフ（磯辺秀俊・杉野忠夫訳）『小農経済の原理』大明堂、一九五七年、一五ページ以下を参照。また次を参照。T. Shanin, The awkward class, Political sociology of peasantry in a developing society : Russia 1910-1925, p. 63 ff. しかし、十九世紀前半について青柳氏が指摘しているように、チャヤーノフのライフサイクル・モデルは過度の単純化であり、現実には小家族と大家族との併存する中での変動であったことなどに注意しなければならない。青柳和身『ロシア農業発達史研究』御茶の水書房、一九九四年、一四一ページ。

（3）ПСЗ, Собр. 2, Том 36, Отделение 1, СПб., 1863, No. 36657б.

（4）Сборник материалов для изучения сельской поземельной общины, Том 1, СПб., 1880, с. 102-104.

（5） Там же.
（6） Там же, с. 177–178.
（7） Там же, с. 101.
（8） Этнографическое обозрение, 1914, no. 3–4, с. 172–173.
（9） Материалы по этнографии, Том 1, СПб., 1910, с. 2–3.
（10） M・ミッテラウアー『歴史人類学の家族研究』、一九九四年、一九八ページ。
（11） 十七―十八世紀の農民家族については、E. H. Бакланова, Крестьянский двор и община на русском севере : Конец XVII-начало XVIII века, Москва. 1976, с. 24–40. を参照。なお肥前栄一『ドイツとロシア』未来社、一九八六年、四六ページの表をも参照。ピーター・チャップが調査した十八世紀末―十九世紀中葉のリャザン県ミシノ領でも、農民世帯の複合性が特徴的である。P. Czap, The perennial multiple family household, Mishino, Russia 1782–1858, Journal of Family History, Spring 1982, p. 17 ; 'A large family : the peasant's greatest wealth': serf households in Mishino, Russia, 1814–1858, R. Wall, J. Robinson, and P. Laslett eds., Family forms in historic Europe, 1983, p. 128 ff.
（12） Ф. Щербина, Крестьянские бюджеты Воронежской губернии, Воронеж, 1900, с. 203–271. Он же, Семейные разделы у крестьян Воронежской губернии, Русское Богатство, 1896, No. 6, с. 203.
（13） T. Shanin, The Awkward Class : Political Sociology of Peasantry in a Developing Society Russia 1910–1925, Oxford, 1972, p. 221 ff ; ただし、モッシェ・レヴィンが指摘するように、家族財産に関する農民慣習法にはある種の「曖昧さ」(ambiguity) がまとわりついていたことも確かである。Moshe Lewin, The Making of the Soviet System, New York, 1985, p. 82–85.
（14） この点で、ロシア人農民の親族システムは、アルバニア人やその影響を受けたモンテネグロ人のかなり厳格な「父系的な」親族システムと異なる。後者にあっては、家長に娘しかいないときに許されるのは、次の三つの選択肢だけであった。第一に、その娘が不婚を誓い、男として一生を送る「誓約娘」となることである。この場合、家族財産はその娘の死後に最も近い親族に移転する。第二は、娘が婿をとることである。しかも、その婿は――リネージ外婚制のため――必ず別のリネージ（bairak, bratstvo）の出身者でなければならない。しかし、この入り婿の実施は、娘のリネージから見ると、血の繋がりのない男性に財産を渡すことを意味し、また婿の側から見ると他のリネージに入るという「不名誉」を意味した。そのために、入り婿に与えられた言葉の「家の婿」（domazet）には抜きがたい軽蔑的な語感がこめられることになった。第三の選択肢は、娘と同じリネージから養子をとることである。この養子は成長すると、嫁をとり財産を相続した。しかし、ロシア人はこのような規則を知らない。M. E. Durham, Some tribal origins, laws, and customs of Balkans, New York, AMS Press, 1979, p. 36-39 ; C. Boehm, Montenegrin social organization and values, New York, AMS Press, 1983, p. 20-27, 50-51.

（15）　В. Г. Певцов, Лекции по церковному праву, СПб., 1914, с. 174-178.

（16）　G・P・マードックも東スラヴ人の社会構造が双系的構造へと収斂していくことを示している。『社会構造論』、四一七ページ。

（17）　Н. А. Миненко, Община и русская крестьянская семья в юго-западной Сибири（XVIII - первая половина XIX в.）; Она же, Крестьянская община в Сибири XVII-начала XX в., Нобосибирск, 1997, с. 111.

（18）　А. А. Риттих, Крестьянский правопорядок, СПб., 1904.

（19）　マックス・ヴェーバーは、旧中国の土地制度を考察する際にロシアの土地制度に触れ、村落共産主義（Dorf-Kommunismus）が「純国庫的収入的に決定された処置から、ただロシア的前提のもとでのみ、すなわち村落団体の保証の下においてのみ生じた」と述べ、さらにこれは中国には見られなかったことであると対比している。（『儒教と道教』創文社、一九七一年、一四七―一四八ページ。）これに対して旧中国社会には村落団体の保証は存在せず、ただ「土地所有の担い手としての古農民的氏族（Sippe）」が「責任団体の事実上の幹部」であったと述べている。マックス・ヴェーバー『儒教と道教』一九七一年、一二八ページ。そこで問題となるのは、ロシアの村落団体はなぜそのような保証を国庫に与えたのかという点であろう。ヴェーバーは、ロシアの村落共同体もまたジッペであることを示唆している。

(20) Сборник статистических свевений о Тверской губернии, Том VIII, Тверской уезд, Вып. 1, Тверь, 1903, Таблица I, с. 2.

(21) Крестьянское землевладение Казанской губернии, вып. 13, Свод губернии, Казань. 1909, с. 33.

(22) С. В. Юшков, Очерки из истории приходской жизни на севере России в XX вв., СПб., 1913.

(23) I. M. Kulischer, Russische Wirtschaftgeschichte, Teil 2, S. 248-249.

(24) Е. Н. Бакланова, Указ. соч., с. 130-154 ; Н. А. Горская, Монастырские крестьяне Центральной России в XVII веке, М., 1977, с. 212 ; Л. Н. Вдовина, Указ. соч., с. 121-125 ; Л. С. Прокофьева, Крестьянская община во второй половине XVIII-первой половине XIX века, Л., 1981, с. 56-68 ; В. А. Александров, Сельская община России (XVII-начало XIX в.), М., 1976, с. 194 ; А. А. Кауфман, Крестьянская община в Сибири, СПб., 1987, с. 42.

(25) 教区としての「村と諸部落」はソヴェト時代まで存続した。これらの教区は数部落ないし十数部落を含み、教会から最も離れた部落までの距離は数キロメートルから十数キロメートルであった。しばしば教区全体が村と呼ばれることもあり、また「ポゴスト」(погост)と呼ばれることがあった。ア・アルテミエフ(ヤロスラヴリ県)は次のように指摘している。「ポゴストとは、司祭および教会聖職者の家をもつ地域である。この言葉はより古いものであり、ただ聖職者や教会奉仕者だけでなく、現在では農民やその他の身分の者も住んでいるようないくつかの村落に対して、昔から使われてきた。反対に最近になって形成された現在のポゴストは村と呼ばれている。然り。現在一般的にポゴストはしばしば村という言葉にかえられている。」Сборник стат. сведений по Московской губернии, Том 1, Московский уезд, Сведения о народонаселении и его движении за 1869-1873 года, М., 1877, Отдел хоз. статистики, Том 1, Вып. 2, Стат. сведения о хозяйственном положении селений Московского уезда, М., 1882 ; Этнографический сборник, Вып. 1, СПб., 1853, с. 125-126 ; С. В. Веселовский, Село и деревня, ОГИС, М.-Л., 1936, с. 14.

(26) Крестьянское землевладение Казанской губернии, Вып. 13, Свод губернии, Казань. 1909, с. 34-35.

(27) А. А. Кауфман, Крестьянская община в Сибири, СПб., 1897, с. 39 ; Он же, Русская община, М., 1908, с. 399.

(28) А. А. Кауфман, Крестьянская община в Сибири, СПб., 1897, с. 42.カウフマンのシベリア共同体研究についてより詳しくは、坂本秀昭『帝政末期シベリアの農村共同体——農村自治、労働、祝祭——』ミネルヴァ書房、一九九八年、一二五ページ以下参照。

(29) А. А. Кауфман, Указ. соч., с. 243.

(30) А. Я. Ефименко, Сборник материалов об артелях в России, Вып. 2, СПб., 1874, с. 172–174 ; Она же, Южная Русь, с. 291, 294.

(31) М. В. Витов и И. В. Власова, География сельского расселения Западного Поморья в XVI-XVIII веках, с. 150–153 ; И. В. Власова, Сельское расселение в Устюжском крае в XVIII-первой четверти XX в., Москва, 1976, с. 21–22.

(32) P. Czap, The perennial multiple family household, Mishino, Russia 1872-1858, Journal of Family History, Spring 1982, p. 13.

(33) С. С. Крюкова, Русская крестьянская семья во второй половине XIX в., М., 1994, с. 105.

(34) А. Смирнов, Очерки семейных отношений по обычному праву русского народа, М., 1877, с. 112–113.

(35) Н. А. Миненко, Указ. статья, с. 108 ; Она же, Брак у Русского крестьянского и служилого населения Юго-западной Сибири в XVIII-первой половине XIX в., Советская этнография, 1974, с. 37-54. 農奴制時代のヨーロッパ・ロシアの部落内婚の様子については、В. А. Александров, Сельская община в России (XVII-начало XIX в.), М., 1976, с. 307.

(36) В. К. Жомова, Материалы по изучению круга брачных связей в русском населении, Вопросы антропологии, 1965, вып. 21, с. 112.

(37) 同じ現象はロシアと同様な「地割」(土地割替)の実施されていた沖縄でも観察された。与那国暹『ウェーバーの社会理論と沖縄』第一書房、一九九三年、一七一―一七二ページ。

(38) G・P・マードック『社会構造論』、八九ページ。マードック自身の説明は次の通りである。「この集団は、内婚的な地域共同社会、しかも単系[父系または母系]の親族者の集合によって分節化されていない地域共同社会で、最も明瞭に観察することができる。その住民たちは、かならずしもかれらの正確な親族をたどることはできない。けれどもかれらは、地域内婚の規則、または地域内婚を強く選好することによって、通婚を通して不可避的に関係しあっている。その結果、かれらは共住だけでなく、血縁によってもたがいに結びついている。日常的にはとくにそうである。

そしてこの集団の内部で構造化されるものは、ふつう、家族だけということになる。もっともこの家族は、核家族・複婚家族・拡大家族のどれでもよい。そこで家族的紐帯を除けば、ここでの最も強い一体感は、全体の地域共同社会のそれ、ということになる。なおこの地域共同社会は、別の地域共同社会との関係では、一つの血縁的な単位とみなされる。そしてこの見方は、単系社会における自分自身のシブに対する態度と、まったく同じである。」

（39）マルクスは、一八八三年に書かれたヴェラ・ザスーリチの手紙への回答の下書きで、ロシアの共同体（土地共有）が農業共同体＝「社会の原古的構成の最新の型」に属すること、それがより古い型の共同体（「共同体成員相互間の自然的血縁関係に基礎を置く」共同体）と異なり、その狭隘な紐帯を絶ち切ることによって成立したこと、しかし、それはタキツゥスの時代以後に死滅した（古）ゲルマン人の共同体にあたるものであり、西欧中世の（ゲルマン人の）新しい共同体（封建的な私的所有）とは発展史的にみて異なるものであることを主張した。したがってマルクスの考えでは、ロシアの共同体は西欧中世の封建的な共同体よりアルカイックであるということになる。『マルクス・エンゲルス全集』第十九巻、大月書店、一九六八年、三八九、四〇二、四〇五ページ。なお、この手紙のロシア政治にとって持つ意味については、和田春樹『マルクス・エンゲルスと革命ロシア』勁草書房、一九七五年、一六七ページ以下。

（40）モスクワ郡ナガチノ郷バチュニノ共同体のように「現存ドゥシャー」にもとづいて一二年ごとに（定期的に）土地割替を実施することを決議した共同体も存在した。鈴木健夫「ロシアの農民共同体集会決議録――一八八〇―九〇年代のモスクワ県――」（早稲田大学『政治経済学雑誌』第三〇一・三〇二号、一九九〇年四月）、二五二ページ。

（41）Сборник стат. свед. по Орловской губернии, Мценский уезд, вып. 1, М. 1886, с. 34-37.

（42）В. В., Крестьянская община, Москва, 1892, с. 108.

（43）В. Орлов, Сборник стат. сведений по Московской губернии, Отдел хоз. статистики, Том 1, Крестьянское хозяйство, Вып. 1, Формы крестьянского землевладения в Московской губернии, 1, Москва, 1879.

（44）Там же, с. 176.

（45）オルロフの調査の詳細については、鈴木健夫『帝政ロシアの共同体と農民』早稲田大学出版部、一九九〇年、二四

○ページ以下を参照。
(46) В. Орлов, Указ. соч., с. 186.
(47) П. Х. Швaнбах, Наше податное дело, СПб., 1903, с. 9.
(48) Н. Бржеский, Недоимочность и круговая порука сельских обществ, СПб., 1897, с. 186.
(49) Там же, с. 168.
(50) Россия. 1913 год, Статистико-документальный справочник, СПб., 1995, с. 67–68.
(51) П. Вихляев, Аграрный вопрос с правовой точки зрения, Москва, 1908, с. 51.
(52) この勅令により最低の割替期間は一二年と定められ、またすべての部分割替が禁止された。К. Качоровский, Народное право, Москва, 1906, с. 52.
(53) Там же, с. 51 и следующие.
(54) Там же, с. 72.
(55) А. Г. Рашин, Формирование рабочего класса России, Москва, 1958, с. 25.
(56) Г. П. Петров, Промысловая кооперация и кустарь, Москва, 1920, с. 110.
(57) М. И. Лацис, Аграрное перенаселение и перспективы борьбы с ним, М.-Л., 1929, с. 65.
(58) А. Г. Рашин, Указ. соч., с. 62. なお、工場労働者の総数および部門別の数については、冨岡庄一『ロシア経済史研究――十九世紀後半―二十世紀初頭――』有斐閣、一九九八年、二四五ページを参照。
(59) E・H・カー『ロシア革命の考察』みすず書房、一九六九年、一七三ページ。
(60) 「土地不足」という用語は農奴解放後、とりわけ一八八〇年前後に使用されはじめ、二十世紀初頭にはロシアにおける農業問題を表現する用語となったが、その後ソヴェト時代にはいると、「農村過剰人口」という用語がそれにとってかわった。例えばオガノフスキーは、革命前には「土地不足」に言及していたが、一九二六年の著書では、「一九世紀末のロシア農業があれほど苦しんだ危機を生み出した農村過剰人口の危険性」について語っている。またストルーヴェは『批判的覚書』で、「土地不足という旧い言葉は、科学が過剰人口と名付ける現象のための一般住民の言葉に過ぎない」と説明している。П. Б. Струбе, Критические заметки к вопросу об экономическом развитием в России（А. Либкинд, Аграрное перенаселение и коллективизация деревни, М., 1931, с. 37.）; Н. П. Огановский, Очерки по экономической географии СССР, М., 1924, с. 130. 肥前栄一「ロシアにおける土地問題の特質——農村過剰人口（一八八〇年代—一九二〇年代）をめぐって——」（『ドイツとロシア』一九八六年、未来社）、E. Hizen, The Demographic Background of the Land Problem in Russia（1880's–1920's）—With Special Reference to Developments in Germany, Research Institute for the Japanese Economy, Discussion Paper, October 1989 を参照。これは、ロシアの農業問題を農村過剰人口（土地不足）の問題と関連づけている。

（61） なお、ロシアにおける「土地不足」をわが国で初めて取り上げたのは増田冨寿氏であった。増田冨寿『ロシア農村社会の近代化過程』御茶の水書房、一九六二年、一二一—一四〇ページ。一方、肥前栄一氏はロシアの土地問題を農村過剰人口の問題として把握し、それをオプシチーナや農民世帯の歴史的性格と関連して説明した。肥前栄一『ドイツとロシア』未来社、一九八六年、三七七ページ以下。

（62） М. И. Туган-Барановский, Земельный вопрос на Запале и в России, М., 1906, с. 63.

（63） マックス・ヴェーバーが一九〇六年に指摘したように、そのことは土地に対する需要が資本主義的な営利手段のためでなく、農民の直接的な需要充足のために生まれたことに端的に表現されている。「土地に対する需要は、利得手段としての『投下資本』を商業的に利用する目的ではなく、自分の家計のために自分の個人的な労働力を利用するためのより確実な機会としての土地を保有する目的の需要である。利潤ではなく直接的な需要充足がその目的である。」『M・ウェーバー　ロシア革命論II』、名古屋大学出版会、五〇六ページ。

（64） Ю. Янсон, Указ. соч., с. XIV.

（65） А. Васильчиков, Землевладение и земледелие в России и других Европейских государствах, Т. II, СПб., 1881, с. 100.

（66） М. И. Туган-Барановский, Указ. соч., с. 76.

（67） Н. П. Огановский, Прошлом и настояшее земельного вопроса（Доклад Всероссийскому совету крестьянских дептатов）, Пг., 1917, с. 6-7.

(68) Г. Нефедов, Аграрный вопрос и народнаселения, К вопросу об аграрной реформе, 1906 (П. Маслов, Перенаселение русской деревни, М.-Л., 1930, с. 26).

(69) Материалы высочайше учрежденой 16 Ноября 1901 г. коммиссии по исследованию вопроса о движении с 1861 по 1900 г. благосостояния населения (Далее, Материалы Коммиссии Центра), Вып. 1, СПб., 1903, с. 210 и следующие.

(70) Там же, с. 6.

(71) А. Г. Рашин, Население России за 100 лет (1811-1913 гг.), Статистические очерки, Москва, 1956, с. 218.

(72) Там же, с. 168, 188.

(73) なお、中央部の黒土地域に属するリャザーニ県の事例についての詳しい検討は次の論文を参照。広岡直子「リャザーニ県における出生率の推移とその歴史的諸原因――十九世紀末から一九二〇年代のロシア女性の生活と心理――」(ソビエト史研究会編研究会報告第五集『ロシア農村の革命――幻想と現実――』木鐸社、一九九三年)しかし、人口統計学的特徴は一九三〇年代に著しく変化した。同論文、九四ページ。

(74) 広岡直子、前掲論文、九三ページの国際比較も同じことを示している。

(75) これは一子相続制を遵守していた沿バルトやリトアニア、北欧地域とまったく異なる点である。ただし、それがヨーロッパのすべての地域で支配的な慣習法であったわけではないことはもちろんである。例えばラデリューは、フランスについて、(α) 一子相続制が普及していた地域(コー地方)のほかに、(β) 一子優先(先取権)型、(γ) 均分相続型、(δ) 選択許容型という三つの型の存在を指摘している。しかし、ここでも、(γ) 均分相続型の地域をのぞくと、すべての相続慣行が土地を細分化しないようにという配慮と関係しており、どの地域でも何とか結婚可能な年齢に達した子供の数が一組の夫婦につき平均して二人をわずかに越えるだけでしかなかった(二人子政策 Zweikindersystem)。そのような人口統計学的な特徴は、遺産の帰属を「家族を生存させるに十分な大きさの土地」を維持する方向に向かわせようとする配慮と適合的なものであった。エマニュエル・ル・ロワ・ラデリュ「慣習法の体系――一六世紀フランスにおける家族構造と相続慣行」『家の歴史社会学』新評論、一九八三年、一五七ページ以下。

(76) R. L. Rudolph, Op. cit., 1980, p. 112-113.

(77) 内務省中央統計委員会の統計（前述）によれば、出生率も自然増加率も北部の非黒土地域で低く、南部の黒土地域で高い。なお次の統計も参照。

(78) Сборник стат. свед. по Тверской губернии, Том III, Тверский уезд, с. 60 ; Материалы к оценке земель Нижегородской губернии, Экономическая часть, вып. XI, Семеновский уезд, с. 85.

(79) Крестьянское землевладение Казанской губернии, вып. 13, Свод по губернии, 1909, с. 90-91.

(80) Ф. Щербина, Сводный сборник по 12 уездам Воронежской губернии, 1897, с. 353-355 ; Сборник стат. свед. по Орловской губернии, Вып. 1, Мценский уезд, Москва, 1886, с. 21 ; Сборник стат. свед. по Тверской губернии, Том 1-12, Тверь, 1889-1896 ; Сборник стат. свед. по Тамбовской губернии, Том 5, Спасский уезд, Тамбов, 1883, с. 2 ; Сборник стат. свед. по Самарской губернии, Вып. 1, Самарский уезд, Москва, 1883, с. 12-13.

(81) Сборник стат. свед. по Саратовской губернии, Том 1, Саратовский уезд, Саратов, 1883, с. 25.

(82) Сборник стат. свед. по Тверской губернии, Том 3, Тверь, 1889, с. 23-24.

(83) Сборник стат. свед. по Тверской губернии, Том 2, Тверь, 1889, с. 90.

(84) Ф. Щербина, Сводный сборник по 12 уездам Воронежской губернии, 1897, с. 353-355.

(85) Сборник стет. свед. о Тверской губернии, Том 8, вып. 1, Тверь, 1893, с. 60.

(86) Сборник стет. свед. по Тамбовской губернии, Том 5, Томбов, 1883.

(87) А. Хрящева, Крестьянские хозяйства по переписям 1899-1911 гг., 1916, том 2.

(88) エフィメンコはまた新しい小家族では「個的な勤労原理」が強まるため、女性の財産的地位の点からみて進歩的意義をおびていると見ていたという。肥前栄一「帝政ロシアの農民世帯の一側面——女性の財産的地位をめぐって——」（広島大学『経済論叢』第一五巻第三・四号、一九九二年三月）、一七ページ。

(89) А. Я. Ефименко, Исследования нородной жизни, вып. 1, М., 1884, с. 124 и следующие.

(90) А. А. Исаев, Значение семейных разделов крестьян, Вестник Европы, 1883, No. 7, с. 347.

(91) Ф. Щербина, Крестьянские бюджеты, Воронеж, 1900 ; Он же, Семейные разделы у крестьян Воронежской губернии, Русское Богатство, СПб., 1896, no. 6, с. 199 и следующие.

(92) М. Кубанин, Социально-экономическая сушность проблемы дроббимости (3), На Аграрном фронте, 1928, no. 11, с. 7.

(93) Доклад высочайше утвержденной коммиссии, Приложение I, СПб., 1873, с. 35.

(94) クラフチンスキー『ツァー権力下のロシア』現代思潮社、一九六九年、二八九ページ。

(95) А. Я. Ефименко, Исследования народной жизни, вып. 1, Москва 1884, с. 134.

(96) A. Thun, 1880, S. 146.

(97)『M・ウェーバー　ロシア革命論II』(肥前、鈴木、小島、佐藤訳)名古屋大学出版会、一九九八年。日南田静真『ロシア農政史研究』御茶の水書房。

(98) Материалы Коммиссии Центра, вып. I (М. И. Туган-Барановский, Земельный вопрос, М., 1906, с. 16.)

(99) Материалы Коммиссии Центра, вып. III, с. 233-234.

(100) М. И. Туган-Барановский, Земельный вопрос, М., 1906, с. 72.

(101) Л. Лубны-Герцык, Земельный вопрос, М., 1917, с. 31.

(102) А. Д. Поленов, Исследование экономического положения Центрально-черноземных губерний. Труды особого совещания 1899-1901 г., Москва, 1901. с. 9.

(103) シベリアについてのデータはプローニンの次の研究が与えているが、ここでは取り上げない。В.И.Пронин, Динамика уровня земледельческого производства Сибири во второй половине XIX-начала XX века, История СССР, No. 4, 1977, с. 58-75.

(104) А. Финн-Енотаевский, Капитализм в России (1890-1917 г. г.), Том 1, Москва, 1925, с. 143-155.

(105) 穀物生産の趨勢とともに重要なのは変動である。ロシアの穀物収穫は著しく不規則であり、趨勢の七六パーセントから一二五パーセントの間にあった。R・E・F・スミス『パンと塩――ロシア食生活の社会経済史――』平凡社、一九九九年、六四二―四六四ページ。

(106) リャシチェンコの推計では、ロシア全体の商品化率は四七・五パーセントであり、農民の穀物買戻分を除く、商品化率は三二・七パーセントであった。日南田静真『ロシア農政史研究』御茶の水書房、一九六六年、二〇六ページ。

(107) В. Г. Громан (под ред.), Влияние неурожаев на народное хозяйство России, Часть 1-я, Москва, 1927, с. 59-108, Часть 2-я, Москва, 1927, с. 66-90.

(108) А. С. Нифонтов, Зерновое производство России в второй половине века, Москва, 1974, с. 206, 296.

(109) Материалы Коммиссии Центра, вып. I, с. 210 и следующие.

(110) А. И. Чупров, Мелкое земледелие в России, Москва 1906, с. 10.

(111) А. В. Пешехонов, Земельные нужды деревни, Нужды деревни, II, М., 1904, с. 44.

(112) 「西欧では住民大衆の、緩慢なとは言え、生存条件の向上が強調されるのに対して、わが国では農民経営は衰退した。しばしば飢饉が繰り返され、広汎な農民人口の集団が激しい食料不足を経験したのである。」М. И. Туган-Барановский, Земельный вопрос, М., 1906, с. 63, 71.

(113) А. А. Кауфман, Переселение и колонизация, 1905, с. 57.

(114) Д. А. Столыпин, Об орнанизации нащего сельского быта. Теория и практика, Москва, 1892, с. 71-72.

(115) И. Ф. Гиндин, Русские коммерческие банки, Из истории финансового капитала в России, Москва, 1948, с. 445.

(116) А. И. Новиков, Записка земского начальника, СПб., 1899, с. 23-24.

(117) И. В. Чернышев, Сельское хозяйство, Москва, 1926, с. 41.

(118) Статический Временник Российской Империи (далее, СВРИ), Серия 3, вып. 4, СПб., 1884, Распределение земель по угодьям в Европейской России за 1881 г., с. 2-399.

(119) А. А. Мануйлов, Поземельный ворпос в России, Аграрный вопрос, 1905, с. 67.

(120) Русские Ведомости, 14 Сентября 1906, No. 227, с. 2.

(121) Н. П. Огановский, Аграрный вопрос и кооперачия, Москва, 1917, с. 27.

(122) М. И. Лацис, Аграрное перенаселение и перспективы борьбы с ним, М.-Л., 1929, с. 10-11.

(123) 十九世紀末―二十世紀初頭のスヴァヴィツキーのデータでは、二五県一七一郡における分与地外の借地は五三六万二、三三七デシャチーナであり、それは分与地の一三・三パーセントに相当した。借地には、この他に分与地の借地、つまり農民相互間の分与地の借地が行なわれており、それは三三一万八、〇九四デシャチーナに達していた。青柳和身『ロシア農業発達史研究』御茶の水書房、一九九四年、二二三―二二五ページ。これらの土地が家畜や経営資本を持たない貧農＝小家族ではなく、村落内の相対的に富裕な農民＝大家族によって経営されていたことは、しばしばロシア農村の観察者によって指摘されたところである。

(124) Материалы по статистике движения землевладении в России, Вып. 20, ВПб., 1911, с. XXV.

(125) В. В. Святловский, Мобилизация земельной собственности в России, СПб., 1911, с. 109.

(126) Материалы по статистике движения землевладении в России, вып. 20, СПб., 1911, с. XXIV.

(127) Сборник стат. свед. по Самарской губернии, Отдел хоз. статистики, вып. 1, М., 1883, с. 13-17, 88, 89.

(128) И. В. Чернышев, Аграрный вопрос в России, Курск, 1927 с. 19.

(129) ここでは土地抵当貸付の金融的な側面について触れることはできないが、その背後に農民の土地不足、貴族の土地独占と不生産的な浪費という農業・土地問題を背負いこんでいたロシアの土地銀行（貴族土地銀行、農民土地銀行、株式土地銀行）が重い負担にたえなければならなかった（国内発行有価証券の発行残高に対する土地銀行証券の割合は一九一四年に六六・五パーセントに達していた）ことが注目される。伊藤昌太「ロシア資本主義と不動産抵当金融」（福島大学『教育学論集』第三五号、一九八三年十二月）、一六、二三ページ。

(130) Крестьянский поземельный банк, как землеустроительное учреждение в посредное время, с 3 ноября 1905 года по 1 января 1908 года, Ежегодник России 1907 г., СПб., 1908 с. CV.

(131) В. Громан, Материалы к крестьянсому вопросу, 1905, с. 12.

(132) Там же, с. 15.

(133) Там же, с.12.

(134) 土地の生産性の格差は二十世紀初頭の統計でも認められる。中央農業地域では、私有地の収穫は分与地の収穫より一〇―一九パーセント高かったが、その理由は私有地における経営技術（四圃制や多圃制などの集約的な農耕方式）にあった。青柳和身『ロシア農業発達史研究』御茶の水書房、一九九四年、三三四―三三五ページ。

(135) Русские ведомости, 8 Сентября 1906, No. 223, c. 2, 10 Сентября 1906, No. 224, c. 3, 13 Сентября 1906, No. 226, c. 2, 14 Сентября 1906, No. 227, c. 2.

第三章　農村における小工業の状態

一　十九世紀中葉における在来工業の状態

工業村落（クスターリ村）の形成

プロイセンの農政学者アウグスト・フォン・ハクストハウゼン男爵（August Freiherr von Haxthausen）は、一八四〇年代にロシア帝国の諸地域をまわった際、村落全体（das ganze Dorf）がある特定の手工業製品の生産に従事している工業村落（Gewerbedorf）がロシア諸県の諸地方に多数存在しているのを発見し、それについて次のように書いた。

「ここでは工業は大部分が共同体ごとに組織されており、例えばある村の住民全体は製靴工であり、別の村の住民は鍛冶屋であり、第三の村の住民は皮革鞣工である、等々。これは大きな利益をもたらす。というのは、ロシア人は大家族で暮らす習慣があり、しばしば二世代を通じて一緒に暮らす習慣があるため、工場型の工業にとって著しく有利な自然的分業が実現されるからである。また共同体仲間も常に資本と労働力の点で協力しあい、通常は［原料］購入も［製品］販売も共同で行なう。手工業共同体は、その共同の製品を都市と市に送り、至る所に販売所を持っている。彼らはドイツの手工業ツンフトのような閉鎖的なツンフトをつくらず、ただ共同体の絆の中でだけまったく開放的に結びついている。各共同体成員は自由に営業を始めたり、放棄したり、別の営業を始めることができる。ただし、そのようなことはわずかな利益しかないので稀にしか生じない。（そうしたい人ならその営業の支配的な共同体に移るであろう！）ここにはわずかなツンフト的規制も、その他の規制も存在しない。それはまさしくサン・シモンの工場理論を思い出させる自由なアソシエーション工場である。[1]」

ハクストハウゼンは、このような工業村落がオプシチーナ（耕地共同体）と同様に古くから存在してきたものと考え、それを「太古的な共同体工業」(das uralte Gemeindegewerbe) と呼んでいる。

しかし、そもそも十七世紀以前には散居的な定住様式が支配的であり、ハクストハウゼンが見たような大きな村落が存在しなかったという点から考えてみただけでも、ロシアの工業村落がはるかなる昔から存続してきたという考えを承認することはできないであろう。もっともハクストハウゼンが述べるように、十九世紀中葉にいたるまでロシア諸県の都市が工業的な中心地となることはなく、またそこには局地的な市場のための工業生産に従事する手工業者のツンフトが現われなかったのに対して、史料のたどりうる限り古い時代から村落住民が様々な手工業製品を生産し、西欧中世では都市の手工業者が供給していたような種々様々な製品の製造に従事していたことや、その際、特定の地域の住民が特定の生産に従事していたことは様々な研究の示す通りである。[2] すなわち、ロシアでは十九世紀中葉にいたるまで農村が手工業生産の中心地であり続けてきたことは確かなのである。

（1） 都市における手工業の状態

もとよりロシア諸県でも都市の手工業活動がまったく欠如していたというわけではない。実際にはロシアの諸都市には「町人」（мещане）の身分の中に手工業に従事する者がいたし、またサンクト・ペテルブルクやモスクワを始めとする大都市では町人の中に特別な「手工業者」（цеховые）の身分に属する者がかなり多数存在していたことが知られている。これらの町人や手工業者は、その歴史的ルーツを探ると、十八世紀初頭まで「大公の黒いポサートの人々」と呼ばれていた階層に由来するものと考えられている。この人々は都市の「（黒い）ポサート」——すなわちゴロド（軍事的な城壁）の外部の区域——で手工業、商業、その他の様々な営業に従事する人々であり、聖職者や「大公の人々」（大公＝ツァーリの官僚・軍人）と並ぶ都市身分の一つをなしていた。(3) したがって「ポサートの人々」はヨーロッパ中世都市の市民層の中核をなしていた人々にほぼ対応する階層であったと考えることができる。

しかし、クーリッシャーが明らかにしているように、ロシアでは、西欧と異なり、これらの人々は自由な都市市民層を形成するにはいたらず、むしろ反対に十六世紀後半から十八世紀初頭にかけて大公・ツァーリの専制権力が成立するとともに、国家権力による上からの「ポサート建設」政策の過程で「ポサート」共同体に緊縛され、そこにおいて「ライトゥルギー的需要充足」（対国家奉仕義務）を義務づけられる農奴的・従属的身分に変質する。(4) 十八世紀初頭までのロシア都市史はまさにポサートの人々の抵抗、逃亡、そして敗北の歴史であったと言うことができる。

ただし、ロシアの諸都市は十八世紀に一つの転換点を迎え、部分的には二十世紀初頭まで続くことになる制度を生み出すような変化を経験していた。そのような変化の中でも注目されるのは、一七二二年にピョートル一世によって始められた「ギルド」の導入である。すなわち、この時に「ポサートの人々」は職業別に二つのギルド（гильд）に、つまり①大商人、医師、薬剤師、金銀細工師、絵師などの「通常の」市民からなる第一ギルドの身分と、②小商人と手工業者とからなる第二ギルドの身分に分けられ、また第二ギルドに属することとされた手工業者は「ツェフ」（цех）とよばれる手工業組合＝同職組合に加入することを義務づけられたのである。この組合の中では、徒弟・職人・親方の階梯制、親方の集会、組合長（альдерман）の選出権などが規定されていた。(5) こうしてロシアでは、時代錯誤的にヨーロッパで都市のクラフト・ギルド（ツンフト）が分解しつつあるときに、それに類似の組織が生まれたことになる。しかし、この手工業組合は、そもそもの最初からドイツのツンフトに観察されたような生業政策や営業独占政策に無縁であった。ロシアの都市には許可なく営業に従事する「もぐり」を取り締まる営業警察や営業裁判所がまったく欠如しており、(6) また勅令はたしかにツェフに加入していない者の「都市営業」を禁止してはいたが、同時に「すべての者がツェフに加入しうる」という原則を掲げ、農民に対しても門戸を開放していた。これらはもちろんツェフの目的が営業独占政策にあったと考えるならば理解に苦しむ点である。しかし、政府のそもそものねらいがツェフに営業の独占権を授与することや手工業者の生業を保護することにあったのではなく、軍需を始めとする官需を充足するための一種の「ライトゥルギー的ツンフト」を創り出すことにあったとするならば不思議なことではなくなるだろう。もっとも政府のこのねらいが実現されたかどうかはまったく別のことであり、事実、元老院は十八世紀後半にツェフのまったく組織されていない都市があることや、またモスクワ、トゥーラ、タンボフ、ヴォロネシ、ヤロスラヴリなどのツェフの組織されていた都市でもそれが国家に対する「勤務的使命」を達成していないことに不平を並べていた。(7)

これらの町人（と手工業者）は、一八六一年から二十世紀初頭まで効力を持った行政規則の上では、農民と商人との中間に位置する身分を構成していた。すなわち、一方では、農民の身分から、それゆえ本籍地の郷と村落共同体から離脱することを許可された者は町人の身分に移ることとされており、また他方では町人は、法令によって定められた額の租税を国庫に納入することを条件として商人の身分に移り、三つのギルドの一つに加入し、各ギルドに規定された営業に従事することを許されていたのである。ちなみに、町人から商人となる者は各ギルドに規定されていた納税額を自己申告にもとづいて選ぶことができたので、それにふさわしい資産や所得のない者が商人身分に与えられていた特権（人頭税・兵役義務・体罰の免除、「財産の保護」、市参事会員の選挙権）の一つを得るために、例えば息子の兵役義務を逃れるために、最下位のギルドに登録するといったことも生じ、他方では零落し、法定の税額を納入することのできなくなった者が町人の身分に戻るといったことも生じていた。しかし、いずれにせよ、都市平民（町人や手工業者）が手工業者や零細商人、雑業者の階層に属していたのに対して、商人が商工業企業の営業権を授与された都市ブルジョアジーの階級を形成していたことは間違いない。

十九世紀中葉のケッペンのデータ（実在男性人口）によると、ロシア帝国全体で農民が二、三三五万人を数えたのに対して、これらの都市身分の数は、町人（または手工業者）が一四三万四、七〇六人（五〇万世帯以下）であり、第一ギルドの商人が二、一九七人、第二ギルドの商人が五、三三三人、第三ギルドの商人が一二万二、三六七人であった。ここに見られるように町人は農民人口の六パーセントを占めるに過ぎず、また後段で述べるように手工業に従事する町人の数も手工業に従事する農民の数にはるかに及ばなかった。一方、商人の数（一三万人）は聖職者の数（二八万人）[8]の半分にさえ及ばず、まさしくこのロシアの企業家階級の中核をなす社会層は「池に滴らした数滴の油」でしかなかったのである。

なお、一九一〇年の統計では都市の小工業＝手工業に従事する者は約九一万人であり、それはほぼ同じ時期の農村小工業の従事者の四分の一に等しかった。[9]

一九〇〇年にサンクト・ペテルブルクで開催された手工業者大会では、この都市の手工業者の状態を規定する

「手工業規程」の改訂も検討されたが、この規程によれば、手工業者には「永久手工業者」（ツェフに代々属する者）と「一時的手工業者」が区別されており、前者の子供は「何らかの手工業を代々修得しなければならず、一三歳を超えるまで、それを修得しないでいることは許されず、もしこの歳にも父と母によって送り出されない者がいたならば、その能力に応じて手工業の修得に送り出すこと」が規定されており（第三二四条）、また手工業者の未亡人は夫の手工業を引き継ぎ、職人と徒弟を使用することができるが、一年経つと手工業を続けるか否かを明らかにし、「手工業者の子供たちが手工業を修得しなければならない」かどうかを彼女の意思に委ねることとしていた（第四〇〇条）。しかし、これらの規定は農奴制時代にはいざ知らず、二十世紀の初頭には古文書館に保存されるのがふさわしいものでしかなくなっていた。[10] 一方、手工業者は職種ごとにツェフ（手工業者団体）に登録され、またツェフは親方、職人、徒弟に分かれ、徒弟は三年以上の奉公を勤め終えたとき職人になり、職人も三年以上の奉公期間を努め終えたとき親方になり作業場を開くことができるという規定があったが、大会の組織委員会はこの奉公期間が終わらないうちに勝手に退出する者が多いことを指摘し、それを防ぐために手工業参事会の台帳に彼らを登録するなどの修正案を提案していた。[11]

また、この大会でベルコフスキーは、「ロシアの経済発展の目下の局面」が四〇〇―四五〇万人とも七〇〇万人とも言われる「クスターリ営業」（農村小工業）に与える影響をあとづける多くの試みがなされているのに、小生産の第二の位置を占める手工業――「ロシア経済学文献のこの継子」――についてはほとんど何も行なわれていないことを指摘し、また「［都市の］手工業者が［農村の］クスターリほどには製品を安く販売できない」ことや、「都市の手工業者が、土地から切り離されて注文で働く都市の手工業者に転化している一連のクスターリの漸次的な補充によって害されている」ことに不満を並べていた。[12]

(2) 農村小工業（手工業とクスターリ工業）の発展

十九世紀中葉までの農村工業の普及

しかし、このように都市の手工業の発展の脆弱性、とりわけ「局地的な需要のために働く、都市の手工業者」の欠如という状態とは対照的に、農村では多様な製品の製造に従事する手工業者・クスターリが広汎に存在していた。[13] そしてこれらの手工業者・クスターリは、後に詳しく検討するように、主に自分の家族成員の労働を利用する小経営者であり、またその技術が父から息子たちへと世襲的に伝えられていたという二重の意味で、家族工業[14]経営者と呼ぶにふさわしいものであった。しかも、この家族的な手工業を問屋制的に支配する者はもともと都市のギルド商人の中にも「商業する農民」の中にもいなかった。アルフォンス・トゥーンはそれについて次のように書いている。

「従来農民は独立した経営者であり、自分の材料を自分の計算で加工し、自分のリスクで売っていた。その購入者は小買占商人、すなわち同じ村の農民か、旅商人か、いくつかの地方では、例えばウラジーミル県のヴャズニキやシューヤ郡では、すでに十五世紀から知られており、十七、十八世紀には帝国の国境を越え、他国まで行く行商人であった。これらの商人は決して工業企業家ではなく、原料や道具のためのいかなる資本設備をも持っておらず、ただ完成品を購入するだけであった。たしかに、彼らは農民に前貸を与え、農民を従属的状態に陥れたように見えるかもしれない。少なくとも外国の商人はそのように行動し、それに対してロシア商人は苦情をもらしていた。買占商人は商品集積を小売商人や消費者にではなく、商業と消費の中心地に居をかまえる大商人に供給した。そのためロシアでは、工業の地方的分散と直接的な取引の困難さに対応して、商館、大市、市として今日までも維持されているような貨物の大集散地が見られる。商品はここから小売商業に入りこむのである。」[15]

ここに述べられているように、ロシアの農村小工業は「自立的な」生産者の手工業であり、それと同時に市場向けの大量生産であるという特徴を持っていた。このため北部諸県の手工業者・クスターリによって生産された製品は都市や大きい村に置かれた週市（базар）や市（торг）、大市（ярмарка）などの商業施設を通じてはるか遠くに運ばれ、南部の黒土諸県やさらにブハーラ、ヒヴァなどの東方諸国にも輸出されていた。[16] このように手工業製品の販路は同じ地域内ではなくむしろ地域外に求められており、そのためその商業は卸商業の性格を帯びていたが、このことは特定の手工業部門が一つの村落全体または地域全体に専門化する傾向によって説明することができる。[17] したがってコルサークにならってロシア農村に普及していた家内工業を「卸の手工業」[18]（оптовое ремесло）と呼ぶこともできるであろう。

なお、ロシア諸県にはこのような「卸の手工業」とならんで手工業者が自分の村落を離れ、ロシア中の都市や村々を渡り歩きながら、主に顧客の原料に労働を加えて加工賃を得るという賃仕事（出職）の形式が、主に大工・石工・屋根工などの建築職人の間に、普及していた。しかし、この形式の手工業に従事していたのは、建築職人に限られず、仕立工、鎌工、鍛冶工、フェルト工等々の手工業者の一部もまた放浪生活を送っていたことが知られている。そして、これらの渡り手工業者も特定の地域に専門化するという特徴を持っていたようである。コルサークはそれについて次のように述べている。

「わが国の農村手工業にのみ特有である（らしい）この専門化は、そのうちの多くが渡り手工業（皮鞣工、馬具匠、打毛工、羊皮工、仕立工、橇工、鎌工、多くの鍛冶屋など）であることによって均衡がとれている。多くの手工業者は、自分らの名声が彼ら本来の居住地［村落］と結びついているとしても、いつも、または一年の大部分をよその地方で暮らしているのである[19]」。

このように都市や村々を放浪する建築職人や手工業者たちは村仲間からなる「アルテリ」と呼ばれる組合を組織し、アルテリ長の統率下で寝食を共にし、共同労働を行ない、収入をアルテリの帳簿に入れ、帰村後に配分するのを常としていた。

十九世紀前半における産業組織の変化

しかし、十八世紀末にヨーロッパで産業革命が始まったとき、その影響がロシアの伝統的な工業組織にも及ぶことは避けられなかった。そうした影響の一つは問屋制的に組織された家内工業が村落に普及しはじめたことである。アルフォンス・トゥーンは次のように述べている。

「農民的小営業にかわって、資本家、特に商人が企業家として登場した。ヨーロッパのあらゆる地域と同じように、この過程は繊維産業で最も急速に進行した。商人は、紡績用の原料と織布用の糸を配分し、織物を染物工と仕上工に加工させたが、自分では作業所と労働用具を所有しなかった。われわれは、そのことを一八一四年以後セルプホフの綿織物業と捺染業に、さらにシューヤ市とイヴァノヴォ村で、そして一八三〇年以後は粗末な毛織物と中位の毛織物が農民によって織られていたモスクワ郡とコロムナ郡の羊毛工業でも見る。同じような発展は、その他の多くの工業、例えば小鉄工業でも準備されていた[20]。」

ここに描かれているような変化が特に顕著に見られたのは、繊維工業部門の中でも絹業と綿工業であった。

まず絹業では、リュボミーロフが明らかにしたように、十八世紀末に中央部諸県で農民＝織布工が都市の商人

＝織元から生糸を購入したり、あるいはその前貸を受け、自分のイズバ（家）や「スヴェチョルカ」と呼ばれた小作業場で絹布を織り、納めるという形の生産が始まっていた。[21] 同様に麻布生産でも織布工が商人＝工場主（織元）の配分所から織機や麻糸の前貸を受け、イズバやスヴェチョルカで織った布を納めるという形の生産方法が始まっていた。

しかし、問屋制家内工業が最も急速に普及したのは綿工業においてであった。この部門では一七六〇年代後半にウラジーミル県アルザマス市に最初の織物工場が設立されたのを最初にモスクワ県やウラジーミル県を始めとする中央部諸県に多数の織物工場が設立され、一七八〇年代頃から周辺の農村地域に綿織物業が普及しはじめると、織元の前貸を受ける多数の織布工が現われていた。[22] 例えばウラジーミル県シューヤ郡のイヴァノヴォ村は古くは伝統的な麻・亜麻業の中心地であったが、十八世紀末には綿工業の中心地に転化していた。一八三六年にこの村には六一七人の営業従事者がおり、そのうち四六一人が工場の労働者であった。またイヴァノヴォ郷には六七五人の営業従事者がおり、そのうち一八三人がイヴァノヴォ村の工場労働者、二四七人が工場から綿糸の前貸を受ける家内労働者であり、二〇〇人がクスターリ、つまり「自立的な」生産者であった。[23]

この事例が示しているように、まず最初ある場所に工場が設立されると、その周辺村落に工場の前貸を受ける家内労働者や「自立的な」生産者が現われることは、他の多くの地域で観察されたところであり、このことは十九世紀前半の「クスターリ工業」のもう一つの起源を工場に求めたトゥガン＝バラノフスキーの考えの根拠となったものである。[24] そして、その際、一連の統計から明らかとなるように、十九世紀前半における海外からロシアへの綿花や綿糸の輸入量の飛躍的な増大にもかかわらず、工場に雇用される織布工の数の減少の生じたことから推測されることは、最初に設立された工場が家内労働者やクスターリとの競争のためにしばしば生産を縮小したように思われることである。実際にはこのことがどの程度に生じたのかは必ずしも明らかではないが、ともかくこの時期にはまだ小生産者の大群が工場との価格競争に耐えて、存在することができたことはまちがいない。

しかしながら、以上のような変化が十九世紀前半に現われていたとしても、それは繊維工業や製鉄業などを始めとする少数の部門に限られており、その他の多くの部門――すなわち、金物、農具（鎌、鋤、ソハー）、衣服（フェルト、皮革、靴）、日用品（桶、陶器、角細工と骨細工）の生産、仕立業、建築業（屋根工、大工、ガラス工、モルタル工）などの諸部門――では、依然として村落住民が昔ながらの方法で手工業製品を生産していたのである。(25)

農村工業の普及の要因

残念ながら十九世紀中葉の小工業統計の不備のため、われわれはここに描いたような農村小工業者の正確な数を知ることはできないが、その数が都市の手工業者数をかなり超えていたことだけはまったく疑う余地がない。それでは、こうした農村工業の広汎な普及をもたらした要因は如何なるものであっただろうか。これについては研究史上以下のような点を指摘することができるであろう。

第一に、多くの研究者が強調した点であるが、中世に都市のギルド手工業が農村住民の営業活動を一掃した西欧と対照的に、ロシアでは「都市の、局地的需要のために働く手工業」(26)（トゥーン）が成長しなかったため、農村工業（村落工業と渡り手工業）、つまり農村の「家族的・家父長的な手工業」が存続してきたという事情である。例えばコルサークは（一八六一年）、ロシアの農村工業が特に十七世紀中葉から、「すなわち放浪が弱まり、…人口の移動が停止した動乱時代以後に」めざましく発展しはじめたことを強調しながらも、(27)西欧では工業と農業との体制的な分離が生じ、「コルポラティーフ」な性格をもつ手工業が都市に成立したため、農村と都市の間に社会的分業関係が成立したのに対して、ロシアではそのような発展が生じなかったため手工業が現在にいたるまで「農村的」、「家族的、家父長制的」な性格を持ち続けてきたと述べている。[28] 同様にア・イ・チュプロフも(一八七一年)、「西欧では製造業が都市に集中し、その代表者がツンフト制度のために特別な階級に分離したのに、わが国では工業が主に村落住民の間に普及し、彼らは農業労働から解放された時間にそれに従事している」と述べ、いまに至るも「[ロシアの]手工業者は自分の家で家族と少数の徒弟に囲まれて働いて」いることを強調している。[29]

クスターリ工業の普及の生態学的な要因

第二に、このような歴史的事情と並んで、農村手工業の発展を促した要因としてしばしば言及されたのはロシア諸県の自然的な条件である。

例えば一八七〇年代に中央統計委員会が農村の手工業・クスターリ工業を調査したとき、極北部のアルハンゲリスク県の報告書は次のように述べた。

「各地域で、住民の営業はその住民が占有している領域の自然的条件によって規定されている。例えば、ヨーロッパ・ロシアの北部辺境のように、気候的に厳しく、土壌は貧しいが、森林と河川に富み、海に面しているアルハンゲリスク県では、住民の行なう活動は主に漁業、海洋獣の狩猟、森林での狩猟であり、南部の広い牧草地では牧畜である。これらの営業は当地の住民に多くの稼ぎをもたらす。しかし、このような種類の労働の他に、アルハンゲリスク県のいくつかの地方では、手工業的小生産が存在し、住民はそれに家内需要のためだけでなく、販売用にも従事している」[30]。

同様にクリュチェフスキーも、上流ヴォルガ地域（北部諸県）の地方的・地理的な特徴がこの地域の貧弱な土壌とあいまって「その地理的な地区全体の経済生活の基礎」として「多様な地方的営業」の発生をもたらしたと述べ、さらにこれらの「中央部大ロシア」の営業が「ようやく最近になって工業の工場制的な中央集権化の圧力の下に没落しはじめた」と述べている[31]。そして、その際、ア・イ・チュプロフも指摘したように[32]、ある地域にどのような種類の営業が普及するかを決定したのは「原料の獲得」や「技術の修得」といった条件であった。

北部諸県の土壌と気候

第三に、この自然的条件の中でも特に北部非黒土地域の農村住民を工業生産に駆り立てた要因として、そこでは農作物の成育期間が著しく短かかったという事情をあげなければならない。マルクスが『資本論』第二巻で依拠した資料の示すところでは、ロシアの北部地域において耕作労働が可能な日数は一年間に一三〇日から一五〇日に過ぎず、そのためヨーロッパ・ロシアの農民は冬の六か月から八か月を耕作労働なしで過ごさなければならなかった。もちろん、当時の技術水準の下では、この「冬季の労働過剰」（избыточность труда зимой）を非農業的な営業に従事することなしに克服することは不可能であっただろう。マルクス自身もまたそれを農業における、、、、、、、、、、、、労働期間と生産期間との著しい差異と捉え、それが「農業と農村副業工業の結合の自然的な基礎」をなすものであったことを強調している[33]。

北部諸県における営業の必要性はまた一人の働き手の耕作しうる土地面積が南から北に行くほど減少するという事情からも説明される。例えば二十世紀初頭のロシアでは、「通常の」経営技術を前提とすると、一人の男性

表 33　モスクワ県の男性人口と一人あたりの土地面積

単位：デシャチーナ

年　度	男性人口 千人	農業適地		播種面積	
		全体	農民地	全体	農民地
1678	—	—	5.1	—	—
1762	349	7.9	—	3.2	—
1795	468	6.0	4.0	2.4	—
1858/60	496	—	3.7	—	—
1878/81	531	5.4	—	—	1.4
1898/1900	590	4.8	2.7	—	1.2

出典）Я. Е. Водарский, Количество земли и пашни на душу мушского пола в Центрально-промышленного района России в XVII-XIX вв., ЕАИВЕ 1965 г., Москва, 1970, с. 239.

労働力の耕作できる土地面積が南部の黒土地域では八デシャチーナ［約九ヘクタール］であったのに対して、すべての労働が三か月の間に集中せざるを得ない北部のモスクワ地域では四デシャチーナ（四・四ヘクタール）に過ぎなかったとされている。(34)

十九世紀中葉までの耕地面積の縮小

しかし、実際には北部非黒土地域の農民が右の面積の土地を利用しているかどうかも疑わしかった。例えばモスクワ県では、ヴォダルスキーのデータによると、森林開墾によって耕地の総面積が拡大されたにもかかわらず、十八世紀末までに一人の男性の播種面積は二・四デシャチーナに低下しており、(35) その後耕地の開墾が行なわれなくなった十八世紀末から一九〇〇年にかけてさらに低下し、分与地上の播種面積は一八七八年までに一・四デシャチーナに、一八九八年までに一・二デシャチーナに縮小した。

しかも、ここで特に注目されるのは、このように農外営業の必要性が強まった時期がまさしくオプシチーナの発生した時期、つまり自由占取から土地割替への移行期に重なっていたことである。このことは、農村工業が均等に零細化しつつあった共同体構成員全体をひきつけ、その結果、村落の世帯全体における「営業と農業との結合」が生まれるにいたった事情を説明するように思われる。このことはコルサークがすでに一八六一年に注目していた点であった。彼は、農民の間に手工業活動が普及している事実と均等だが零細な土地配分の事実との間に密接な関連があることに言及し、またこのことが、西欧と異なり、ロシア農村における農工分離を著しく困難にしていることを指摘したのである。

「西欧の大部分では、土地所有の分布は家内工業にとって有利でなく、そのため家内労働は常に農村に存在するというわけではない。多くの労働者は狭い土地で副業を持つかわりに、普通の手工業者と同じように都市に住み、手工業労働ではなく、工場労働にさえ従事するのである。そのため問屋制は工場との競争に耐えることができない。……わが国では、土地は農業にまったく適さない条件下においてではあるが、大部分の住民に配分されている。そのために手工業的な家内労働は言うまでもなく、問屋制さえより堅固である。ところが工場制はそのような条件のために西欧と同じ労働力を持つことができないのである(36)」。

ここではコルサークが言及しているヨーロッパの事情について確定的なことを言うことはできないが、右のロシア諸県における事情は同じロシア帝国内の沿バルトやコヴノ県（サモギティア）の事情と著しく異なるものであったと言うことはできるであろう。すなわち、これらの地域では一子相続制の作用が手工業や工業に専門的に従事する「土地なし」の労働者を生み出しており、逆に工業の資本主義的な発展が一子相続制の実践を可能としていたのに対して、ロシア諸県では村落共産主義の作用がすべての村落住民に土地を配分しながらも、村落住民の「土地不足」を生み出すことによって「補充的な営業」の普及を促進し、しかも共同体における農工分離を困難にしていたという事情がそれである。

このように、ロシアの農村工業が「土地不足」の土壌の上に普及したものであるという考えはその後もしばしば指摘されたところであり、例えば特別協議会のミンスク県委員会の報告書は、ロシア中央部諸県には「一つの工業生産（クスターリ工業）に従事しているような村や部落全体」が存在しているのに、そのような工業村落が西部には存在しないことに言及し、そのような相違が生じた理由を「中央部ではドゥシャー分与地は通常一デシャチーナを超えないのに、北西部諸県では三ないし四デシャチーナが最も小さな分与地である」ことによって説明していた。すなわち、ロシア北部諸県の分与地が著しく零細であったのに対して、西部地方の分与地はそれよりもかなり広いというわけである。(37)

領主階級と村落共同体の農村工業に対する態度

さて、第四に、ロシア諸県における農村工業の普及を促したもう一つの要因と考えられたのは土地領主の態度、とりわけ農民営業に対する積極的な保護政策である。

この場合、もちろん土地領主の保護政策がその貨幣地代収入を増加させるという経済的利害に由来するものであったことは言うまでもないであろう。しかし、ロシアの土地領主のそうした態度は外国人からは不思議に見えたようである。とりわけ外国の観察者の注意をひいたのは沿バルトや右岸ウクライナの領主たちがみずから農業や工業を経営していたのと対照的に、ロシアの土地領主が不生産的な性格を帯びていたことであった。例えばゲオルギは、本来のロシア諸県の領主階級が市場販売を目的とした農業企業にまったく無関心であると述べている。(38)またベルンハルディなどにとっては、そのような領主の不生産的な性格は、法的には奴隷に近い存在であったロシア農民がドイツや沿バルトの農民よりもずっとよい生活を送っている理由のように思われた。彼の著書は次のように述べている。「一般的にロシアの領主はリーフラントの領主より農業投機をすることが少ない。ロシアの領主のほとんどは軍隊勤務または文民的勤務に従事し、いずれにせよ、ほとんど農村におらず、農村が与えうる収入よりも、実際に与えている収入に関心をいだく。[39]」

もっともこうした指摘に対してはロシアの領主も賦役農場や工場を組織していたという事実をもって答えることもできるかもしれない。しかし、そのような経営に特徴的なことは、それが不在領主（国家勤務する土地貴族）によって行なわれず、領地管理人（бурмистр）やスタロスタ（村長）に委ねられていたことであり、したがってまたそれが農民の手工業生産に対して技術的な優位性を誇ることもなく、いとも簡単に解体されたことである。

ところが領主は農民に営業をさせることや、その保護についてはかなり熱心であった。イギリス人の旅行家ウイリアム・コックスは一八〇二年の著書で、ロシア諸県の領主が農奴を徒弟修業に出して手工業技術を修得させていることをあげ、彼らを古代ローマ人貴族に擬した。

「多くの領主が農民について採用したやり方を見ると、ローマ人の間での実践を思い出す。アッティクスは彼の奴隷の多くに文献を複写する方法を学ばせ、それを高い非常に高い値段で売り、一財産をなしたという。同じような方法で、ロシア人貴族のある者は、彼らの家臣にさまざまな手工業を学ばせるためにモスクワやペテルブルクに送り、彼らを自分自身の領地で雇い、出稼に出し、高い値段で売り、自分の利益のために営業を行なうことを許すかわりに彼らから毎年の保障金を受け取る。[40]」

こうした領主の「保護」策としては、その他に、①租税を滞納した農民の企業家への貸与、②農民出稼の奨励、③請負人に同じ領地や共同体の村仲間を優先的に、高賃金で雇用させること、④農民企業家への資金貸付、⑤村仲間の雇用義務など[41]をあげることができる。このように領主の保護下に農村工業が農奴制時代のロシア農村において特有の発展を遂げていたことは確かであり、それゆえルドルフがそれを「不自由労働を伴う」プロト工業[42]と呼んだことは故なしと言うこともできないわけではないかもしれない。

社会的モビリティの欠如

しかし、ロシア諸県の農村工業が農民の一部を村落または農業から引き離すほどに強力な発展をとげてはいなかったこともまた事実であった。農村工業の広汎に普及していた地域でも村落の共同体的な閉鎖性が強靱であり、それによって社会的なモビリティが著しく弱められていたことは、工業生産に従事する人々の移動範囲がきわめて狭い範囲内（村落や領地）に限られていたことに端的に示されていた。

例えばニジェゴロド県のパヴロヴォ村はシェレメチェフ伯の世襲領であり、十九世紀前半までに村全体が金物業に従事する有名なクスターリ村となっていたが、この営業はこの時期にはただパヴロヴォ村に存在するだけであった。そして、それがシェレメチェフの望んでいたことであったことは、彼が一八〇二年に村の管理人に出した指令書によって村民が金物業の技術を領内の子弟以外の「よその人々」に教えることを禁止されたことからうかがわれる。(43) 指令書はその理由として、「親方が現在までにかなり増え、製品が大きく均衡を超えはじめたため、もはや売れなくなったり、安くなったが、食料品は高く、農民がこの仕事を行なうことがきわめて不利になった」ことをあげている。また指令書は「パヴロヴォ農民以外のよそ者は耕作に従事しているので、耕作以外にこの仕事を行なうことが有利であるが、パヴロヴォ農民は穀物もその他の食料品もバザールで買っている」と述べ、パヴロヴォのミールが土地を自分で耕作せず、よそ者に低価格で貸し出すことや、よそ者がパヴロヴォ村に食料品を持込み販売することを村人に禁止した。

一方、木箱を製造するクスターリ地区となっていたヤロスラヴリ県のポノマレヴォ村と四部落(44)は、十九世紀中葉にはマルコヴァの領地（一村と二部落）とオボレンスカヤ公女の領地（二部落）に分かれていたが、一八五一年一一月のミール総会は、二つの領地がヤロスラヴリ市の商人を配分し、またロストフ市・ポレチエ村・ヴォシャジュニコヴォ村・ヴェリーコエ村の商人の（運搬用）荷車をそれぞれの料地のチャグロ数に応じて配分することを決め、さらに「他の経営主［商人］に箱を提供したり」、「渡り歩く」者を厳しく罰することを取り決めた。

同様にザガリエ地区（金物業、モスクワ県、サマーリンの世襲領）[45]でも、ジョストヴァ村と諸部落（金属製容器、モスクワ県、シェレメチェフ伯の世襲領）[46]でも、また多数の製靴工（一八八〇年に六一四人）を数えたクルィチャノ村と諸部落（製靴業、ヴャトカ県）[47]でも、多数の手工業者・クスターリが営業に従事していたにもかかわらず、それらの営業は領地（村と諸部落）の範囲を超えることはなく、また労働力の移動もきわめて狭い範囲に限られていた。これらの事例に見られるように、十九世紀中葉においても特別に発展を遂げた工業村落が周辺村落の広範囲の領域から多数の労働者を引き寄せる中心地となることもなく、農村工業の普及は村落や領地の範囲内にとどまっていたのである。

二　農奴解放後における農村小工業の変化

ゼムストヴォなどによる農村小工業の調査の結果

それでは、こうした農村工業にはその後どのような変化が生じただろうか。それは果たして農村過剰人口を吸収し、「土地不足」問題を解決するために貢献したであろうか。[48]十九世紀末から二十世紀初頭にかけて実施された様々な統計調査から検討することとしよう。これらの統計からは次のような点が明らかとなる。

まず第一に明らかとなるのはヨーロッパ・ロシアにおける農村の手工業者・クスターリの数である。それを明らかにしたのは一連のゼムストヴォ統計であるが、エヌ・ルドネフは早くも一八八〇年代にゼムストヴォの営業調査の実施された地域の手工業者・クスターリの数を集計し、その総数を四七万人弱とした。このルドネフの集計に含まれた地域の村落人口は一、三五〇万人であったから、農村人口の三・五パーセントが手工業やクスターリ工業に従事していたことになり[49]、またこの数字をヨーロッパ・ロシア五〇県に適用すると、十九世紀末のロシアには二五〇万人ほどの手工業者・クスターリがいたと推計される。しかし手工業者・クスターリの数については、その後も研究者によって様々な見解が提示されることとなった[50]。例えばエス・ア・ハリゾメノフは四〇〇万人という数字を示し、またクスターリ委員会の議長エ・アンドレエフは、その報告書の中で、七五〇万人以上という数字を示した[51]。これに対してナロードニキのヴェ・ヴェはいくつかの県の統計から「専門的なクスターリ」が工業労働者の五ないし六倍に等しいことから、五〇〇万人ないし六〇〇万人という数字を導き、さらにこの他に数百万人が「家内仕事」に従事しているとして、アンドレエフの数字さえ過小評価であるとした[52]。

しかし、ここに示した数字のいくつかが過大評価であったことはその後の統計的研究によってはっきりと示されることになる。すなわち、ア・ルィブニコフは十九世紀末から二十世紀初頭のヨーロッパ・ロシア四〇県の統計調査を集計し、それらの県における手工業者・クスターリが約二〇〇万人であることを明らかにし、その数字からヨーロッパ・ロシア五〇県におけるクスターリ・手工業者を二五〇万人と推計したのである。ただし、ルィブニコフは一九二三年に、この数字に建築職人などの数字を加えて農村の手工業者・クスターリを三七五・五万人とし、それに都市の手工業者の九一万人を加えて、農村および都市の小工業従事者を四六六・五万人とした[53]。

この数字がほぼ妥当なものであることは、一八九七年に実施された国勢調査からも示すことができる。この国

表 34　二十世紀初頭の小工業従事者数

地　域	県	村落人口 千人	小工業従事者 人	割合 パーセント
極北部	2	1,337.4	79,155	5.91
中央工業地帯	6	11,105.1	421,271	3.79
北西部	4	3,993.2	102,514	2.56
中央農業地帯	6	13,796.3	315,664	2.28
中流ヴォルガ	5	9,702.4	329,687	3.39
下流ヴォルガ	3	2,804.0	27,872	0.99
プリウラル	3	8,637.1	274,488	3.17
白ロシア	4	7,488.9	43,632	0.58
新ロシア	5	4,828.6	61,375	1.27
西南部	3	11,261.1	190,198	1.68
左岸ウクライナ	3	8,950.6	181,451	2.02
合　計	40	83,904.1	2,027,307	2.41
推　計	50	—	2,500,000	—

出典）A. A. Рыбников, Мелкая промышленность и ее роль в восстановлении русского народного хозяйства, 1922, Приложение（集計は筆者による）.

勢調査のデータでは、(54)ヨーロッパ・ロシア五〇県の都市と郡において「自立的な工業従事者」の生業として工業に従事する者は約四〇〇万人であり、また工業に従事する被扶養者と副業として工業に従事する者の合計は二五〇万人であった。したがって工業（工場、小工業）の従事者は七五〇万人となる。次いでこの数字から工場労働者数（二〇〇万人）を差し引くと、五五〇万人という数字が得られる。ただし、この中には都市の手工業者（九一万人）が含まれているので、この部分を差し引くと、農村の手工業者・クスターリ数は約四六〇万人ということになる。この数字はルィブニコフが一九二三年に示した数字と比べると少し高いようである。しかし、国勢調査の数字には、副業に従事する被扶養者、とりわけ家内仕事として織布業に従事する女性がかなり含まれていたと考えられる。そこで、この女性織布工（一三四万人）を右の数字から差し引くと、三二〇万人または三三〇万人という結果が得られる。この数字はルィブニコフの三七五・五万人より幾分低いとはいえ、それにきわめて近い。(55)

第二に、これらの農村手工業者・クスターリがどのような部門に分布していたかは次の数字の通りである。すなわち、繊維工業に従事する者が最も多く（七五万人）、以下、木材加工業（五八万人）、皮革工業（二六万人）、金属加工業（二六万人）、鉱物資源加工業（八万人弱）となっている。ルィブニコフはこれらの部門をさらに細かく分類しているが、ここでは、それらがいずれも主として農村の日常生活に必要な工業製品を製造するものであったことを示せば十分であろう。

第三に、地理的な分布については、手工業者・クスターリが特にロシア諸県の北部非黒土地域にたくさん見られたことが明らかになる。

農村のクスターリ・手工業者の割合は、西部地域において少なく、ロシア諸県において多い。そしてロシア諸県の中では、特に中央部から極北部にかけての北部の非黒土諸県において著しく高いが、南部の黒土地域では相対的に低く、また下流ヴォルガなどの地域ではかなり低い。たしかにこの地域でも営業がかなり普及していたことは間違いないが、そこで普及していたのはむしろ「農業営業」（農業労働のための賃仕事＝出稼）である。ちなみに、ここに示したように、農村工業の最も普及していた地域はクスターリ委員会や農業省の農村経済・農業統計部が詳細に調査した地域でもある。しかし、沿バルトや西部のほとんどの地域では農村工業があまり普及していなかったことは確かであるとしても、クスターリ委員会や農業省も調査せず、ゼムストヴォも調査していないため、正確な数字は得られていないことに注意しなければならない。

第四に、農村工業の経営方法については、二九県のゼムストヴォ統計の集計から次の点が明らかになる。すなわち、①市場や買占人（商人）のために働く「自立的な」クスターリは一一〇万三、〇一三人（八二・五パーセント）と最も多く、次いで②商人＝工場主から前貸を受ける家内労働者が一五万一、四一一人（一一・三パーセント）、そして③注文に応じて働く「手工業者」（ремесленник）が八万一、八八三人（六・一パーセント）となっている、ことである。もちろんこの割合は地域によってかなり異なっており、例えば営業の最も発達していた中央工業地域では手工業者と「自立的な」クスターリの割合が低下し（それぞれ二パーセントと六一・八パーセント）、家内労働者の割合が三七・二パーセントに上昇しているが、このことは中央工業地域において最も産業資本主義の発展が進行していたことによるものであったと言えよう。とはいえ、「自立的な」生産者が三分の二を占めていたことは、そこでも小生産者の両極分解、資本＝賃労働関係の形成があまり進んでいなかったことを示すものであると言えよう。

（1）手工業

農村手工業者の状態

これらの手工業者・クスターリがどのような状態にあったかをより詳しく検討しよう。ここでは帝政ロシアの一般的用語法に従って、顧客の注文に応じて生産する職人を手工業者（ремесленник）と呼び、まず最初にこの手工業者をとりあげることとする。

このような意味での手工業者の中にはまず村仲間や近隣村落の住民の局地的な需要を充足するために自分の家で働く手工業者＝居職人がいた。例えばトゥーラ県エフレモフ郡ダリシチ郷には（一九一〇／一一年）、六人の手工業者がおり、そのうちダリシチ村（四五戸）には製靴工一人と鍛冶工一人が、ザレスノエ村（五五戸）には鍛冶工一人が、またラゾフカ村（八九戸）には鍛冶工一人および仕立工一人、製靴工一人がいた。(56)

しかし、これらの比較的少数の分散的な手工業者と異なって、手工業者がかなり大きな工業村落を形成している場合も見られたが、そのような手工業者のほとんどは自分の居住地（村落）を離れ、都市や村々を渡り歩きながら顧客の求めに応じて賃仕事をする者であり、K・ビュッヒャーの用語を用いると、「出職者」（Störer）であった。ビュッヒャー自身、広い領域を渡り歩きながら賃仕事を行なう出職人がロシア諸県に多数いることを指摘していた。(57)

これらの出職者は建築職人（大工、石工、モルタル工、ガラス工、屋根工など）の中にも、また仕立工、打毛工、フェルト工、製靴工、金物工、桶工などの手工業者の中にも見られたが、彼らが渡り歩かなければならなかった理由は、建築職人の場合のように、顧客のいる場所が自分の居住地から離れているという事情であるか、あるいは仕立工や打毛工などの手工業者の場合のように、まだ顧客仕事が維持されていて、しかも彼らの村落が多数の手工業者を抱える工業村落であるため近隣の村落に顧客を見付けることができないという事情のどちらかであった。建築業で出職（出稼）がずっと後まで支配的であったのはこうした理由によるものであり、一方、それ以外の手工業部門で出職がすたれていたのは顧客仕事から価格仕事への移行が生じていたためであった。

しかし、それでも渡り手工業は建築業以外の部門でもかなり存続していた。例えばモスクワ県では一八七七／八二年に二、六二二人の大工の他に四、二九一人の仕立工がおり、その多くが賃仕事に従事しながら渡り歩いていた。(58) ウラジーミル県では渡り手工業が広汎に普及しており、(59) 一八七〇年に中央統計委員会の報告書は、「ここでは出稼はほかの地域ではまったく定着的となっている金物業、皮革業、毛皮業のような生産でさえ漂泊的・放浪的性格を帯びるほどに、ウラジーミル農民の性格に根づいている」(60) と述べている。またトヴェーリ県の九郡（一八九〇年代）では、農村小工業に従事する者七万九、〇八五人のうち三万七、六九一人が賃仕事をしつつ渡り歩いていた。(61)

遍歴手工業者のアルテリ組織

これらの手工業者は賃仕事を求めて農村部やモスクワやサンクト・ペテルブルクをはじめとする大都市に出かけ、その際、郡部ではしばしばよく知っている顧客のいる特定の領域内の村々を渡り歩いていた。彼らはまた「アルテリ」[62]（артель）と呼ばれる組合を村仲間の手工業者から組織してから故郷を離れ、目的地に向かったが、それが昔から行なわれていた慣習であった。

この昔から出職人たちによって組織されてきたアルテリはどのようなものであっただろうか。その具体例をいくつかあげておこう。

(a)手工業者の「慣習的な」アルテリ

そのようなアルテリは例えばウラジーミル県のヴャズニキ郡の羊皮工の間に見られた。彼らは毎年八月十五日から九月一日までの頃に三人ほどの小規模なアルテリを組織して村を発ち、クリスマスまたは復活祭の頃に戻るまで異郷で「ミール労働」（顧客労働）に従事していた。[63]同様にポクロフ郡のフェルト靴工は、九月から十二月までリャザーニ県やヴォロネシ県などの中央黒土地域に賃仕事に出かけ、その際、村仲間からなる四―五人のアルテリを組織した。[64]またゴロホヴェツ郡の木挽職人は、毎年二回、復活祭から聖ペトロ祭（六月二十九日）までの時期と聖母昇天祭（八月十五日）または聖母祭（十月一日）から復活祭までの時期にアルテリを組織して村を離れた。これらのアルテリに加わる人数は目的地が近いときには少数（四人ほど）であったが、遠くなるほど増え、多い場合には二〇人ないし四〇人を数えた。[65]ウラジーミル県では、この他に輸送業（水夫、御者、仲仕）や木挽業、レンガ製造業、土石業、炭焼、行商、製靴業などでアルテリの組織が見られた。

またコストロマ県ではモルヴィチノ村の仕立工がモスクワとペテルブルクで働くために出かけており、彼らによってアルテリが組織されていた。「より資力のある者はアルテリを持ち、労働のための特別の部屋を持つ。(66)」

トヴェーリ県ズプツォフ郡ペルヴィチノ郷では、石切工が四月か五月に村落を離れ、クリスマスまでに戻るまで、サンクト・ペテルブルクで営業に従事し、その際、村仲間が一〇ないし二〇人のアルテリを組織するか、それとも請負人に雇われて働いていた。ゼムストヴォの調査ではそれは次のように描かれている。「その成員のうち一人が長老またはアルテリ長に選ばれる。アルテリ長は仕事を見つけ請負うが、自分のためにではなく、アルテリのためにである。普通、アルテリは次のように働く。石段をつくるときには階段別に働き、階段の大きさと平面の純度に応じて二五コペイカから一ルーブルの労賃を受け取る。……アルテリは共同の部屋に住み、一緒に食事を取る。賃金は秋の労働シーズンが終了したのち熟練と技能に応じて予め定められた比率に従って配分される。一八八八年には賃金はそれぞれ等しく次の比率で分けられた。上位の労働者は一三五ルーブル、中位の労働者は一一〇ルーブル、下位の労働者は九五ルーブルを受け取った。この数字は家賃と食費を除いた純収入である。アルテリ長は労働者中の第一人者としてその他に三五ルーブルを受け取る。(67)」

ノヴォトルシュク郡クズネチコヴォ部落の石工も夏にモスクワで営業するためにアルテリを組織していた。「各アルテリには、道具を修理するための鍛冶工がいる。またアルテリにはアルテリの事業全体を管理する選出されたスタロスタがいる。若く、熟練しておらず、弱い者の受け取る額は少ない。(68)」

カリャジン郡ではフェルト工（製靴工）のほとんどがロシア中央部を渡り歩く手工業者であった。彼らは毎年九月初旬に村落を離れて聖母降臨祭（九月八日）頃までに目的地に着くと、なじみの顧客がおり、自分の道具を置いている村々に行き、仕事を探した。「フェルト工は、二―三人から五人未満の自立的なアルテリに結合して村落を発つか、請負人に雇われる。多くの『経営主』［請負人］はまだ家にいるときに労働者を雇い、彼らと一緒に仕事を探す。労働者を雇用しようとする経営主はあらかじめ近隣の部落ごとに有能な者の中から労働者を選んでおくか、八月二十九日にトロイツァ・ネルリ村［フェルト業の中心地］に行く。この村には自分の労働力を提供するフェルト工が集まっている。そこの飲み屋で茶を飲みながら雇用者と被雇用者との契約が結ばれる。仕事場までの路銀は経営主が支払い、その後は労働者の俸給から支払われる。(69)」

カシン郡でも仕立工が家で裁縫することは稀であり、彼らは普通二人ずつ、または稀に三人で近隣の部落、村、ポゴストへ仕事に出かけた。(70)

一方、中央農業地域では北部諸県に見られるような手工業村落はあまり存在しなかったが、それでも一五五戸からなる村全体が打毛業に従事するタムボフ県モルシャンスク郡のポコシ村のような工業村落が存在していた。このポコシ村では農閑期になると村の打毛工が五人ないし一二人のアルテリを組織し、顧客を求めて県の南部諸郡を渡り歩いていた。(71)またシャツク郡では、四、五〇〇戸が羊皮業に従事しており、それらの羊皮工は冬になると営業を営むために三―五人のアルテリを組織した。アルテリの長老（アタマン）には豊かな製皮工がなり、アルテリの会計を管理した。また長老は仕事を探し、顧客が原料の皮革を提供しないときには、アルテリの加工する皮革を調達しなければならなかった。これらのアルテリの成員は、最後にアルテリの収入を分配したが、その際、必ずしも均等に分配したのではなく、各労働者の熟練や技能に応じて（二〇から一〇〇ルーブルを）配分した。(72)同様にスパスク郡のスパスキー・ゴロド郷プモウール村（モルドヴァ人の村落）、スライモ郷シュミドフカ村やウスチ郷ウスチ・パルヌィ村には多数の仕立工がおり、彼らは郡内または隣接するペンザ県で賃仕事を行なうために、十一月後半から十二月初旬に村を出発し、翌年の謝肉祭または復活祭の頃に村に戻るまで二―三人

のアルテリを組織して働いていた。(73)

同じ黒土地域に属するスモレンンスク県では、スィチェフ郡の造船工（艀工）、造船用木材の製材工、樌皮工などの間にアルテリ組織が見られた。このうち造船工は、十一月末から十二月初頭に一〇ないし二〇人のアルテリを組織し、船を作るためにグジャチ川（ヤルィギノ郷）に向かう。この地方では、農奴解放前から、スィチェフ市・グジャチ市・ヴェレヤ市などの商人が造船業を経営していたが、彼らはそのために請負人を介してアルテリとの間に出来高契約を結んでいた。こうして仕事を見つけたアルテリは冬の三ヶ月間に七艘から一〇艘の船を作り、一艘あたり三〇―三五ルーブルを受け取るが、アルテリ仲間はこの収入を均等に配分し、ただ請負人だけが仲介料として一艘あたり三ルーブルを「余分に」受け取ることとされていた。これと同様に製材工のアルテリは一枚の三〇アルシン板につき三〇―四〇コペイカの出来高賃金を受け取り、その配分に際しては、まず請負人に対して一枚の板につき二―三コペイカを余分に与え、その後に残余を仲間の間で均等に配分していた。また樌皮工のアルテリ（七―一五人）でも、アルテリ収入の入の分配に際しては、請負人が通常のアルテリ仲間より一艘あたり五〇コペイカを余分に受け取っていた。(74)

一方、極北部のアルハンゲリスク県については、エフィメンコが伐採工のアルテリについて詳しい調査を行なっている。(75) それによると、この県では商人の手代が毎年十月から三月の間に伐採用の森林を探し、その後に請負人（＝富裕な農民）と木材の伐採についての契約を結び、次にこの請負人がアルテリと契約を結び、アルテリ仲間がその下で一緒に働くことを義務づけた。これらのアルテリは毎年十月に結成され、その際、しばしばいくつかの部落出身の少数の農民（一〇人ほど、たまに二〇人）から組織されていた。しかし、ホルモゴルィ郡では、「大きな請負を実施するために、一万もの部落で部落全体がアルテリに集まった。」そこでは部落民はアルテリを組織するために集まり、一人ないし二人の農民を請負人に選出し、商人と契約を結ぶための信任状を与え、アルハンゲリスク市へ送った。

これらの伐採工のアルテリは、搬出された木材の数で賃金を（出来高で）支払われており、その率は二〇コペイカ（直径七ヴェルショークの丸太）から四三コペイカ（直径九ないし九・五ヴェルショークの丸太）であった。ところで、このアルテリにおいては必ずしも共同労働が行なわれたわけではなかったため、しばしば各人が一定数の木材を切り出すことを義務づけられており、その収入も搬出した木材の数と単価によって決められていた。もっともアルテリによっては共同労働を行なうこともあったが、そのような場合にも、例えば二頭の馬を持つ者が二つの持分（naĭ）の仕事をこなすこととされ、この持分に応じて収入が配分された。このように伐採工のアルテリには分業もなく、また各成員間の特別な権利・義務関係も存在しなかったため「アルテリ的な性格」がまったく欠如しているようにも見えた。しかし、それを手工業者の単なる寄せ集めではなく、アルテリとしているものは、全成員を結びつける連帯責任であったとエフィメンコは言う。「各人が全員に対して、全員が各人に対して責任を負い、その責任は、この場合には財産上の責任であるが、アルテリの全成員の共通の所得だけでなく、個人財産をも把握しているのである。[76]」

(b)建築職人・労働者のアルテリ

同様に建築業に従事する人々もまた多少とも居住地（村落）から離れた場所で渡り歩くために、通常は、同村人からなるアルテリを組織していた。

タンボフ県スパスク郡のジェリャブニキノ村では、一八八二年に、一五〇人の大工がペンザ県やサラトフ県で営業に従事していたが、彼らは謝肉祭から復活祭までの時期に、一五―二〇人のアルテリをつくって出かけ、その多くは十一月十五日を過ぎてから村に帰って来た。またヒルコヴォ郷のヒルコヴォ村とイヴァノヴォ部落には一〇〇人以上の大工がおり、その一部は若干名のヒルコヴォ村の請負人に毎月四ないし一〇ルーブルで雇われていたが、その他の大工は四人から一〇人のアルテリをつくっていた。これらの大工は、居住地から一〇〇露里以内の村落で農民用の建築に従事していた。(77)

トヴェーリ県トヴェーリ郡のヴォスクレセンスコエ郷では、ほとんどの大工がアルテリを組織してトヴェーリ、サンクト・ペテルブルク、モスクワ、クリンなどへ行き、請負人＝アルテリ長の探す仕事に従事していた。しかし、ほかの地域では大工は単身で出かけ、ただ請負人の下で働く場合にのみアルテリを組織した。またカシン郡では、大工たちが春のエゴロフ祭とペトロフ祭の頃から秋のアレクサンドル祭から冬のミコラ祭まで仕事に出かけ、その際、五―七人のアルテリを組織した。これらのアルテリは仕事を見つけるために一人を選び、賃金一ルーブルあたり二―三コペイカを彼に支払った。またスタリツク郡では三、四二八人の大工のうち二、九五六人が出稼に従事しており、これらの大工は、通常、五人ないし三〇人の「自立的な」アルテリか請負アルテリを組織し、主にモスクワ県内を遍歴していた。(78)

同様にウラジーミル県でも、建築職人の多くがアルテリを組織して仕事に出かけていた。例えばウラジーミル県メレンキ市では（一八六一年）、ウサダ村出身の石工が一〇人ないし一二名のアルテリの下で働いていた。またラフイ村ではイズバ（家）を建てたり船を作るために、村仲間の中から七人ないし一〇人のアルテリが組織され、その中から長老が選出された。これらの長老は収入の分配に際して何の優先権も持たなかった。(79)

一八九七―九九年の調査では、ポクロフ郡の大工のうち、モスクワ市やその近郊に行く者が八三パーセント、オデッサなどの南部に行く者が六・六パーセント、県内にとどまる者が四・一パーセント、その他が六・五パーセントであり、その中には三―四人程度の小規模な「自立的な」アルテリを組織して村々を渡り歩く者もいたが、ほとんどは請負アルテリの下で働く人々であった。「大工はアルテリで働くか、あるいは請負人に雇われて働く。［自立的な］アルテリの組織は主として地元の大工に見られ、出稼の大工は請負人に雇われて働く。例えばモスクワではもっぱら請負人のために働く。(80)」

アルフォンス・トゥーンは、このような請負人のために働く大工のアルテリを次のように描写している。

「大工は、企業家、すなわち通常は同時に経験と熟練を有する大工でもある富農に雇われる。しばしばウラル諸県の遠隔地からの請負人もやって来る。この建築企業家は、八―一五人のアルテリを選び、文書契約を結ぶのであるが、それによって労働者は自分たちに課せられたすべての労働を遂行し、万一の場合にはほかの請負人に賃貸しされることも義務づけられる。つぎに手付金が支払われ、旅券が取り上げられる。普通、仕事の開始は三月一日、場合によっては二月二〇日―二五日とされ、終了は一一月二一日に決められている。多くの大工はライ麦の収穫が始まる七月二〇日までには［村に］戻り、八月末ないし九月はじめにふたたび仕事に向かうが、このときには春よりも多数である。……アルテリはその成員に対して連帯責任を負う。例えば一人の大工が仕事につかないと、請負人は手付金を取り戻し、二五ルーブルの罰金を徴収する。またもし労働者が労働期間の終了前に仕事を離れると一日の欠勤につき五〇―八〇コペイカを請求することができる。病気の場合には平均賃金が引き下げられ、食費として一〇―一五コペイカが加算される。(81)」

さて、以上にあげた事例から明らかなように、アルテリには様々なタイプが存在していたが、次のような特徴を共通して持っていた。

(1)通常、アルテリは毎年出発前に村仲間から組織され、その際、アルテリ仲間は最も熟練した仲間の中から長老（スタロスタ）を選ぶことである。この長老の職務はアルテリのすべての事柄を監督し、徒弟に手工業の技術を教え、毎週（通常、アルテリ仲間全員が揃う日曜日に）アルテリの収支を計算することであり、またアルテリのために仕事（顧客、請負人）を探し出し、賃金を受け取り、アルテリのために食費や家賃などの支払いをなし、またアルテリの収入を最終的な分配の日まで保管することであった。そして、大きなアルテリの長老はこれらの職務の報酬として収入の配分に際して、アルテリ仲間としての取り分の外に小額（例えば二〇―三〇ルーブル）を受取ることができた。なお、アルテリによっては長老の外に収支計算の仕事を行なうアルテリ長（артельщик）が選出されることもあった。

(2)アルテリは、村落で賃仕事を行なうときは、顧客の家に宿泊してその提供する食事を取り、都市では賄い付きの部屋を借りるか、それとも食事の世話をする女性を——例えば二、三ルーブルで——雇わなければならなかった。

(3)アルテリ仲間は、もしできるならば一緒に仕事するが、しかし「もし全員のために仕事を探し出せない場合には、各成員が必要に応じてグループに分かれて労働に送り出される」のが普通であった。[82]また、アルテリ仲間が一緒に仕事をしたとしても、彼らの間に分業が行なわれることはほとんどなく、普通はただ同じ仕事を行なうだけであった。したがってこの意味でアルテリは必ずしも労働組織であったわけではない。

(4)通常、アルテリの収入の最終的な配分は帰村前に一度だけ、または聖ペトロ・パウロ祭や八月六日というように決められた日に実施されていた。[83]そして、その配分は、同じ程度の熟練や技能の仲間からなる小さなアルテリでは、平等に行なわれた。しかし、都市で働く、異なった熟練度や技能の手工業者からなる、より大きなアルテリでは、熟練した仲間がより多くの持分を持つのが普通であった。例えばある大工のアルテリでは、仲間がその技能によって三つの「手」に分けられ、それぞれの手が一二：一〇：八、または一四：一二：九、または一二：八：六などの比率で収入を配分していた[84]。

　それでは、このような組織はそもそも何のために形成されていたのだろうか。右に述べたことから二つの点が重要であるように思われる。

　第一に、通常、一つの村落全体が同じ手工業に従事していたが、その村仲間は自分の家族を離れて広大な領域を放浪するために「異郷でも結合する[85]」ことを、とりわけ寝食を共にし、それによって放浪中の支出を減らし、その稼ぎを安全に保管することを必要としていたことである。この意味では、アルテリは「消費」組合であり、あるいは「結婚していない者の食卓共同体、食卓上の家族[86]」（ユリウス・フリューハウフ）であったと言うことができるだろう。しかし、もちろんこのような故郷を離れる者の「移動共同体[87]」が自分の家族と一緒にいる者には不要であったことは言うまでもない。ほとんどのアルテリが居住地を離れている間のみ組織される「一時的アルテリ」であったのはそのためであったと考えられる。

　第二に、アルテリのもう一つの機能が労働遂行にあったことである。この機能は、長老が徒弟に技術を教えたり、アルテリのために仕事を見つけたり、顧客や請負人から受け取った賃金をアルテリの共同家計に入れ、それを管理することを職務としていたことの中に見いだされる。この意味ではアルテリは「労働アルテリ」（трудовая артель）と呼ぶにふさわしものである。ただし、アルテリ仲間が共同労働を行なうかどうかはまったくの偶然事であったし、また実際の労働過程が分業や協業を伴うかどうかもその時々の仕事にかかっていた。

　ところで、アルテリには以上のような共通した特徴が認められるとしても、そこには二つの型、つまり①直接顧客の注文に応じて働く「自立的な」アルテリと、②請負人の下にあった「請負」アルテリとを区別することができ、両者の間には著しい相違点が存在したこともまた事実であった。このうち前者についてはもはや説明する必要はないであろうが、もう一つの「請負」アルテリとはどのようなものだっただろうか。

この「請負」アルテリとは、通常、顧客とアルテリとの間に「請負人」(рядчик, порядчик)と呼ばれる企業家が介在し、アルテリがこの企業家に雇われる労働者集団となっていたアルテリのことと理解されている。実際、カラチョフが指摘しているように、請負人の中には数百人の手工業者を従えるような者が現われていたことも確かである。(88) しかし、右に述べたように、すべての請負人がそのような経営者であったのではなく、しばしばアルテリ仲間の一員であり、ただ「より富裕で熟練している」(89)に過ぎないような請負人もまた存在していた。

顧客とアルテリとの間に請負人が介在するようになった理由はゼムストヴォの報告書によれば次のようなものであった。第一に、請負人が「自分の経験と知己のために素早く仕事を見つけることができる」ことであり、第二に、請負人が富裕な農民(=クラーク)であり、その他のアルテリ仲間に対して手付金などを支払うことができたことである。もちろんそのような手工業者の多くはアルテリ仲間として働いていたとしても、請負人としてはより多くの利益をあげる可能性を手に入れていたことは言うまでもない。例えばトヴェーリ県カリャジン郡では、あるフェルト工の表現によると、請負人になったのは、破産することを恐れない「大胆な」人であったという。(90) 彼らは、アルテリとの契約に際して、各人に一週間あたり一ルーブルから一・五ルーブル、または二ルーブルの賃金を支払うことを約束し、すべての仕事が終了したのちに「仕事がなかった時でも」まとめて賃金を支払った。こうして彼らは幸運な年にはアルテリ仲間一人につき週に三〇―五〇コペイカを稼ぐことができたのである。だが、請負人は稼ぎの悪い年には損失を出し、それでも「なんとか労働者に支払いをしなければならず、労働者を満足させるために、家畜や自分の財産のいずれかを売却する」ことを余儀なくされた。

したがっていずれにせよ請負人が渡り手工業の純粋に手工業的な性格をしだいに薄れさせる要素であったことは否定することができない。アルフォンス・トゥーンも述べるように、「渡り工業は昔はもっと手工業的な性格を帯びており、渡り労働者は自立的な経営者であって、資本を、例えばソリや馬を所有し、熟練を有していた」(91)のであるが、しだいにそうした性格を失いつつあったのである。

しかし、それにもかかわらず、これまで観察してきた手工業者、特に建築労働者を手工業者の範疇から排除し、それを資本主義的な企業に転化したものと考えることには疑問がある。なぜならば、「自立的な」アルテリに組織された手工業者や建築労働者は依然として大きな割合を占めていたからであり、また請負人とアルテリとの関係を純粋な資本＝賃労働の関係と同一視することは必ずしも正確ではないからである。また何と言っても、手工業者が村落共同体および農民家族の構成員であり、その絆からも土地からも分離されていなかったことに注意しなければならない。しかし、この側面については後に詳しく検討することとしよう。

（2）クスターリ工業（家内小工業）

クスターリ工業における家族経営の優位

それでは、帝政ロシアの統計が「クスターリ工業」と呼んでいた農民の市場向け生産（家内小工業）の状態はどうであっただろうか。

様々な統計からまず第一に明らかになることは、十九世紀末から二十世紀初頭の時期にもクスターリ工業がおおむね農民家族の労働力の利用に依存する小経営にとどまっていたことである。

表 35　モスクワ県の家内工業（1877—82 年）

部　門	村落	経営	労働者			生産額 千ルーブル	一経営 労働者	一人の 生産額
			合計	家族成員	賃労働者			
聖像絵師	14	174	342	333	9	5	1.97	14.6
指物業	87	708	1979	1133	846	459	2.80	231.9
鉄加工業	—	36	114	88	26	26	3.17	228.1
陶磁器生産	—	121	452	303	149	—	3.74	—
農具製造業	15	44	197	128	69	50	4.78	253.8
銅加工業	—	139	716	288	428	438	5.15	611.7
ブラシ製造業	16	150	835	492	343	232	5.57	277.8
陶器製造業	—	37	313	93	220	214	8.46	683.7
釘製造業	6	10	163	29	134	55	16.3	337.4
櫛製造業	14	53	1020	133	887	351	19.2	344.1
合　計		1472	6131	3020	3111	1831	4.17	298.6
陶器製造業	25	19	1835	43	1792	1639	96.58	267.3
盆製造業	—	29	340	—	—	102	11.72	300.0
帽子製造業	15	69	900	—	—	134	13.04	148.9
聖像絵業	18	174	342	—	—	—	1.97	—
ガラス製造業	—	30	103	—	—	—	3.43	—
総　計	—	1793	10051	—	—	—	5.61	—

出典）A. Thun, Landwirthschaft und Gewerbe, Leipzig, 1880, S. 208.

例えば一八九〇／九二年に調査されたヴャトカ県のサラプーリ郡、グラゾフ郡、エラブーシュ郡における製靴業の地区では、自分の村落内で営業に従事していた者はそれぞれ九四八人、六三三人、三九〇人であり、そのうち雇用労働者は一一九人（うち未成年者＝徒弟五七人）、八人（同上一人）、二一人であった(92)。同様にヴャトカ県の製材工も「典型的なクスターリ」にとどまっていたことが明らかにされている。「彼らは農業を放棄せずに自己労働または家族労働によって働き、時として生産の技術的条件や分業の利益が要求する場合には、自分と同じ生活条件を分有する労働者を雇う。彼らは購入原料でも働くが、（通常は）自分の原料で働き、その製品をバザールまたは都市で買占人と遍歴商人に売る。これがヴャ

トカ県の農村工業の支配的な形態であり、それに対しては『クスターリ』という名称がまったく正当にも維持されよう。」(93)

家内工業に従事するクスターリの多くが「自立的な」親方とその家族成員であったことはクスターリ工業の最も発展していたモスクワ県でも変わらない。この県の小工業経営を調査したイサーエフは、それをさらに、①親方（мастер）が一人で働く「単独親方」（одиночка）の経営、②親方とその家族成員が協働する「家族的協業」（семейная ассоциация）、③労働者を雇用する経営とに三分し、彼がモスクワ県で調査した三、八五一の経営のうち、二、八五八の経営（ほぼ四分の三）が最初の二つの範疇（家族経営）に属していたことを明らかにしている。(94)これらの家族経営がとりわけ広汎に残っていた部門は、家具製造業、帽子製造業、指物業、木材旋盤業などであった。もちろんそこでも労働者を雇用する経営は生まれていなかったわけではない。しかし、その数はかなり限られており、その労働者数も決して多いとは言えなかった。例えば家具製造業の地区（八七の村落）では、(95)小工業を経営する七〇八戸の農民家族のうち、「単独親方」と「家族的協業」の経営は四三〇戸（それぞれ二五七戸と一七三戸）であり、労働者を雇用する経営は二七八戸にとどまっていた。一方、これらすべての小工業経営で働く者は一、九七九人であり、そのうち家族成員が一、一三三人であったのに対して、賃労働者は八四六人であった。しかも、雇用労働者を持つ経営のほとんど（二六〇経営＝九四パーセント）が五人未満しか雇用しない小作業場であり、その平均的な賃労働者数は約三人に過ぎなかった。もちろんこのような小作業場が「作業場内分業」なしに単純な道具と手労働によって生産する手工業的な経営であったことは言うまでもない。このようにクスターリ工業は最も普及していたモスクワ県においてさえ全体として手工業的な水準にとどまっていたのである。

ところで、このような家族的なクスターリ経営においては父親が手工業技術を直接に息子に伝えることは普通の現象であり、それは工場労働者が父親の職業とあまり関係なく生業を選択していたのと著しい対照をなしていた。

イサーエフのモスクワ県における調査では、クスターリの子弟の技術修得は――徒弟の場合と同様に――六、七歳の年齢から始まるのが普通であった。彼は指物工の場合について次のように書いている。

「すでに六、七歳から、児童は父親の仕事台に立ち、指物業に慣れる。子供の知識欲と性癖のために、成人は自分の仲間たちが何らかの玩具を作るために早く道具を取るようにする。遊びから仕事に移るのは容易である。児童は玩具を作りながら、すべての指物業の工程に習熟するのである。……少年はもう十二歳に何か簡単な仕事を始める。大鉋で板を荒削りし、厚くない小物を挽く。十七歳には簡単な仕事から複雑な仕事に移り、一人前の指物工になる。『私の父は指物工でした』というのは作業場に入る労働者に対する最高の推薦状となる。(96)」

イサーエフの調査では、こうして息子たちが父親から手工業の技術を修得し終えたとき、二ないし四人の家族成員からなる工業経営の出現したことが明らかにされている。しかし、これらの工業経営は家族経営にとどまる限り、それ以上の規模に拡大することはなかったし、むしろ反対にしばしばより小さな経営に移行することさえあった。というのは、クスターリ経営もまた頻繁な家族分割によって分割されたからである。イサーエフの調査によれば、モスクワ県のクスターリ村落では大家族が稀にしか見られないが、それは頻繁な家族分割が行なわれていたためであったという。例えば家具製造業の中心地であったズヴェニゴロド郡チェルキゾヴォ郷コロストヴォ村では、三人兄弟の世帯や四人兄弟と一人の息子の世帯が分割されたとき、その作業場もまた分割された。ちなみに、このようなクスターリ家族の分割の原因も一般的な農民家族のそれと同じく、「兄弟の妻たちが何か些細な事でけんかすると、共住の利益、共同生産の優位性にもかかわらず、夫たちが仲たがいする」というものであった。[97] そして、クスターリの家族分割が行なわれた場合にも、彼らが同じ製品の生産に従事しているにもかかわらず、新しく生まれた経営の間には何らの協働関係も残らなかった。

クスターリ経営を含む家族の分割はその他のクスターリ村でも見られた。これについてイサーエフは述べる。「営業が家族の結合に何らの影響も及ぼさないということはありうる。現在、不分割の大家族は例外的となっている。二人の兄弟はまだ一緒に住んでいるが、三人兄弟の共同の例は非常に少ない。当地の人々は将来もっと頻繁な分割が起こることを予想し、それらの分割を純粋に営業のせいにしている」（金属加工業）[98]。「営業は共同化を妨げる。それは頻繁な分割を促し、しばしば大家族を細分化する。例えばカルポヴォ村には一六人からなる家族があり、近隣の村落だけでなく遠い村落でも有名であるが、そのことは大家族が例外的であることを示すものである。営業従事者の見解では、分割への志向は工業生活の発展と不可分に結びついている。営業からの補足的収入を持つことが可能なので、若者は家族から分離し、自分の経営をつくり、そこでもっと自由に自分の労働力を用いようとする」（陶磁器生産）[99]。

しかも、その際、注目されることは、労働者を雇用している作業場も分割されたことである。あるクスターリ村では四人の兄弟がかなり多数の徒弟や職人を雇用する工場を経営していたが、彼らの間で家族分割が実施されたとき、その工場は小さな単位に解体されてしまったという。[100]

イサーエフはまた一八八〇年代前半にヤロスラヴリ郡セリョーノフ郷の二五村落（一三の村落共同体）における家族分割について調査を実施したとき、そこでもクスターリ経営が分割されていることを発見し、それが「分割した者にとって大きな、また明らかな損失」をもたらすことを見ていた。

「二人の兄弟が例えばフェルト靴を製造している。分割まで彼らは作業場として建てられた特別のイズバで一緒に働く。分割後には、この家族的生産は解体する。分離した者は自分のイズバで働き、そのため場所が狭くなり、汚れる。さもなければ労働者として雇われる。……このような生産力の分散はクスターリにとって大きな損失を伴う。その理由は、それが費用を増加させ、彼らを買占人との取引上の競争相手とし、あるいは自立した生産者を雇用労働者の地位に落とすことにある。若干の場合に、分割は一緒に生活し働いている者の不和によって起こるのではないことに注意しなければならない。そのような不正常な状態の理由は、分離する者が自分の経営を遂行する上で完全な自律性を得たいと思うことに求めなければならないように思われる。この希望に誘われて、営業でも分割する。もし営業がわずかでも利益をあげるならば、新しい方法は習慣となり、分割された営業の遂行を支え続ける。(101)」

このように家族分割が土地耕作と営業の双方に有害な作用を及ぼすことは、別の論者、例えばポスペロフ（クスターリ委員会の報告書）によっても指摘された。

「家族分割は農民の間で、しかも実の兄弟の間だけでなく、父親と息子の間でさえ頻繁になった。しかし、分離した農民は経営下手な農民である。農民はいたるところで、家内工業経営でも農業でも成功しない。……農民の富は大きくないのに、分割すればもっと小さくなる。だから、協定して分割したときには、兄弟と息子たちは自分の持分として家、牛、わずかな穀物と馬一頭しか受け取らず、不和がもとで分割したときには分離した者の持分としてはしばしばそれすら残らない。現金についてはまったく問題にもならない。また分離した農民はしばしば必要なものをはじめから手に入れなければならなかった。(102)」

同様にプリレージャエフも、クスターリ経営の分割が「クスターリ家族の生産力の粉砕」という作用をもたらす要因であることを強調し、次の四点を指摘した。(103)

第一に、家族分割は一つの作業場で働く者の数を減少させることによって、協業（сотрудничество）の力を弱める。例えばモスクワ県の三人の家族的協業の事例では、クスターリ経営が二つに分割されたとき、それによって労働の生産性が八・五パーセント低下したという。

第二に、家族分割は分業の適用可能性を減少させたり、なくすことによって、労働の生産性を低下させると考えられる。事実、それによって労働の生産性が三分の一に低下した事例もあり、またクスターリ作業場が分業を必要とする生産を行なうことができなくなる場合もある。このような条件の下では小規模な家族は競争に耐えることができず、労働者を雇用するか、みずから大経営主のために働く労働者となるかの選択を迫られる。こうして純粋な型のクスターリ工業（家族的生産）を維持することが難しくなる。

第三に、分割は、クスターリ家族の固定資本と流動資本を粉砕し、そのことによって支出を増加させ、生産規模を縮小する。

第四に、家族分割の結果、一つの強固に結びついた経営単位から複数の、相互に競争する作業場が現われ、このことが各生産者をより困難な状態にする。このような競争はより多くの製品をより安く生産する必要性を強め、小さなクスターリ経営単位の存続を困難なものとする。そのような競争によってクスターリ製品の品質は高まらず、反対に悪化するかもしれない。クスターリは現在でも自分の労働を極限にまで緊張させ、一度に複数の工程に従事することによって、何とか生産を続けているに過ぎないからである。

こうしてプリレージャエフは、頻繁な家族分割が行なわれるところではクスターリ営業の遂行が困難となっているのに対して、分割が行なわれていないところではクスターリ営業が良好な状態にあると述べ、家族分割に対する懐疑的な態度を示した。ちなみに、プリレージャエフの見解では、クスターリ家族が頻繁に分割されていたこと、その際、しかも伝統的な農民の家族慣習法規範に従って分割されていたことはロシアの農村手工業・クスターリ工業が「家族的生産組織」(семейная организация производства)の性格を帯びていることを示すものであった。[104]

さて、クスターリ工業の熟練の養成において、もう一つ重要な地位を占めていたのは、子弟が徒弟として村仲間の親方の下で働くことである。[105] とりわけ特定の工業生産が村内に広まるときには、この徒弟の数は著しく増加することとなった。通常、徒弟契約は親方と徒弟の親との間で口頭または文書で結ばれ、この契約によって二―六年から八―九年の徒弟期間が定められた。徒弟はまず最初「使い走り」や「遊び」から始め、手工業の技術を修得するまで、数年の無給の修業期間を過ごさなければならなかった。そして徒弟期間を終えた者はさらに二、三年間、修業済徒弟(выучник)=職人として親方の下で働くこともあった。この修業済徒弟も最初は無給で働かなければならなかったが、しだいに賃金率を上げてゆくことができた。

こうして手工業技術を修得した者はみずから親方(経営者)になることもできたが、そのための条件が欠如している場合には親方の下で働き続けなければならなかった。

クスターリ工業の労働条件

この場合、職人と親方は賃金率や労働時間などの労働条件を暗黙のうちに了解し、明示的にはとりきめないか、それとも口頭で話し合うかのいずれかであり、文書契約を結ぶことは稀であった。そのような文書契約が結ばれたとしても、その内容は簡単なものであり、また賃金率・解雇・契約の解除・欠勤・罰金・違約金・不良品などに言及した場合には、親方の側の恣意を認めるものであった。[106] この労働条件のうち「労働年」、労働時間、賃金率がどのようなものであったかを簡単に見ておこう。

クスターリの労働年（一年間の労働日数）は様々であり、一年の一部のみ――主に冬、しかし（建築業のように）場合によっては夏のみ――であったり、一年中であったりしたが、こうした相違は、手工業自体の季節性（例えば建築業など）や、クスターリと土地耕作との関係などによるものであった。例えば、ウラジーミル県の統計では、一年の一部しか働かないクスターリの労働年は聖母祭（十月一日）から復活祭（三月下旬）までの時期の四、五か月に集中していたが[107]、このことはクスターリの一部が夏には農業に従事し、穀物の成育しない冬期間のみ営業に従事していたことを示している。ついでながら、聖母祭と復活祭の前後の時期は、工場でも労働者の移動が行なわれる時期であった。しかしながら、すべてのクスターリが土地耕作と手工業生産の両方に従事していたわけではない。実際には、まったく土地耕作に従事せず、一年間を通じて営業に従事する専門的なクスターリがかなりの割合で存在しており、もしかするとその数は農業に従事するクスターリよりも多かったかもしれなかった。この場合には、もちろん、クスターリは身分的な意味での農民――農民課税台帳に登録された者――ではあっても、経済的な意味での農民（農夫）ではなかったことになる。しかし、その場合でも、農業が最も忙しくなる七月八日から八月一五日にかけての時期に営業が中断されることはかなり広く見られた現象であった。

クスターリ労働者に対する賃金は、時間給または出来高給によって計算され、一週間または一月に一度支払われていた。その際、時間給がより小さな経営に見られたのに対して、より大きな経営になるほど出来高給に移るという傾向が認められた[108]（ザガリエの金属加工業）。このような傾向が生じた理由は、小経営では親方が徒弟・職人と一緒に働いているため、彼らを指揮・監督することが容易であったのに対して、大経営ほど労働者を直接に監督することが困難になるという事情によるものであった。また前貸を受けて労働する家内労働者に対する賃金が出来高払いであったことは言うまでもない[109]。

統計は、クスターリの賃金率が工場労働者の賃金率と比べてかなり低かったことを示している。例えばモスクワ県のコロムナ金属工場の労働者の一八八〇年前後の平均賃金（日額）は八七―九五コペイカほどであったが[110]、同じ時期のクスターリの賃金率はどの部門・地区でもそれに及んでおらず、例えばその半額ほどにとどまっていた。また一九〇〇年頃のウラジーミル県では、工場労働者が毎月一一ルーブルをかなり超える賃金を受け取っていたのに対して、クスターリの賃金は一〇ルーブルをかなり下回っていた[111]。工場とクスターリ工業の賃金格差は、とりわけ繊維工業では決定的となっており、例えば一八九六年のモスクワ県の綿工業では、工場織布工の賃金（週）が三―四ルーブルであったのに対して、家内織布工の賃金はその五分の一以下の三五―八〇コペイカに過ぎなかった[112]。このような数字は、もちろん、クスターリ工業がもはや繊維工業のような部門では存続しえず、ただ工場のまだ確立していない部門でのみ存在することができただけであることを示すものであった。

しかしながら、クスターリの賃金率が工場労働者のそれよりかなり低かったにもかかわらず、通常、その労働日は工場労働者の労働日よりも長かった。すなわち、「自立的な」クスターリの労働日はしばしば一一時間から一九時間に、また雇用されるクスターリ労働者の労働時間は一五、六時間に及び、しかも生産が最盛期を迎える時期にはもっと延長されていたのである。例えばトゥーラ県オドエフ郡の車輪製造の労働時間が著しく長かったことをクスターリ委員会の報告書は次のように記している[113]。「一昼夜の何時間を仕事に費やすのか言うことは難しい。クスターリは未明に起き、暗くなると眠る。その上、自分の家を持つか、一般に家で働くことのできる経営主は、定期市の時期になると、夕方だけでなく夜中働くのである。」

したがって、一般的に言って、クスターリが工場労働者よりもかなり劣悪な労働条件（長時間労働と低賃金）

の下に置かれていたことは明らかであり、またその理由が工場との競争にさらされていた小工業にとっては労働条件の切り下げによって生産費用を引き下げる以外に生き残るための方法がなかったことにあったことも明らかであった。

クスターリ地区における資本＝賃労働関係の形成

しかしながら、先にも述べたように、十九世紀後半にも多くのクスターリ村落における資本＝賃労働関係の形成は遅々として進まなかった。このことは全体として家族経営が支配的であって、労働者を雇用するような経営であっても、ごくわずかな数の徒弟や職人を雇い入れる程度のものが現われていただけであり、いずれにせよ多数の職人を雇う多少とも大規模な事業所がほとんど生まれておらず、しかもそのような徒弟や職人のほとんどが同じ村落の出身者に限られていたことによく示されている。しかも、このことは全ロシア的に有名となっていたクスターリ地区についても認められることであった。例えばニジェゴロド県カトゥンキ村には一七〇人の徒弟と職人が皮革加工の作業場で働いていたが、そのうちカトゥンキ村の外部から来た者はわずかに一〇人であった(114)。またトヴェーリ県コルチェヴォ郡では製靴業がキムルィ郷全域に普及し、さらにそこから隣接のモスクワ県などの村落にも拡大していたが、このキムルィ地区でも「ほとんどの職人は経営者のために働く者も、まったく自立的な者も自分の部落に住んで」おり、ただ中心地のキムルィ村にだけ地元の労働者の他に「旅券を持ち経営者の下で暮らす、少なからざる外部者」がいただけであった(115)。ニジェゴロド県マカリエフ郡のベトルーガ地方では六五の部落に樹皮から莫蓙を製造する多数のクスターリがおり、彼らは冬季にのみ家計補充のために製造業に従事していたが、ここでもすべての労働者が雇用者の村仲間か隣接する部落の出身者であった(116)。このように多くのクスターリ地区においては、十九世紀末にいたっても周辺農村の過剰労働力を吸収する工業中心地の力強い発展は生じていなかったのである。

しかし、全般的にはクスターリ工業の資本主義的な発展をあまり強調することはできないとしても、いくつかのクスターリ地区において法律上は「工場」とみなされるような事業所――つまり一七人以上の職人を雇い入れている経営――が現われていたことも事実であった。そのような小工場に入れることができるのは、モスクワ県の金属加工業（盆製造業）（平均労働者数、一一・七人）、帽子製造業（一三・〇人）、釘製造業（一六・三人）、櫛製造業（一九・二人）、陶磁器生産（九六・六人）などの地区におけるクスターリ経営であり、[117] またウラジーミル県やニジェゴロド県、ヴャトカ県のいくつかのクスターリ地区の事業所である。[118] こうした小工場の形成されていたいくつかのクスターリ地区を示しておこう。[119]

(1)金属加工業（ザガリエ地区）[120]

イサーエフが一八七〇年代に調査したとき、金属加工業の広まっていたザガリエ地区には家族的な零細経営の大群と並んでかなり多数の労働者を雇用する工場が存在しており、その内部では「部分作業別分業」が組織されていた。そのうち鋳物工場では基本的な生産工程（鋳型製作、鋳造および研磨の三工程）のそれぞれに専門的な職人が配置されており、それ以外の送風・旋盤回転・半田付・プレス・巻付などの熟練を必要としない補助的な工程には補助労働者が配置されていた。また真鍮を加工する工場でも基本的な工程（研磨と旋盤作業）のそれぞれに専門的な労働者が配置されており、補助工程には補助労働者が配備されていた。一方、銅加工業ではサモワール（茶器）のような鋳物と真鍮の両方からなる製品を生産する部門においてある工場で生産された半製品が別の工場へ送られ、そこで完成品に仕上げられるという分業関係が見られた。しかも、この部門では、このような生産工程上の「基礎的な分業」とならんで、「同一種類の労働を行なう者の間での第二次的な、より洗練された分業」が導入されており、例えば旋盤工は「通常、すべての製品を研削することができるのに、大作業場ではより高い労働生産性のために一つの製品または製品の一部の研削にしか熟練していない」というような状態が見られた。イサーエフは、このような「第二次的な分業」が導入されていたことをもって「手工業からマニュファクチュアへの移行のしるし」としている。

(2)陶磁器製造（グジェーリ地区[121]）

「部分作業別分業」はまた陶磁器の有名なクスターリ地区となっていたグジェーリ地区の事業所でも導入されていた。この地区では土製の壺を生産する作業場と陶磁器を生産する作業場があり、そのうち前者には零細な作業場が多かったが、後者には零細な作業場とならんで一七人以上の職人をかかえる多数の工場が存在しており、いずれの作業場でも研磨工と染付工・焼成工との間には分業が組織されていた。しかも、より大規模な事業所では製品の種類ごとに専門的な研磨工がおり、五、六人の職人を抱える事業所では研磨以外の作業工程（染付と焼成）にも分業が導入されていた。さらに一七人以上の労働者の働いている工場では、粘土精製工、捲上工、研磨工、運搬工、焼成工、染付工、旋盤工、絵付工、轆轤工などの職人がいた。

(3)角細工（ホテイチ村[122]）

角細工（櫛製作）のクスターリ村となっていたモスクワ県ボゴロック郡のホテイチ村では、営業は多くの場合零細な作業場で営まれていたが、それと並んで工場も現われていた。ここでは基本的な二つの工程（角板の切断、櫛の仕上）に従事する二つのグループの作業場が存在し、このうち角板を製造する作業場のほとんどは家族労働にもとづく零細経営であったが、角板から櫛を仕上げる作業場の中には五、六人の労働者しか使用していないような小経営と並んで工場が現われており、そこでは仕上の工程がさらにいくつかの部分工程に細分化され、それぞれに専門の職人が配置されていた。

(4)留針・留金製造業[123]

モスクワ県の留針製造業でも一七人以上の徒弟と職人を使用する工場が現われており、そこでは引伸工・引張工・研磨工・巻付工・打工・溶接工などの専門的な職人が働いていた。一方、留金製造業では、親方の経営する工場の内部に多数の専門的な職人が使用されていただけでなく、親方が外部のクスターリ（家内労働者）に対して半製品を前貸して製品を生産させ、賃金を支払うという生産方法を組織していた。すなわち、ここでは「問屋制家内工業」（домашная система крупной промышленности）が見られたのである。

(5)製靴業（キムルィ地区）[124]

トヴェーリ県コルチェヴァ郡のキムルィ村とタルドム村を中心とする製靴業は、十九世紀後半には、キムルィ郷、タルドム郡、ストロエヴォ郷、イリイノ郷、モスクワ郡の北東部の村落にいたるまでのかなり広範囲にわたる領域に広まっており、ここでも十九世紀後半に少数ながら小工場が現われていたことを知ることができる。

一八七〇年代の中央統計委員会の調査では、この地区の営業組織は次のようなものであった。まず製靴業の中心地に位置するキムルィ村には皮革の裁断と裁縫という二つの工程に従事する二〇の事業所があり、そこには一八四人（家族労働者を含む。職人一二四人、徒弟六〇人）が使用されており、そのごく一部が工場の範疇に属していた。この他にキムルィ村を除くキムルィ郷には、裁断と裁縫の両方を行なう二二四の事業所があり、そこには七六一人（家族労働者を含む。職人四六〇人、徒弟三〇一人）が働いていた。ここから見られるように、「工場」とされるものが現われていたことはまちがいないが、それはほんの少数であり、ほとんどの事業所は零細な

表 36　モスクワ県の営業の経営状態

α）金属加工業（労働者一人あたり，ルーブル）

経営	労働者数	固定資本	流動資本	収益
鍛冶業	2	26.6	18.3	170
鋳物業	1	25.0	25.0	297
銅鋳物業	9	75.5	77.7	1000
金物業	9	66.4	49.4	480

β）陶磁器生産（ルーブル）

経営	労働者数	固定設備	原料費	賃金	利潤	生産額	（賃金＋利潤）／人
a	4	270	1250	518	232	2000	188
b	30	2670	12575	3680	8745	25000	414
c	230	34500	91200	28900	79900	200000	473

出典）A. Исаев, Промыслы Московской губернии, Москва, 1876, Том 1, с. 64-66, Том 2, с. 50-61, 150-153.

経営であったことが分かる。しかも、これらの事業所の周辺には裁断された皮革から靴を仕上げる裁縫工の大群（職人一、七六九人、徒弟一、八三三人）が自分の家や小屋で働いていた。キムルィ地区には、この他に靴型や削具を用いて行なう補助作業を行なう職人が一〇〇人ほどいた。

したがってキムルィ地区では、ほとんどの経営が家族的な零細経営の水準にとどまっていたことはまちがいないが、それでも小工場＝「マニュファクチャー」（分業にもとづく協業）が少数ながら現われていたこともまた否定することができない。

大経営の優位性

このように中央部のクスターリ村落の内部に徐々にではあれ比較的多数の労働者を使用する工場が、しかも労働の生産性の上昇を実現するために、「分業にもとづく協業」や「二次的な分業」を組織する「マニュファクチャー」が現われていたことが明らかであるが、この場合、こうした相対的に大きな経営がより小規模な経営（家族経営）に比べて経済的に優位な状態にあったことは言うまでもないであろう。

イサーエフは、いくつかのクスターリ地区、例えば金属加工業の地区を調査したとき、実際に経営が拡大するとともに、固定資本と流動資本が増加し、それに比例して労働の生産性も上昇することを確認していた。[125]「固定資本と流動資本および総収益のとるに足らない規模は、ちっぽけな作業場でも経営することができ、その成功のために多数の労働者を必要とせず、村落工業生活の中で小さな家族的手工業の最も純粋な代表者である営業に見られる。……これに対して、生産が技術的・経済的により複雑であり、通常の作業場が著しく多数の労働者を必要とする営業では、これらの要素が各労働力にはるかに多く付け加わる。[126]」

もちろんその結果が労働の生産性の上昇であったことは付け加える必要がないであろう。またたとえ基本的な労働手段が道具であり、それゆえ労働の生産性が労働者の熟練に依存しているような場合であってもこのことは成立する。

しかしながら、クスターリの分解、資本=賃労働関係の形成、大経営の優位性という側面を否定することはできないとしても、そのことを一義的に強調することは正しくないであろう。なぜならば、むしろ十九世紀末に農村手工業・クスターリ工業は深刻な危機を迎えていたように思われるからである。

このことを確認するために、われわれは次に農村工業の動態を検討することとする。

三　十九世紀末―二十世紀初頭における発展傾向

十九世紀末の工業化と手工業・クスターリ工業の危機

農村手工業・クスターリ工業に関する統計がきわめて断片的であるため、その発展傾向を明らかにすることは難しいが、それでも一八六一年以後の二十年間が農村小工業にとって成長の時期であったことは、ソ連の経済史家ルィンジュンスキーの分析した営業税統計などから見て、ほぼ疑いないところである。

次表は、一八六七年から一八八三年までの「半税付小商業許可書」および「小商業許可証」と「第二ギルド証明書」の発行数を示すものである。このうち「半税付小商業許可書」は、営業者の所属する身分にかかわりなく、一人ないし四人の労働者を使用する小工業の経営者が取得を義務づけられている証明書であり、また「小商業許可証」は五人—一六人の労働者を雇用する工業経営者が、「第二ギルド証明書」は一七人—五〇人の労働者を雇用する工場主が、「第一ギルド証明書」は五一人以上の労働者を雇用する工場主が取得しなければならない証明書である[127]。なお、労働者を雇用しない経営者は営業税の支払を免除されていたが、このことは「単独親方」と「家族的協業」の働き手、つまりほとんどの手工業者・クスターリが営業税統計によっては把握されなかったことを意味する。したがって「半税付小商業許可証」の発行数は一八八三年以前のクスターリ工業の動向を知るためのほとんど唯一の資料であるということになる。

表 37　営業税統計

年	半税付小商業		小商業と第二ギルド	
	発行数	1867 年比	発行数	1867 年比
1867	14,940	100.0	181,114	100.0
1873	24,794	166.1	205,259	113.3
1874	25,465	171.6	196,230	108.4
1875	27,541	184.6	195,722	108.1
1876	24,766	165.9	187,630	103.6
1877	24,257	164.3	182,533	99.7
1879	29,165	196.5	203,924	112.6
1880	27,915	187.2	199,496	110.1
1882	26,757	179.3	217,496	120.1
1883	26,097	174.9	225,653	124.8

出典）П. Г. Рындзюнский, Крестьянская промышленность в пореформенной России, Москва, 1966, с. 91.

表 38　新営業税統計にもとづく小工業従事者数の変化
（ストルミーリンの推計）　単位：千人

年	家族労働者			雇用労働者			
	家族経営	労働者を雇用する経営	計	労働者1—4人の経営	労働者5—16人の経営	計	合計
1885	1492	281	1773	223	171	394	2167
1890	1640	318	1985	246	246	473	2431
1895	1776	352	2128	352	291	557	2685
1898	1852	367	2219	367	301	678	2797
1885年比	124.1	130.6	125.2	164.6	176.0	172.1	129.1

出典）С. Г. Струмилин, Наш довоенный товорооборот, Плановое Хозяйство, No. 1, Январь 1925 г., с. 106.

さて、表から五人—五〇人の賃労働者を使用する事業主、つまり「マニュファクチャー」または小工場を経営する親方の取得していた「小商業許可書」と「第二ギルド許可書」の発行数を見ると、それは一八六七年から一八七三年にかけてかなり増加したのち、一八七四／七七年の不況期にかけて減少し、その後ふたたび上昇傾向に転じている。一八六七年から一八八三年の一六年間におけるその増加率は二五パーセントであった。これに対して、一人から四人の労働者を雇用する事業主（営業税統計が把握する最も零細な手工業者・クスターリ）に対して与えられる「半税付小商業許可証」の発行数は、一八六七年から一八七九年までの時期に九六・五パーセントも増加したが、このことは農奴解放後に手工業・クスターリ工業に従事する農民がかなり急速に成長したことを示すものである。しかし、注目されることに、この「半税付小商業許可書」の発行数は一八八〇年から減少しはじめていた。

ところで、ルィンジュンスキーは、この一ないし四人を使用する事業主の減少の直接の原因が一八八〇年から一八八三年にかけての凶作とその結果として生じた穀物価格の高騰にあるとしながらも、(128)それが本質的には「小商品ウクラードの分解」または「小工業者の

表 39　モスクワ県の小工業経営の変化（1875/82—1898/1900 年）

年	経営数	家族労働者	雇用労働者	計	一経営あたりの労働者数	
					全経営	雇用経営
1875/1882 年	1,992	4,017	5,409	9,426	4.7	6.4
1898/1900 年	3,397	7,228	4,375	11,603	3.4	6.2
増減（%）	＋70.5	＋79.9	－19.1	＋23.0	—	—

出典）Московская губерния по местному обследованию 1898-1900 гг., Том 4, вып. 2, М., 1908, с. 66-659.

社会的分化」——つまり小生産者の賃労働者と企業家とへの社会的分化——が始まったことにあると主張する。[129] しかし、このような見解ははたして成り立つのであろうか。

このことを確認するためには、実際に一八八〇年代以後にそのような変化が生じたのかどうかを検討しなければならないが、ここではまず一八八五年に導入された新営業税にもとづいてストルミーリンが行なった小工業従事者数の変化についての推計を見ておこう（表38参照）。この推計から明らかとなるのは次の点である。

第一に、この統計には以前の統計には含まれなかった家族経営が含まれており、この家族経営および四人以下の労働者を使用する経営で働く人々の総数は一八八五年から一八八六年にかけてたしかに減少しているが、その後ふたたび増加しはじめ、一八九八年までに三〇パーセント増えていることである。第二に、その内訳を見ると、家族労働者は一七七・三万人から二二一・九万人へと四五万人ほど増加し、賃労働者も二二万三、〇〇〇人から三六万七、〇〇〇人へと一四万人ほど増加している。このうち家族労働者の割合は一八八五年に八九パーセントであったが、一八九八年にはわずかに低下して八六パーセントとなっている。

こうした数字から明らかとなることは、一八八〇年代前半の時期を除いて、小工業の従事者が増加し続けており、したがって「小生産者の分解」と呼ぶことのできるようなきわだった社会的変化が生じたようには見えないことである。

このことはモスクワ県ゼムストヴォの統計調査からも確認される。

表39はモスクワ県ゼムストヴォが一八七五／八二年と一八九八／一九〇〇年の二時点で実施した県内の手工業・クスターリ工業についての統計調査をまとめたものであるが、ここから次の四点が明らかになる。

第一に、モスクワ県でも一八八〇年以後の二〇年間にクスターリ工業の従事者はかなり（二三パーセント）増加したことである。

第二に、しかし、このようなクスターリ数の増加と平行して、クスターリ経営の零細化が生じていたことである。このことは、クスターリ経営数の増加（七一パーセント）がクスターリ数の増加（二三パーセント）を著しく超えていたことや、クスターリの中でも家族労働者が八〇パーセントも増加したのに対して、親方に使用される徒弟・職人が一九パーセントも減少し、その結果、一経営あたりの労働者数が四・七人から三・四人に減少し、その結果、労働者を雇い入れている事業所の労働者数が七・八人から六・七人に減少したことなどに示されている。

このようにモスクワ県ゼムストヴォの調査からは、クスターリの数的成長とクスターリ経営の零細化――ヴィフリャーエフの言葉を使うと「純粋なクスターリ的企業範疇」[130]である「家族的協業」への後退――とが生じていたことが明らかになるのである。

もっともこのような傾向はあらゆるクスターリ地区で観察されたのではなく、例えば金属加工業のザガリエやグスリツィ地区では一九〇〇年までに以前より大規模な経営が現われており、賃労働者の数もかなり増加していた。ヴェルネルは一八九五年に調査を実施したとき、これらの地区について次のように述べている。[131]

「ザガリエとグスリツィではともに、作業場数がいくぶん減少した。ザガリエではそれは一部は生産を停止することを余儀なくされた最も小さい施設の閉鎖のためであり、グスリツィでは最も小さい施設の数の減少は大きな施設の出現を伴っていた。要するにクスターリ作業場はもっと大きくなったのである。」

このような傾向は製靴業やブラシ製造業などでも観察されたが、言うまでもなくこのような変化こそが「小生産者の分解」（賃労働者と小企業家への分化）と呼ぶべきものであろう。ところが、多くのクスターリ地区ではそれとまったく異なる変化が生じていたのである。

そのような地区の一つであるクロコヴォ村を中心とするブラシ製造業の地区では、一八七九年から一八九五年までの間に、一一人以上の労働者を使用する集中作業場が解体して半減し、もっと小規模な経営や家族経営が増え、その結果、一経営あたりの労働者数は五・五人から四・七人に減少していた。[132]「農民も、以前、この地区にはもっと多くの大作業場があったと話し、この事実を確認している。農民たちは、それとともに、最近、富裕な経営主＝工業家が営業のためにモスクワに移住したことを明らかにしている。[133]」

しかし、こうした変化はなぜ生じたのであろうか。この地区を調査したルドネフはそれが家内労働者の増加と平行して生じたことを明らかにしている。

「統計報告集の第六巻（一八七九年の調査）では、ブラシ営業は小クスターリ生産として性格づけられたが、若干の現象にもとづいて、将来は『大生産の家内形態』［問屋制］、すなわち仕事は職人が自分の家で行なうが、労働者［職人］に前貸を与え、取り決められた出来高賃金を支払う大企業家が生産の頂点に立つような生産形態が注目すべき意義を持ちうるという仮説が述べられていた。このような仮説の根拠となったのは、当時はまだ若干の大企業家が導入し始めたばかりのボール盤であった（その価格は当時二〇―二五ルーブルに決められていたが、今は一五ルーブルである)。一八七九年にボール盤を持つのは七人の経営主にすぎなかったが、現在ボール盤を所有する家族は一六一戸を数える。ボール盤の普及はブラシ製造の基本工程の一つを加速化し容易にしたが、まさにもっぱら男性の従事するブラシ板製作こそが婦女子=植毛工に対する需要の強化を惹起したのである。……ブラシ営業は大生産の家内制度の形態を取るにつれて、貧しい家族にもますます近づきやすいものとなったのである。[134]」

集中作業場の解体はホテイチ村(角細工)でも観察されていた。[135] この村では、賃労働者を使用する経営主は一八七九年に最初の調査が行なわれたときには三一人であり、一八九〇年にふたたび調査されたときには三五人に増えていた。ところが、一七人以上の労働者を使用する工場は一八七九年の一一事業所から二事業所に減っており、また五人ないし一六人の労働者を使用する事業所の多くもより小規模な事業所(一ないし一四人の作業場)に移っており、その結果、これらの事業所に雇用される徒弟や職人は著しく減少していた。そして、それにかわって一一年前にはまったく言及されることのなかった「家族出来高工」(семейний сдельщик)という新たな範疇のクスターリ――つまりホテイチ村の経営主から前貸を受け、自分の家で製品を生産し、賃金を受け取る家内労働者――が現われていた。このようにホテイチ村でも「工場」の解体と賃労働者の減少が家内労働者の出現と平行して進んでいたのである。

それでは、家内労働者の増加はなぜ生じたのだろうか。これについてヴェルネルは、家内労働者の労働条件が時間賃金で働く集中作業場のクスターリ労働者の労働条件より著しく劣悪であることに触れ、それが親方が家内労働者を選好する理由であると述べる。[136]

「後者[集中作業場の労働者]は一定額の賃金と、しばしばかなりの食事とを受け取り、一定の慣行に従って正確に決められた時間だけ働く。『出来高で』働くクスターリは、自分が『経営主』であり、自分で自分の時間を管理しているのだからと言って自分を慰める。しかし、実際には、貧困が彼らを作業台に結びつけているのである。彼らにとって自分の肉体的な力と家族の力の不相応の搾取が労働の生産性を高める唯一の手段である。自分の経営がいつも赤字であるため、余分な時間をすべて労働に費やし、妻に生産の準備仕事をさせ、子供を作業台に縛りつける。冬になるとホテイチでは、夜のうちに仕事が始まり、『出来高で』働く『自立的』クスターリの家では何時になったら終わるのか確実にいうことも難しい。」

しかし、ルドネフやヴェルネルの指摘しているように一連の地区においてクスターリの労働条件が悪化し、クスターリ経営の零細化や家内労働者の増加が進行していることは事実であるとしても、そのような変化がもっと急激に生じている部門があったことを忘れてはならないだろう。その部門とは繊維工業である。

例えばヴェリーコエ村は農奴制時代にはヤロスラヴリ郡における「クスターリ」的な麻布の手織業の一つの中心地であったが、それは農奴解放後、とりわけ一八八〇年代に急速に没落しはじめていた。この郡では一八八〇年代初頭にはまだ二、〇〇〇台を超える手織機が使われていたが、その数は二十世紀初頭に約一五〇に減少した。クスターリ的な織布業の凋落はその後も続き、一九一三年には「一〇ないし一二年前にはヴェリコエ村の最大の配分所の一つを通じて年に二万反以上の麻布が織られたのに、いまは約五千反にすぎない」とまで言われるようになった(137)。これと同様な変化はいたるところで生じており、コストロマ県では次のように言われていた。「コストロマ県のクスターリ織布業の衰退は工場に機械織機が現われた一八八〇年に始まっていた。配分所の縮小とクスターリへの経糸の前貸の減少とともに、織布工はしだいに工場に入りはじめた(138)」。このようにクスターリ的な織布業の没落の根本的な理由が機械織機の登場に伴う手織工の収入の激減(139)にあったことは誰の眼にも明らかであった。[140]

このように十九世紀後半に機械制大工業の登場によってクスターリ工業に「危機」がもたらされていることは、それを冷静に観察していた者にとってはまったく明らかな事実であった。例えばナロードニキ（人民主義者）であったニコライ・オンがF・エンゲルスに農民の家内仕事とクスターリ工業の「破滅」について訴えたとき、エンゲルスは次のように書き送っている（一八九一／九二年）。「最近の工業の成長が人民の生活にひきおこした変化についてのあなたの記述、すなわち、生産者自身による生産物の直接的消費にもとづく家内営業、また買占人＝資本家の計算で行なわれる営業の漸次的な破滅を読むと、マルクスの産業資本のための国内市場の創出についての章を、また同じく一八二〇年から一八四〇年に西欧の多くの地域で生じたことをありありと思い出す。」（一八九一年十月二十九日）「あなたは、機械制生産の商品が家内工業の製品を駆逐すること、つまり農民が補充的、副業的生産を破壊していることに不平をもらしています。しかし、われわれはそこに資本制的大工業の必然的な帰結である国内市場の創出を、すなわちドイツではすでに私の時代に私の見ているところで生じたことを見ているのです。」（一八九二年九月二十二日）[141]

一方、トゥガン＝バラノフスキーは、一八九〇年代の著作で、農奴解放前の技術的条件の下ではクスターリ工業が工場との競争に耐えることができただけでなく、それを駆逐する場合さえあったのに、十九世紀後半に現われた機械制生産はクスターリ工業を必然的に駆逐せざるをえないと論じていた。彼の考えでは、工場は、ザガリエやグスリツィ地区で観察されたように、クスターリ地区に現われる場合もあり、あるいはまったく別の地域に現われる場合もあり、いずれにせよクスターリ＝小生産者を駆逐しつつあり、それが「現在」（一八九〇年代）のロシアで生じている変化であった。たしかに現在のところクスターリはまだ工場との競争に耐えており、完全には駆逐されていない。そして、そのため一部の人々には農村工業の「純粋にクスターリ的な形態における再建」が進行しているかのように見えるかもしれない。だが、それは実際には「クスターリの断末魔のしるし」なのであり、その駆逐の序曲をなすに過ぎない、というわけである。(142)

さて、以上のことからすると、一八八〇年代以降に生じたことをどのように理解するべきであろうか。まずエンゲルスやトゥガン゠バラノフスキーの主張するように、クスターリの危機が生じていたことは否定できないだろう。しかし、小生産者゠クスターリの社会的分化が始まり、その中から賃労働者と企業家が生まれてきたという見解は必ずしも現実にそぐわず、むしろより本質的には、一八八〇年代以降に特徴的であったのは、ヨーロッパから輸入された近代産業゠大資本家勢力との競争に直面してロシアの伝統的な農村工業゠小生産者が全体として「破滅」の瀬戸際に立たされるにいたっていたことであると理解するべきであろう。まさしくタルノフスキーが述べたように、「工場の急襲はマニュファクチャー段階にある全工業［手工業・クスターリ工業］を――個々のクスターリ営業地区がどのような発展段階を経過していたかにかかわりなく――疾走する汽車［工場］を追いかける騎手を想起させるような状態に置いたのである(143)」と考えるべきではないだろうか。

だが、こうした意見に対しては、小生産者の危機はヨーロッパでも産業革命の時期に生じた出来事であり、ロシアに特有なものではないという反論がありうるかもしれない。しかし、後に見るように、ロシアでは工場との競争によって危機に陥ったクスターリ゠小生産者がその後も長期にわたって維持されなければならない特別な事情があり、しかもある意味では工場よりもはるかに大きな役割を果たさなければならなかったという点で、ロシアにおける事情は西欧諸国のそれとは根本的に異なっていたように思われる。

一方、二十世紀初頭のクスターリ大会における報告でエム・エム・レインケが明らかにしたように、たしかに西欧諸国でも二十世紀初頭に小生産者（家内工業従事者）がかなり多数存在していたことはまちがいない。例えばイギリスでは（一九〇一年）四五万人が家内工業（working at home）に従事しており、その数は、ドイツでは（一九〇七年の職業調査）三一万六、〇〇〇人（Heimarbeit）、フランスでは（一九〇一年の国勢調査）六三万二、〇〇〇人（travailleurs isolés）、オーストリアでは（一九〇二年の調査）四八万三、〇〇〇人、スイスでは（一九〇七年のF・シューラーのデータ）一三万一、〇〇〇人、イタリアでは（一九〇一年の国勢調査）一一万八、〇〇〇人、ベルギーでは（一八九六年の調査）一三万二、〇〇〇人（industries à domicile）などである。これら七カ国の家内工業従事者を合計すると二二六万人となり、このことは小工業が西欧でも広汎に存続していたことを示すものである。[144]

しかし、レインケは必ずしも明示的に述べなかったとはいえ、この数字はむしろ西欧とロシアの家内工業従事者の置かれている状態の相違を明らかにするものであったと言わなければならない。なぜならば、西欧における家内労働者の割合は、総人口に対する比率から見るならば、ロシアの四分の一程度に過ぎず、また工場労働者に対する比率から見るならばもっと低かったからである。すなわち、これらの諸国では家内労働者は鉱工業・建設業に従事する労働者の一〇分の一程であり、小工業が著しく普及していたスイスでさえ、工業労働者全体の五分の一に過ぎなかったのに対して、すでに見たように、ロシアでは二十世紀初頭にも家内工業従事者は工場労働者の二倍に等しかったのである。

ロシアにおけるクスターリ工業の問題が西欧の小工業問題と性質を異にすることは、一九一二年にブリュッセルで開かれていた家内工業についての国際大会でも明らかになっていた。この大会では、家内工業労働者の賃金引き上げを実現するために労働組合の結成を援助する問題が審議されたが、この提案に対して、全ロシア・クスターリ大会の常設ビューローの代表として出席したレインケおよびハンガリーの代表（デ・ゴール）、ルーマニアの代表（エヌ・イ・モガ）が次のように反論した。すなわち西欧では企業家に雇用される賃金労働者や出来高の家内労働者が著しく多いとしても、ロシアや東欧（ハンガリー、ルーマニア、オーストリアのスラヴ人居住地域）、それに西欧（スイス・デンマーク・イタリア）の一部では自分の計算で働くクスターリの数が多い。ところが、国際大会の企画する方策はほとんど常に賃労働者の生活水準の向上に向けられている。国際大会は「自立的な」クスターリの必要をも理解し、それが大資本と闘うための援助の方策を審議すべきである、と。だが、このレインケの提案に対しては、自立的なクスターリは資本と闘争するために援助を必要とする勤労者ではなく、「小資本家＝企業家」、「国民的労働の札つきの搾取者」であるという批判が社会主義者の代表からなされていた。[145]

　これらの報告や論戦からも明らかなように、問題は二十世紀初頭のロシアがヨーロッパ（ウラル以西）で最も多くの「自立的な」家内工業をかかえる国となっていたことであった。しかも、その際、注意しなければならないことは、プロトニコフなどの研究者が述べたように、「ロシアという土地不足の地域では農業のタイプは零細地経営に近づいており、それがしばしば支配的な営業と並んで見られたこと」、すなわち、ロシアの家内工業が農民によって零細な土地耕作の副業として営まれており、そのことによって「東欧型」の刻印を帯びていたことである。[146]だが、そうならば、この「土地不足の土壌の上に」成長してきた農村工業が破滅したとき、ロシアの農村住民は近代産業に避難所を求めることができないのであるから、「土地不足」の問題がもっと深刻なものとなるのではないかと考えることには十分な根拠があるであろう。ロシアの農村工業が工場との競争によって破滅の淵に立ちながらも生き長らえなければならなかったまさしくそのためではなかったのではないだろうか。

　そこで、ロシアの農村手工業・クスターリ工業について検討するとき、われわれはそれが農民の農業経営とどのように関係していたかを検討せずに済ますことはできない。

四　農民世帯における農業と工業

十九世紀末および二十世紀初頭のロシア諸県、特にその北部の非黒土地域における農民世帯の多くが農業と手工業・クスターリ工業を始めとする営業とを結びつけていたことは一連のゼムストヴォ統計調査に示されるとおりである。

例えばモスクワ県の一八九八／一九〇〇年の調査では、(147) 県内の二一万九、一二〇戸の農民の実在登録世帯（農民課税台帳に登録されており、かつ村内に実在する世帯）のうち、何らかの営業に従事する者を持つ世帯は一九万六、六三八戸＝九八・八パーセントであった。また各世帯の働き手（男女）は平均して約三・五人であり、そのうち営業従事者は男性が一・七人、女性が〇・九人の合計二・六人であった。この数字は世帯内で女性の働き手が土地耕作に従事し、男性の働き手が主に営業に従事するという形で農業と営業とが結合されていたことを示すものである。

これとまったく類似の状態はその他の諸県についても確認される。営業従事者を持つ世帯は、ウラジーミル県の七郡（一八九九年）では八九・七パーセント（一二万三、一〇二世帯のうち一一万四九〇世帯）であり、以下、トヴェーリ県（六郡）（一八九〇年代）では七四・四パーセント（一二万〇、二二〇世帯のうち八万九、三八八世帯）、ヴャトカ郡では、一八八六年に五五・八パーセント（二万八、三六七世帯のうち一万五、八二八世帯）、一九〇〇年に六四・四パーセント（調査された二二郷、四六三村落、七一九村落共同体で、六、八二二世帯のうち四、五三一世帯)、ヴォログダ県グリャゾフツィ郡(一九〇〇年)では六九・八パーセント(九四六村落、一一、一四二の共同体の二万一、四八九世帯のうち一万五、〇〇三世帯)、ニジェゴロド県セルガチ郡(一八九〇年)では六五・八パーセント(二万六、〇六七世帯のうち一万七、一五〇世帯)、等々であった。(148) なお、最後にあげたセルガチ郡の一世帯あたりの営業従事者は男性一・四人、女性〇・〇六人、合計一・五人であり、ここでも女性が農業に従事していたのに対して、男性の働き手が土地耕作から営業に重心を移していたことが確認される。

だが、このような土地耕作と営業との結合は、一体、農民家族のいかなる戦略にもとづくものであったのだろうか。ここでは、クスターリ営業の最も普及していたモスクワ県の村落について見ておこう。われわれにとって最も注目されるのは、多くの場合、このような農工結合が「自然経済的な」農業と「貨幣経済的な」営業との結合であったことである。

まず北部のいわゆる穀物消費地域に属していたモスクワ県では標準的な世帯でも自分の分与地から自己需要に必要な穀物をかろうじて得ることができるに過ぎず、その中には分与地からの農作物の収穫によっては自己消費を満たすこともできない世帯が存在し、いずれにせよ多数の農家がその不足分や日常生活の必需品の購入、租税支払のための貨幣を営業によって得なければならない状態にあったことが、いくつかの調査から明らかである。その一つは、一八八〇年前後にア・イサーエフなどの実施したモスクワ県の農民家計についてのサンプル調査である。(149) またア・エヌ・アンドレーエフ(クスターリ委員会議長)もクスターリ委員会の調査にもとづいて、「農民経営が租税を支払うことも、最も基礎的な需要を充足することもできず」、「通常、不足が経営収入を超えていた」ため、「営業によって補足されなければならなかった」ことを認めていた。(150)

またモスクワ県ゼムストヴォの土地評価資料(151)(一八七九年)では、農民世帯一戸あたりの播種面積が、最も

「農業的な」西部の四郡では三・二八デシャチーナであり、営業の最も普及していた東部の三郡では一・七五デシャチーナに過ぎず、県全体でも二・四七デシャチーナであったことが明らかにされているが、このような土地利用の状態では自家消費に必要な穀物が収穫しえたかどうかも疑わしい。いまモスクワ県の標準的な農民世帯が全播種地を食用のライ麦を栽培するために用いたとすると、播種面積一デシャチーナあたりのライ麦の純収量（収穫―播種量）が三・七三チェトヴェルチ（＝二九・八四プード）であるという土地評価資料の数字[152]から、その家族の一年間の純収量は約九・三二チェトヴェルチ（七四・六〇プード）と計算される。一方、標準的な家族が一年間に消費するとされる穀物量は一〇〇ないし一二〇プードであるから、収穫は消費に及ばないこととなる。なお、この純収量を同じ資料の数字にもとづいて貨幣額に換算すると、九二ルーブル二三コペイカとなり、これから二七ルーブルの租税・償却支払金を差し引くと、六四ルーブリが残されるだけとなる。もちろん、右のような土地利用の状態では土地耕作に充用される労働力がとるに足らないものであったことも明らかである。いまかりに中央統計委員会の土地評価資料[153]（一八八九年）から、モスクワ県の一デシャチーナの播種面積に必要とされる労働日数が施肥をしない場合には三六・二日、施肥をする場合には五三・一日であったというデータを当てはめると、標準的な農民世帯が土地耕作のために要する日数は九一日ないし一三三日となる。したがって三人（男女）の働き手を持つ標準的な農民世帯は土地耕作のために一か月ないしは一か月半を要するだけであるということになる。この日数は植物の生育期間が夏の三、四カ月に集中していたモスクワ県の基準から見てもかなり短いと言わなければならない。

しかも、ここに示されたような状態はその後改善されたようには思われない。というのは、一八九八／一九〇〇年の地方調査の数字[154]では、標準的な農民世帯の播種面積はわずかに低下しているのに（二・四五デシャチーナ）、一デシャチーナあたりの純収量もその貨幣額もほとんど増加していないからである（播種面積一デシャチーナあたり二六ルーブル六二コペイカないし四三ルーブル〇七コペイカ）。

以上のように、われわれはモスクワ県が属している北部の非黒土地域における農民世帯は、余剰な働き手を抱え、自家消費のための矮小経営の性格を濃厚に帯びていた農業経営であり、それが貨幣収入をもたらす営業活動によって補充されなければならなかったことをはっきりと確認することができる。したがって、帝政ロシアおよびソ連初期のクスターリ工業の研究者ルィブニコフが次のように述べるとき、それにまったく同意することができるであろう。

「クスターリ経営は商業経営である。

その際、土地が十分に供給されておらず、その生産性が低いため、また技術が低く、貨幣によって不足を補うことが必要なため、クスターリ工業は多くの場合に貨幣経済のパイオニア、小農業へのその先導者であったし、現在もそうである。……経営における営業活動と穀物購入の必要性との間の著しい相関がクスターリ事業の発展に影響を与えた。

かくして小農業がその構造上長い間消費的性格を維持していたのに対して、小製造業は自然形態から急速に貨幣経済へと発展し、これらの両タイプの経営の共存が著しくしばしば長期間にわたって小農業の不動の、自然的な、性格を支えたのである。(155)」

それでは、この二つの要素、つまり消費的な小農業と貨幣経済的な営業は農民世帯内部の働き手の間でどのように配分されていたであろうか。ここではウラジーミル県シューヤ郡の一八九九年の土地評価資料から検討しておこう。

表 40　ウラジーミル県シューヤ郡の農民経営と営業

群	播種面積 des.	農民世帯	営業世帯		男性働き手		男性営業働き手		男性営業従事者の農耕との関係		
			戸	%	人	人/世帯	人	%	分離	中間	結合
I	0	2,777	2,713	97.7	3,134	1.2	2,963	94.5	2,963	0	0
II	0-3	3,661	3,582	97.8	4,310	1.2	4,074	94.5	1,737	462	1,848
III	3-6	5,260	5,088	96.7	7,475	1.5	6,599	88.2	2,169	584	3,846
IV	6-9	1,211	1,161	95.8	2,115	1.8	1,809	85.5	603	194	1,012
V	9-	258	237	91.9	516	2.2	429	83.1	136	42	251
計		13,167	12,781	97.1	17,550	1.4	15,874	90.5	7,608	1,282	6,957

出典）Материалы для оценки земель Владимирской губ., Том 3, вып. 2, 1905, с. 496-527.

表40は、この郡の農民経営を播種面積によって五群に分類したものであるが、この表から以下の点が明らかとなる。

(1)まず農業経営を行なう世帯（播種面積を持つ経営）（群II—V）について見ると、それらの世帯のうち農業のみに従事する世帯はごく一部（三二二戸）に過ぎず、ほとんどの世帯（一万六八戸）は営業に従事する者を持っていること、そして男性の働き手の五分の四以上が営業に従事していることである。そして、農業と営業とを結合している経営の割合や営業に従事する男性の働き手の割合は播種面積の上位の群に移るにつれて低下するが、上位の群の多くの世帯も農業と営業を結合していることには変りはない。

この農業と営業とを結合していた世帯をより詳しく見ると、その世帯内で営業に従事している男性の働き手のうち営業に専門化している者（つまり農耕を行なわない者）は四、六四五人（三六パーセント）であり、農耕と営業の両方に従事する者は六、九五七人（五四パーセント）、両者の「中間」（部分的に農業に従事する者）は一、二八二人（一〇パーセント）となっている。このことから農工を結合していた世帯では、女性や老人が農耕に従事し、男性の働き手が営業と農耕の両方に従事するか、営業に専門化していたことが分かる。

(2)一方、播種面積を持たない世帯（群Ｉ）の中には、農耕にも営業にも従事しない世帯（六四戸）と営業だけに従事する世帯（二、七一三戸）が含まれており、これらはかなりの割合（二〇パーセント）に達していたことが分かる。これらの世帯の多くは、①男性成員がいないため、分与地を持たないか、それとも②男性成員がいないか少ないため、狭い分与地（平均して一デシャチーナ）しか持たず、土地耕作のための役馬や農具を持たないため、分与地の耕作を放棄するか、村仲間に借地に出すか、さもなければ農具や役畜を持つ村仲間（управщик）を雇って耕作するかの、いずれかの世帯であった。

ここに示したことは土地や土地耕作から分離し、営業に専門化した要素がロシア諸県でも現われつつあったことを示すものである。だが、このことは果たして農工分離が順調に進んでいたことを示すものであっただろうか。このことを検討するためにヴャトカ郡とモスクワ郡の統計からどのような変化が生じていたかを見ておこう。

農工分離の動態的な変化

まずヴャトカ郡の村落の一八八六年と一九〇〇年の二時点における比較から見ておこう。[156]

この郡の調査地域では、一八八六年から一九〇〇年までの一四年間に、実在世帯数は六、五五二戸から六、六七五戸に増え、男性人口は一万九、八五三人から二万一、七四六人に増加していた。一見すると、この数字はヴャトカ郡の農村に生じた変化がほとんど感じられないほどにかすかなものであったかのような印象を受けるかもしれないが、実際にはそれはかなり激しいものであった。

第一に、一八八六年に実在した世帯のうち九五五戸（一四・六パーセント）は一九〇〇年までに消滅していた。この消滅そのものは死亡、移住、婚姻やそれに伴う吸収・融合などによるものであったが、ここで注目されるの

表41　ヴャトカ郡の農民世帯の14年間の変化

	14年間の変化	世帯 戸	分与地／世帯 デシャチーナ	土地なし %	家畜／世帯 頭	馬なし %	男子／世帯 人
一八八六年	消失	955	10.2	9.0	1.41	55.2	1.4
	不分割	4621	16.1	1.3	3.00	18.8	3.0
	分割	976	23.4	0.2	4.75	7.8	4.8
	計	6552	16.3	2.3	3.03	22.5	3.0
一九〇〇年	不分割	4621	17.1	1.3	3.39	14.1	3.4
	分割	2054	13.9	0.5	2.96	17.5	3.0
	計	6675	16.1	1.1	3.26	15.1	3.3

出典）Сборник материалов по оценке земель Вятской губернии, Том 1, вып. 2, Часть 1, Вятка, 1904, с. 56, 61.

は、消滅した世帯の多くが男性成員がまったくいないか少ないため、分与地を保有しないかわずかしか保有せず、農業経営を放棄していた家族であったことである。第二に、九七六戸（一四・九パーセント）は分割され、その結果、二、〇五四戸の新しい世帯が生まれていた。その際、分割された世帯が大家族であったこと、また新しく生まれた世帯がより下位の経営群に移行していたことなどは、先にトゥーラ県エピファン郡の事例について検討したとおりであるから詳しく述べる必要はないであろう。第三に、エピファン郡と同様に、実体的な変化（消滅、分割）を被らなかった家族（四、六二一戸）の多くは一九〇〇年までにより上位の群に移行していた。

ヴャトカ郡の村落では、このような変化とならんでまた営業従事者の増加も観察される。まず一八八六年には郡内の全実在世帯（二万八、三六七戸）のうち五五・八パーセント（一万五、八二八戸）が営業に従事する者を持っており、これらの世帯で営業に従事する者は、地元営業が二万六、三二二人、出稼営業が一万七、五〇一人であった。一方、一九〇〇年には、ゼムストヴォの調査地域における実在世帯（六、八二二世帯）の六四・四パーセント（四、五三一戸）が営業の従事者を持っており、これらの世帯で営業に従事する者は七、二六二人であ

表 42　モスクワ郡の村落農民の経済状態

区　分	1858 年	1869 年	1881 年	1883 年	1898 年
世帯（戸）					
登録世帯	12,171	17,065	19,311	19,554	23,350
不在	na	na	na	1,900	2,669
土地なし	na	na	1,993	2,942	2,837
土地持ち	na	na	17,318	16,612	20,240
耕作放棄	na	na	3,248	1,737	2,042
耕作	na	na	14,070	14,875	17,838
雇用耕作	na	na	1,246	na	3,678
個人耕作	na	na	12,824	na	14,160
実在世帯	na	na	na	17,654	20,681
馬なし	na	na	na	5,281	2,324
馬持ち	na	11,367	12,459	12,373	18,357
営業持ち	na	na	na	na	18,966*
人口（人）					
登録世帯人口	94,042	100,464	102,361	102,361	123,387
不在世帯人口	na	na	na	na	8,091
実在世帯人口	na	na	na	na	115,296
働き手	50,894	na	57,080	na	59,487*
営業従事者	na	na	43,452	na	52,797*
うち専門従事者	na	na	na	na	20,559*

出典）Сборник стат. сведений по Московской губернии, Отдел хоз. статистики, Том 1, вып. 2, М., 1882 ; Московская губерния по местному обследованию 1898-1900 гг., Том 3, вып. 1, Том 1, вып. 3.

った。つまり営業に従事する家族成員を持つ世帯は一四年間に一〇パーセント近く増加したことになる。

ところが、注目されるのは、それにもかかわらず、農業から分離された世帯がほとんど増加していないことである。すなわち、一九〇〇年には農業のみに従事する世帯は二、二三六戸（三二・八パーセント）、農業と営業の両方に従事する世帯は四、四五七戸（六五・四パーセント）であり、それに対して農業に従事しない世帯はわずかに一一八戸（一・七パーセント）であった。しかも、このうち四四戸は病人、児童、老人からなり、労働年齢にある者のいない例外的ともいえる世帯であった。

それではモスクワ郡ではどうだっただろうか。この郡の一八五八年、一八六九年、一八八一年、一八八三年および一八九八年の統計からは次のようなことが明らかとなる。

まず第一に、この郡の農民の登録世帯のうち「農業を放棄した」世帯――分与地を持たないか、その耕作を放棄したか、村仲間に貸付けている世帯――は右のいずれの統計でも五分の一を超えており（一八八一年に二七・一パーセント、一八八三年に二三・九パーセント、一八九八年に二〇・九パーセント）、また働き手のうち専門的に営業に従事する者も三分の一を超えていた（三四・六パーセント）。

しかし、第二に注目されるのは、農業を放棄した世帯のほとんどが例外的とも言える小家族であったことである。例えば一八八一年の統計が「土地なし」と記載している一、九九三戸の世帯のうち一、四二八戸は男女の単身生活者（бобыли и бобылки）の世帯、四〇九戸は徴兵された兵士や退役兵士の世帯であり、残余の一五六世帯がドヴォロヴィ（分与地を持たない地主家計の世襲僕婢）や農民などの小家族であった。(157)

第三に、これらの「土地なし」農民は一八八一年と一八九八年の統計ではわずかに（八四四戸）増加しているが、一八八三年と一八九八年の統計によれば、わずかながら（一〇五世帯）減少したことになる。また一八八一年の統計が「不在」としている世帯（移住した世帯）も、その圧倒的な多数は小規模な家族であり、その数も一八八三年から一八九八年の一五年間にわずかに（七六九世帯）増えただけである。また「土地耕作を放棄した」世帯や「村仲間を雇う」世帯も小規模家族であり、その数は一八八三年の一、七三七世帯から一八九八年の二、〇四二世帯へとわずかに増加しただけであるか、一八八一年の三、二四八世帯から一八九八年の二、〇四二戸世帯へと減少さえしている。したがって動態的な変化を観察すると、土地や農業から分離した農民家族が急速に増加しつつあったと言うことは決してできないことになる。

第四に、ところが、共同体における世帯数の増加とともに、農業と営業の両方に従事する働き手を持つ農民世帯は確実に増加していた。そして、すでに述べたように、この農工結合は女性が土地耕作に、男性が営業に就くという形で実現されたのである。

ところで、ここに示した結論は、一八九七／一九〇〇年のゼムストヴォ統計から中央工業地域の村落の四三・六パーセントが「農業から分離した」営業村落であると結論し[158]、農工分離の過程を強調したソ連の経済史家ヴォダルスキーの意見と著しく異なるものである。しかし、ここで注意しなければならないのは次のことである。

まずヴォダルスキーが「農業を放棄した」世帯に含めたのは、①不在世帯（共同体に登録されているが、移住した家族）、②分与地を保有しない世帯、③分与地を放棄した世帯、④分与地を村仲間に貸し出す世帯の外に、⑤村仲間（управщик）を雇う世帯であり、その上、ヴォダルスキーは農工結合の世帯の中にも土地耕作に従事しない働き手（専門的労働者）がいることに注意をうながし、それが半数を超えるような村落を営業村落に含めるべきとしていることである[159]。もちろん、このような指標が「農業から分離した」村落の考えうる限り最も広い定義であることは言うまでもない。

しかし、それより重要なことはヴォダルスキーが農業と工業との特有な関係とその動態をまったく見ていないことである。しかしながら、ロシアにおける経済発展について考察するときに何よりも重要となるのはまさしくこの点であるように考えられる。すなわち、ロシア諸県に特徴的であったのは、オプシチーナとドヴォールの強力な共産主義的原理のために自己消費的な矮小農業経営が大量に生み出されるとともに、それを補足する小営業が継ぎ足されるにいたり、しかも一方では矮小農業経営さえ維持できないような小家族＝貧農が共同体の片隅で生まれていたことである。「貨幣経済的な」農村工業が広汎に普及したのは、こうしたロシア農村における「土地不足」の土壌の上においてであり、農村工業がその作用を弱めていたと言うことはできるとしても、それを根本的に解決するものでは決してなかったのである。いずれにせよ、それは商業的農業を経営する農民（ファーマー）と専門的な工業労働者（プロレタリアート）とへの社会的分化をもたらすような発展とは著しく異なるものであり[160]、またそのような発展を可能とするような強力な局地的市場の発展をともなうものでもなかったのである。

二十世紀初頭のロシア国民経済と農村小工業

ここで、ロシアにおける市場の規模がどの程度であったのか、戦前（一九一三年）のデータから素描して描いておこう。

まずロシア帝国全体の総生産と国民所得についてのストルミーリンとエス・プロコポヴィチの推計をあげておこう[161]。

	総生産	国民所得
農　業	一三八億一、四〇〇万ルーブル	七三億六、〇二〇万ルーブル
大工業	六八億八、二〇〇万ルーブル	—
小工業	一九億五、〇〇〇万ルーブル	—
工　業	八八億三、二〇〇万ルーブル	三四億〇、九三〇万ルーブル
計	二二六億四、六〇〇万ルーブル	一〇七億六、九五〇万ルーブル

（農業には林業と水産業が、工業には建設業が含まれる。）

このデータによれば、農業は総生産と国民所得全体のそれぞれ六一パーセントと六八パーセントを占めていたことになる。もちろん農業の総生産のうち市場で販売された部分を求めるには、農民自身によって消費された部分を差し引かなければならないが、この商品化された部分はストルミーリンの数字では四九億三、八〇〇万ルーブルであったから、ロシアの工業と農業の与える市場の「容量」は一三七億七、〇〇〇万ルーブルとなり、農業および小工業、大工業の割合はそれぞれ三六パーセント、一四パーセント、五〇パーセントとなる。したがって市場においては大工業が農業を超えて最も大きな比重を占めていたことはまちがいない。

それでは、この市場を介して農業と工業はどのように結びついていただろうか。ここではもちろん正確な数字を示すことはできないが、概ね次のような状態を示すことができるであろう。

一、農産物の市場

まず市場で販売された農産物は、オガノフスキーの数字（一九二〇年代ソ連領）では、三一億三、一〇〇万ルーブルであり、そのうち穀物が三二パーセント（一〇億一〇〇万ルーブル）、工芸作物と野菜が二六・九パーセント（八億四、三〇〇万ルーブル）、畜産と牧草が四一・一パーセント（一二億八、七〇〇万ルーブル）であった。この商品化された農産物のうち国内で消費された部分は二二億三、三〇〇万ルーブルであり、輸出された部分（そのほとんどは穀物である）は九億三〇〇万ルーブルであった。一方、商品化された農産物のうち工業部門（大工業と小工業）に投入された部分は一二億六四〇万ルーブルであり、そのうち原燃料として投入されたものが一五億二、四四〇万ルーブル、半製品として投入されたものが六億八、二〇〇万ルーブルであった。[162]この数字が示すように工業の発展が何といってもまず原料を提供する農業部門の成長にかかっていたことは明らかである。

二、工業（大工業と小工業）の市場

これに対して、工業については次のような数字をあげることができる。

まず農村と都市の小工業の総生産額は、ルィブニコフの推計によると、[163] 一九億八、〇〇〇万ルーブルであり、そのうち一三億五、〇〇〇万ルーブルが農村の手工業・クスターリ製品によるものであった。これらの手工業製品のほとんど（グフマンの数字では、一二億二、八〇〇万ルーブル）が消費財であり、生産材（農具など）はごく一部を占めるだけであったことはすでに見たとおりである。したがってその購入者が農村と都市の消費者であったことはもちろんである。なお、小工業に投入された生産財――農産物（原料・燃料）や小工業の製品――の総額は約九億三、〇〇〇万ルーブルと推計されるので、小工業従事者の得ることのできた「所得」は四―五億ルーブルと考えることができる。[164]

一方、工業の市場についてはグフマンが詳しい分析を行なっているので、その数字をあげておこう。[165] それによると、大工業の総生産額（六四億ルーブル、ソ連領）のうち消費財が二二億七、〇〇〇万ルーブル、生産財（完成品と半製品）が四一億三〇〇〇万ルーブル（完成品＝一六億三、〇〇〇万ルーブルと半製品＝二五億ルーブル）であった。この場合、もちろん消費財の購入者が農村と都市の消費者の間にいたことは言うまでもない。これに対して、生産財は、その多くがふたたび工業部門に投下されていた。グフマンのデータでは、例えば半製品のうち二二億二、〇〇〇万ルーブル（八九パーセント）は工業部門に投入されていた。一方、工業製品の中には外国に輸出されたものもあるが、この輸出額（三億三、四七〇万ルーブル）のうち最も重要なものは木材、砂糖、石油などの第一次産品であった。なお、大工業の与える「所得」のうち賃金は、ストルミーリンとヴァルザルの数字から計算すると、約七億八、〇〇〇万ルーブルとなり、[166] また大工業の生みだす利潤は六億ルーブルを超えていたと推測される。[167]

さて、以上の統計から次の二点を指摘することができよう。

第一に、工業製品＝消費材（グフマンとルィブニコフの数字では、三六億ルーブル）に対する需要の一部はもちろん都市住民の中にも生まれていたが、基本的には農村の消費者の中に生まれていたことである。このことは、例えば大工業の労働者が約八億ルーブルほどの貨幣所得を得ていたに過ぎないのに対して、農業が三一億ルーブルの、また小工業が四―五億ルーブルの貨幣所得を与えていたことからも明らかである。もちろん農業と工業以外の部門にも貨幣所得は存在したし、また農業と工業の所得のすべてが工業製品を購入するために使用されたわけでもない。しかし、それでも農業が工業製品の基本的な購買者を提供したことはまちがいない。

第二に、ところが、それにもかかわらず、農村住民の所得の貨幣部分（商品化率）がかなり低く（「農村内流通」を含めて約三五パーセント）、しかも――先に示したように――それがロシア諸県でははっきりとした長期的な上昇傾向を示さなかったことである。もちろん、工業発展の初期の時代には、農業がほとんど唯一の産業であるため村落住民が農作物を販売して獲得した現金収入が工業製品のための主要な購買力をなすことは自明の理であると言ってもよいかもしれない。また商品化率の停滞という条件下でも農村人口の増加と農業生産の増加につれて市場で販売される農産物の総量は増加しうることはまちがいない。しかし、いま抽象理論的に考えると、工業製品に対する需要は農産物の販売から得られた貨幣によって生じるだけではなく、非農業部門で生じる所得からも生まれることは確かであり、またその市場の「容量」は、人口の多くが土地耕作によって扶養されるよりも非農業部門に移転し、しかも農業生産力の上昇と商業的農業の発展という条件の下で、はるかに急速に拡大するであろう。なぜならば、後者の場合には、工業製品に対する需要は、不断に商品化率を上昇させてゆく農業と、いまや過剰労働力を吸収し、急速に成長する非農業部門の双方で生じるからである。しかも、もしこのことが実現したならば、これまでロシア農村を苦しませてきた慢性的な「土地不足」の状態も解消することになるであろう。

しかし、現実にはこうしたことは生じていなかったのであり、むしろ——繰り返すと——ロシアではファーマーと専門的労働者への社会的分化をもたらすような強力な局地的市場の発展が欠如していたため農工の社会的分業関係の形成が著しく抑制されていたのである。

（1） August Freiherr von Haxthausen, Studien uber die innern Zustände, das Volksleben und insbesondere die ländlichen Einrichtung Russlands, Band 1, Hannover, 1847, S. 182.

（2） マックス・ヴェーバーは、ロシアの工業村落（Gewerbedorf）が「氏族成員がそれぞれの氏族に事実上世襲されているような工業経営を営みつつ形成しているような種類の定住」であると述べた。ヴェーバーの見解では、古い時代には、世界中のいたるところで家族工業から氏族世襲工業への発展が生じ、その結果、氏族間の分業が行なわれるようになること、また都市のツンフトが全面的に勝利した西欧においてのみ、「都市の、局地的需要のために働く手工業」が支配的となり、それとともに古い農民的氏族（大家族やジッペ的団体）もそれによって営まれる工業も消滅したこと、しかしこのように都市のツンフト手工業が勝利しなかったところではどこでも氏族工業がずっと後にいたるまで存続したことを主張している。このような理解では、十六世紀以降に西欧で発展しはじめた農村工業の歴史的性格は、家族・氏族工業の色彩の濃いロシアのクスターリ工業とまったく異なるものであるということになるだろう。マックス・ヴェーバー『都市の類型学』（世良晃四郎訳）、創文社、四ページ。

（3） И. М. Кулишер, История русского народного хозяйства, Москва, 1925, с. 169–170；А. А. Рыбников, Генезис хозяйства Центрально-промышленной области, Экономико-статистический сборник, 1929, с. 174.

（4） И. М. Кулишер, Указ. соч., с. 179–191.

（5） И. М. Кулишер, Указ. соч., с. 172.

（6） ただし西部ロシアでは、市参事会に「もぐり職人」を取り締まるための警察と裁判所が存在していた。Ф. В. Клименко, Западно-русские цехи, Киевские Университетские Известия, 1914, No. 3-4, с. 130 и следующие.

（7）И. М. Кулишер, Очерки истории русской промышленности, Пг., 1922, с. 24.

（8）肥前栄一「一八三〇年代ロシアの人口構成」（『経済学論集』一九八二年十月、第四八巻第三号）、九二、九三ページ。

（9）А. А. Рыбников, мелкая промышленность и ее роль в востановпении русского народного хозяйства, Москва, 1922, с. 4.

（10）Труды всероссийского сьезда по ремесленной промышленности 1900 г., СПб., 1900, с. 62.

（11）Там же, с. 118.

（12）Там же, с. 161-162.

（13）十九世紀中葉までの工業統計に手工業・クスターリ工業が入ることはほとんどなかったようである。一八五三年のモスクワ県工業統計では、五五万六、四八四人の労働者のうち一—一五人を使用する事業所の労働者数が三万八、一七五人とされているが、後に実施されたゼムストヴォの調査からも分かるように、家族単位の作業所で働く小生産者は数十万人を数えたからである。一八五三年の調査については、有馬達郎『ロシア工業史研究——農奴解放の歴史的前提の解明——』東京大学出版会、一九七三年、二〇九ページ。

（14）А. В. Прилежаев, Что такое кустарничество ?, СПб., 1882, с. 89-121 ; М. Слобожанин, Кустарная промышленность в России и условия ее развития, Ежегодник кустарной промышленности（далее, ЕКП）, 1912 г., Том 1, Вып. 1, СПб., 1912, с. 3-7.

（15）A. Thun, 1880, S. 161-162.

（16）СВРИ, Серия 2, вып. 3, Материалы для изучения кустарной просышленности и ручного труда в России（далее, Материалы）, СПб., 1872, с. 98.

（17）Стат. сборник по Ярославской губернии, Вып. 20, Базарная торговля за 1900-1903 год, Ярославль, 1907.

（18）А. Корсак, О формах промышленности вообще и о значении домашнего производства（кустарной и домашной промышленности）в Западной Европе и России, Москва, 1861, с. 180.

（19）Там же, с. 271.

（20）A. Thun, 1880, S. 162.

（21）П. Г. Любомиров, Очерки истории русской промышленности XVII, XVIII и начала XIX века, ОГИЗ, 1947, с. 119–125.
（22）Там же, с. 631.
（23）И. Д. Ковальченко, Русское крепостное крестьянство в первой половине XIX в., Москва, 1967, с. 246–248 ; В. А. Федоров, Помещичьи крестьяне Центрально-промышленного района России конца XVIII-первой половине XIX в., Москва, 1974, с. 97. イヴァノヴォ村の繊維工業についての詳細は、有馬達郎『ロシア工業史研究――農奴解放の歴史的前提の解明――』東京大学出版会、一九七三年、九〇ページ以下、二四二ページ以下を参照。
（24）М. И. Туган-Барановский, Русская фабрика в прошлом и настоящем, Москва, 1997, с. 247.
（25）А. Корсак, Указ. соч., с. 305.
（26）A. Thun, 1880, S. 154.
（27）「わが国でそのような一様な家内工業の中心地がいつから現われたかをはっきりと言うことはできない。しかしおそらく、それは特に十七世紀から、すなわち放浪が弱まり、それらの形成に適していなかった人口の移動が停止した動乱時代後に発展しはじめたと考えることができる。…しかし、農村工業は十七世紀から著しく発展しはじめた。とりわけ大道に面するモスクワ近郊の部落全体がなんらかの手工業生産に従事し、ある部落の住民は皮革工に、別の部落は織布工に、第三の部落は染色工、橇工、鍛冶屋になった。当時の複雑でない工業のほとんどすべての主要な部門が村と部落に散らばっていた。」А. Корсак, Указ. соч., с. 119.
（28）А. Корсак, Указ. соч., с. 128.
（29）А. И. Чупров, Мелкая промышленность в связи с артельным началом и поземельною общиною, Беседа, Кн. 5, Май 1871, М., с. 193–194.
（30）Материалы, СПб., 1872, с. 1.
（31）В. О. Ключевский, Боярская дума древней Руси, изд. 2, с. 88.
（32）А. И. Чупров, Указ. статья, с. 194.
（33）カール・マルクス『資本論』（向坂逸郎訳）、岩波書店、一九六七年、第二巻、二八〇―二八一ページ。「気候が不良であればあるほど、農業の労働期間が、したがって資本と労働の支出が短期間に密集する。例えば、ロシア。その若干の北部地方では、一年のうち耕作労働が可能なのは、一三〇―一五〇日にすぎない。ヨーロッパ・ロシアの人口六、五〇〇万人のうち五、〇〇〇万人が、一切の耕作労働が休止されなければならない冬の六か月から八か月を、仕事をしないでいるとすれば、ロシアの受ける損害がいかに大きいかは、誰にもわかる。ロシアの一万五〇〇の工場で労働する二〇万人の農民のほかに、村落にはいたるところに、特有の家内工業が発達している。すべての農民が何代も前から、織布工であり、鞣皮工であり、製靴工であり、錠前工であり、ナイフ鍛冶工であるという村がある。ことにモスクワ、ウラジーミル、カルーガ、コストロマ、ペテルブルクの諸県では、そうである。ついでに言えば、これらの家内工業は、すでにますます資本主義的生産への奉仕を強要されている。例えば、織布工には、経糸と横糸とが、商人によってか、直接にか、または仲介人の手を経て、供給される（『商工業等に関するイギリス大公使館書記官報告』第八号、一八六五年、八六―八七ページによって要約）。ここでは、生産期間とその一部分をなすにすぎない労働期間との不一致は、農業と農村副業工業との結合の自然的基礎をなすことが知られるとともに、他面ではまた、この農村副業工業が、さしあたり商人として侵入してくる資本家のための手がかりとなることが知られる。」

（34）『マックス・ウェーバー　ロシア革命論Ⅱ』名古屋大学出版会、一九九八年、二八八ページ。

（35）Я. Е. Водарский, Количество земли и пашни на душу мушского пола в Центрально-промышленного района в XVII–XIX вв., ЕАИВЕ, 1965 г., 1970, с. 239, 240, 244–245.

（36）Корсак, А, Указ. соч., с. 305.

（37）ТМКНСХП, Том 21, с. 108, Том 20, с. 115.

（38）П. Б. Струбе, Крепостное хозяйство в России, с. 40.

（39）Там же, с. 41–42.

（40）William Coxe, Travels in Poland, Russia, Sweden, and Denmark, London, 1802, p. 154, 156–157.

（41）В. А. Федоров, Указ. соч., с. 191, 225.

（42）R. L. Rudolph, Family structure and proto-industrialization, The Journal of Economic History, vol. XL, 1980

March ; R. L. Rudolph, Agricultural structure and proto-industrialization in Russia : Economic development with unfree labor, The Journal of Economic History, vol. XLV, 1985 March ; Edgar Melton, Proto-industrialization, serf agriculture and agrarian social structure : Two estates in nineteenth-century Russia, Past and Present, no. 115, 1987.

(43) Материалы по истории крестьянской промышленности XVIII и первой половине XIX в., 1, М.-Л., 1935, с. 229.

(44) Н. В. Калачев, Артель в древней и нынешней России, СПб., 1864, с. 92-93.

(45) А. Исаев, Промыслы Московской губернии, Том 2, Москва, 1876, с. 4.

(46) Там же, с. 5-6.

(47) Материалы по описанию промыслов Вятской губернии. вып. 5, 1893, с. 54-56.

(48) われわれが利用することができる資料は、一八七九年に商工業省に設置されたクスターリ委員会が一八七九／一八八五年に公表した報告書、各県のゼムストヴォ（自治体）が一八七〇年代以後に公刊した一連の統計書の中の「営業」に関係する部分、一八九〇年代に農業省農村経済・農業統計部の刊行した報告書、一八九七年の国勢調査、その他の断片的なデータである。このうちクスターリ委員会や農業省の報告書は詳細なデータを含んではいるが、そのほとんどは断片的なものにとどまっている。一方、ゼムストヴォ統計は地域（県、郡）全体についての詳細な統計であるが、県・郡ごとに統計作成上の基準・時期が異なっており、またそのほとんどが一時点でのデータを含むだけであるため、そこから変動や趨勢を知ることはできない。ТКИКПР, Том 1, Отдел 2, СПб., 1879, с. 10-11 ; А. Исаев, Промыслы Московской губернии, Том 1, вып. 1-2, Том 2, М., 1876-1877 ; Сборник стат. свед. по Московской губернии, Том 6, вып. 1-2, Том 7, вып. 1-3, 1879-1883 ; Отчеты и исследования по кустарной промышленности в России, СПб., Том 1-11 ; СВРИ, Серия 2, вып. 3, Материалы, СПб., 1872 ; Свод материалов по кустарной промышленности в России, СПб., 1874.

(49) Н. Ф. Руднев, Промыслы крестьян России, Сборник Саратовского. земства, Саратов, 1894, с. 218-222.

(50) П. Г. Рындзюнский, Указ. соч., с. 78-79.

(51) Е. Андреев, Кустарная промышленность в России, СПб., 1882, с. 12.

（52）　В. В., Очерки кустарной промышленности в России, СПб., 1886, с. 4‐11.

（53）　А. А. Рыбников, Кустарная промышленность и сбыт кустарных изделицй, Москва, 1913, с. 20 ; Он же, Мелкая промышленность и ее роль в восстановлении русского народного хозяйства, Москва, 1922, с. 4.

（54）　Общий свод, 2, СПб., 1905, с. 295, 356.

（55）　一九〇一年の中央部委員会の統計では、一九〇〇年のヨーロッパ・ロシア五〇県で、一、四一六万人が「営業」（промыслы）に従事しており、そのうち「手工業者・クスターリ」は四六二万人、出稼者は三七八万人、工場労働者は一九九万人、「農業営業」の従事者は三七七万人であり、これらの諸営業からの収入は農民世帯の収入の一七パーセントであった。Материалы Коммиссии Центра, вып. 1, 1903, с. 210 и следующие.

（56）　Кустарно-ремесленные промыслы Тульской губернии, 1913, с. 41.

（57）　カール・ビュッヒャー（権田保之助訳）『国民経済の成立』（栗田書店、一九一七年）の「四、工業経営式の史的発展」。ビュッヒャーは、「ロシア及び南スラヴ諸国に於いては数十万の賃仕事人ありて、殊に建築及び被服の工業に従事し、常に遍歴の生活を送る。」（同書、一八一ページ）と述べている。

（58）　СВРИ, Серия 3, вып. 2, с. 250‐251.

（59）　Сборник стат. сведений по Владимирской губернии, Том 3‐5, 7‐10, 12（вып. 3）.

（60）　СВРИ, Серия 3, вып. 2, с. 250.

（61）　В. А. Вихляев, Очерки из русской сельско-хоз. деятельности, СПб., 1902, с. 11.

（62）　「アルテリ」は最広義には「人間の協同関係」一般を示す用語であるが、イサーエフはそれを「共同で経済的目的を追求し、連帯責任で結ばれ、営業の遂行にさいしては労働または労働と資本とを以て参加する若干の等しい権利を持つ人の契約に基づく団体」と定義している。Артель, Энциклопедический словарь Эфрона и Брокгауза, СПб., 1894 ; А. Исаев, Артель в России, Ярославль, 1881. ハクストハウゼンは、農奴解放前のモスクワの大工のアルテリについて触れている。「モスクワの大工はよく組織された共同体［アルテリ］を形成する。それは組織と分業をもち、共同会計を行ない、選出した長老（スタロスタ）に無条件に服従しなければならない」。A. Haxthausen, Studien, Teil 1, 1843,

S. 72-73. ハクストハウゼンは，ロシアのアルテリをドイツの「閉鎖的なコルポラツィオーン（Korportion）」と対比し，その自由なアソシエーションであることを強調した。

(63) Материалы для оценки земель Владимирской губернии, Том 4, вып. 3, 1903, с. 24-25.

(64) P. Apostl, Das Artjel, Stuttgart, 1898, S. 26.

(65) Ebenda, S. 83.

(66) Свод материалов по кустарной промышленности в России, СПб., 1874, с. 580.

(67) Сборник стат. сведений по Тверской губернии, Том 7, Тверь, с. 189.

(68) Сборник стат. сведений по Тверской губернии, Том 2, Тверь, 1889, с. 158.

(69) Сборник стат. сведений по Тверской губернии, Том 5, Тверь, 1890, с. 152.

(70) Сборник стат. сведений по Тверской губернии, Том 10, Тверь, 1894, с. 78.

(71) Сборник стат. сведений по Тамбовской губернии, Том 5, Тамбов, 1883, с. 99.

(72) P. Apostol,, Das Artjel, Stuttgart, 1898, S. 83.

(73) Сборник стат. сведений по Тамбовской губернии, Том 5, Тамбов, 1883, с. 99.

(74) Сборник материалов об артелях, вып. 1, СПб., 1873, с. 196-197.

(75) Сборник материалов об артелях, вып. 2, СПб., 1874, с. 104-111.

(76) Там же, с. 112.

(77) Сборник стат. свед по Тамбовской губернии, Том 5, Тамбов, 1883, с. 85-86.

(78) Сборник стат. сведений по Тверской губернии, Том 4, Тверь, 1896, с. 142.

(79) Материалы для оценки земель Владимирской губернии, Том 3, вып. 3, 1901, с. 53.

(80) Там же, с. 51.

(81) A. Thun, 1880, S. 193ff.

(82) Материалы для оценки земель Владимирской губернии, Том 4, вып. 3, 1903, с. 24-25.

(83) В. В., Артель в кустарной промышленности, с. 176-177 ; Г. П. Петров, Промысловая кооперация и кустарь, М., 1992, с. 252.
(84) P. Apostol, Das Artjel, Stuttgart, 1898, S. 91.
(85) A. Thun, 1880, S. 176.
(86) Julius Frühauf, Die russischen Arbeiter-Genossenschaften („Artells“), Vierteljahrschrift für Volkswirtschaft und Kulturgeschichte, VI Jahrgang, Band I, S. 122.
(87) Ebenda, S. 122.
(88) Н. Карачев, Артели в России, СПб., 1864, с. 45-46.
(89) В. А. Федоров, Указ. соч., с. 220-221.
(90) Сборник стат. сведений о Тверской губернии, Том 5, Тверь, 1890, с. 153.
(91) A. Thun, 1880, S. 238.
(92) Материалы по описанию промыслов Вятской губернии, вып. 5, 1898, с. 140-141.
(93) М. А. Плотников, Кустарная промышленность на выставке 1896 г., Русское Богатство, 1896, No. 12, с. 184-185.
(94) 家具・指物業、金物業、陶器生産。
(95) Промыслы Московской губернии, Том 1, вып. 1, Москва, 1876, Сведения.
(96) Там же, с. 41.
(97) Там же, с. 42.
(98) Промыслы Московской губернии, Том 2, Москва, 1876, с. 72.
(99) Там же, с. 161.
(100) Сборник стат. сведений по Московской губернии, Том 7, вып. 3, М., 1883, с. 6.
(101) イサーエフはその経済的な不利益を認めながらも、家族分割が人々の人格的な独立性を保障するがゆえにその意義を評価しようとした。彼は、もしも政府が経済的な観点から農民の家族分割を禁止しようとするのであれば、同様に貴族・町人・商人・名誉市民などの他身分の人々による家族財産の分割をも禁止すべきではないかと提案し、家族財産の分割禁止政策に反対した。А. Исаев, Промыслы Московской губернии, Том 1, с. 42–43, Том 2, с. 72, 161 ; Он же, Значение семейных разделов крестьян, Вестник Европы, 1883, No. 7, с. 347.

（102） ТКИКПР, вып. 3, СПб., 1879, с. 61.

（103） И. В. Прилежаев, Что такое кустарничество ?, СПб., 1882, с. 159–160.

（104） ヨーロッパではジッペの連帯が衰退し、家産の統合がもはや共有によって維持されなくなり、その細分化の危険が生じたとき、長子相続制や親の選択権が生じ、中世末から十七世紀まで家族結合の根底に見出されると考えられている。ギルド手工業では、親方の手工業経営は息子の一人に伝えられるか、さもなければ娘から婿養子に、または親方の寡婦から彼女の第二の夫に伝えられるかして、ともかく家＝経営の分割はふせがれたようであり、また十七世紀以後は経営から（したがって相続から）分離された土地なし労働者と「プロト工業労働者」がしだいに重要となりつつあり、特に「労働単位」として家族を見なしはじめる可能性が現われていたようであるが、こうしたことは平等な家族分割が実施されていたロシアではほとんど見られない。ただしロシアでも純粋な農業地域でより平等な分割が行なわれたのに対して、営業地域では家族成員の貢献（共同家計に入れた額）が考慮されたとされている。しかし、このことはもちろん家族財産の分割が行なわれなかったということではない。フィリップ・アリエス（杉山光信・杉山恵美子訳）『「子供」の誕生』みすず書房、一九八〇年、三四八ページ。M. Mitterauer, R. Sieder, The European Family, The University of Chicago Press, 1982, p. 103. M・ミッテラウアー、R・ジーダー（若尾祐司・若尾典子訳）『ヨーロッパ家族史』名古屋大学出版会、一九九三年、一一六ページ。ヨーゼフ・クーリッシェル（増田四郎、伊藤栄、諸田実訳）『ヨーロッパ中世経済史』東洋経済新報社、一九七四年、二〇八―二〇九ページ。M. Anderson, Approaches to the history of the western family, 1500–1914, Macmillan, 1980, p. 76. 畠山禎「近代ロシアにおける出稼ぎと人口・家族」、若尾祐司編『家族』、名古屋大学出版会、一九九八年、三一一ページ。А. Я. Ефименко, Исследования народной жизни, Москва, 1884, с. 154–155.

（105） А. Исаев, Промыслы Московской губернии, Том 1, М., 1876, с. 44–49, Том 2, с. 141–143 ; A. Thun, 1880, S. 219–221.

（106） Материалы по описанию промыслов Вятской губернии, Том 6, Вятка, 1893, с. 69–86.

(107) 土地評価資料の「労働時間」の項目。Материалы для оценки земель Владимирской губернии, Том 3, вып. 3, с. 123-163.

(108) A. Thun, 1880, S. 221-222.

(109) 多くの経営主は出来高賃金を望んでいた。А. Исаев, Просыслы Московской губернии, Том 2, М., 1877, с. 41.

(110) С. Г. Струмилин, Очерки экономической истории России, Москва, 1960, с. 111.

(111) 付表によれば、営業の男性従事者の平均労働月は六・八カ月であった。

(112) Статистический ежегодник Московской губернии за 1894 г., Москва, 1895, с. 25.

(113) П. Г. Рындзюнский, Крестьянская промышленность в пореформенной России（60-80-е гг. XIX в.), Москва, 1966, с. 237

(114) ТКИКПР, вып. IX, с. 2552.

(115) ТКИКПР, вып. II, с. 1345.

(116) ТКИКПР, вып. III, с. 5

(117) А. Исаев, Промыслы Московской губернии, Том I, вып. 1-2, Том II, Москва, 1876-1877 ; В. Орлов и И. Боголепов, Промыслы Московской губернии, вып. 1, Москва, 1879.

(118) Материалы для оценки земель Владимирской губернии, Том 3-5, 7-10, 12（вып. 3), Владимир на Клязьме, 1900-1910 より合計。

(119) パロットは、モスクワ県のクスターリによって生産される製品を繊維製品、動物性原料の加工品、木材・樹皮などの加工品、金属製品、様々な日常消費財に分け、さらにそれらを三八種類に細分し、それらの生産に従事している工業村落、工業地区の地理的分布を示している。Judith Pallot, Denis J. B. Shaw, Landscape and settlement in Romanov Russia 1613-1917, Oxford, 1990, p. 223-225.

(120) А. Исаев. Промыслы Московской губернии, Том 2, М., 1876-1877, с. 24-27.

(121) Там же, с. 138-139.

(122) Сборник стат. сведений по Московской губернии, Том 6, вып. 1, М., 1879, с. 255-257.

(123) Там же, с. 142-143, 155-157.

(124) Свод материалов по кустарной промышленности в России, СПб., 1874, с. 167.
(125) П. Г. Рындзюнский, Указ. соч., с. 190-207.
(126) А. Исаев. Промыслы Московской губернии, Том 2, М., 1876-1877, с. 61.
(127) П. Г. Рындзюнский, Указ. соч., с. 87-88.
(128) Там же, с. 93.
(129) Там жа, с. 91-95.「小工業者も……七〇年代は高成長の旗の下に進んだが、その数は産業好況期に著しく減少した。このような不均衡は、小工業者の変化の根本的な原因を資本制大工業に特徴的な景気循環ではなく、ほかの領域に求めることを余儀なくさせる。」
(130) Московская губения по местному обследованию 1898-1900 гг., Том 4, вып. 2, М., 1908, с. 213-241. このことはトゥガン＝バラノフスキーにとってはクスターリ工業の危機を示すものであった。М. И. Туган-Барановский, Указ. соч., с. 436-476.
(131) Московская губерния по местному обследованию 1897-1900 гг., Том 4, вып. 2, М., 1908, с. 213-241; М. И. Туган-Барановский, Указ. соч., с. 461-462.
(132) П. А. Вихляев, Промыслы, Москва, 1908, с. 139.
(133) С. Руднев, Щеточный промыслы в 1895, Стат. ежегодник Московской губернии за 1895 г., Москва, 1895, с. 5.
(134) Там же, с. 4.
(135) Московская губерния по местному обследованию 1898-1900 гг., Том 4, вып. 2, М., 1908, с. 123-127.
(136) Стат. ежегодник по Московской губернии［Московская губернского земства］［за 1895 годы］М., 1896, с. 1-13.
(137) Кустарные промыслы России, Разные промыслы, Том 1, 1913, с. 497.
(138) Там же, с. 511.
(139) 手織工の賃金率は、一八一〇年には六ルーブル／月であったが、一八六〇年頃には三ルーブルから三ルーブル五〇コペイカに低下していた。それは、一八九六年（モスクワ県）には一ルーブル四〇コペイカから三ルーブル二〇コペイカであったが、これに対して機械織布工の月額賃金は少なくとも七ルーブルから八ルーブルほどであった。К. А. Пажитнов, Очерки истории текстильной промышленности дореволюционной России, М., 1958, с. 68 ; СВРИ, Серия 2, вып. 3, СПб., 1872, с. 216 ; Статистический ежегодник Московской губернии, за 1896 г., М., 1897, с. 47–49.

(140)　しかし、鈴木健夫氏が明らかにしているように、モスクワ県の一八九八―一九〇〇年の調査でも、クスターリ織布工が問屋制＝資本主義的家内労働の形態で存続していた。これらのクスターリ織布工は卸商人や工場主、紡糸配布人から前貸を受ける家内労働者であったが、同時に村の共同体員として農業に従事しており、農作業の時期には営業はしばしば中断された。『帝政ロシアの共同体と農民』早稲田大学出版部、一九九〇年、三一〇、三一六ページ。有馬達郎「ロシア綿工業の発展構造（2）」（新潟大学『経済学論集』第四四号、一九八八年三月）、二〇ページ以下もクスターリ織布工が低賃金と過酷な労働条件に耐えるため、その分化は「長期にわたる苦渋に満ちた過程」であったとする。

(141)　『マルクス＝エンゲルス全集』大月書店、一九七五年、第三八巻、一六四、四〇九―四一〇ページ。

(142)　М. И. Туган-Барановский, Указ. соч., с. 453–454. 田中真晴『ロシア経済思想史の研究』、ミネルヴァ書房、三〇一ページ。

(143)　К. Н. Тарновский, Кустарная промышленноснь и царизм（1907–1914 гг.), Вопросы Истории, 7, 1986, с. 35.

(144)　Труды III-го ВРСДКР, вып. 1, Отдел 1, СПб., 1913, с. 62–86.

(145)　Там же, с. 56.

(146)　М. А. Плотников, Кустарная промышленнтость на выставке 1896 г., Русское Богатство, 1896, No. 12, с. 182.

(147)　Московская губерния по местному обследованию 1898–1900 гг., Том 1, вып. 1, Москва, 1908, с. 470–471, 478.

(148)　Материалы для оценки земель Владимирской губ. Том 3–6, 8, 10–13（вып. 2), Том 3–5, 7–10, 12, 1900–1910 ; Сборник стат. сведений по Тверской губении, Том 2, 3, 5–8, 10, 12, 1889–1896 ; Сборник материалов по оценке земель Вятской губернии, Том 1, вып. 1, Вятка, 1904, Том 1, вып. 2, Часть 1-я, Вятка, 1904 ; Материалы для оценки земель Вологодской губернии, Том 1, вып. 1, Москва, 1903 ; Материалы по оценке земель Нижегородской губернии, Экономическая часть, вып. 3, Сергачский уезд,

Нижний-Новгород, 1898.

(149) А. Исаев, Промыслы Московской губернии, Том 1, вып. 2, с. 12–16, Том 2, с. 79–80.

(150) Е. Н. Андреев, Кустарная промышленость в России, СПб., 1882, с. 10–11. 個々の村落の住民、例えばスパス・チェムニャ村（セルプホフ郡）やコルジェニ村（モジャイスク郡）の農民が農業経営の収益が乏しいために、営業（留針営業、ガラス工、出稼）に収入源を求めなければならなかったことは、鈴木健夫『帝政ロシアの共同体と農民』早稲田大学出版部、一九九〇年、二八〇、二九三ページを参照。

(151) Сборник стат. сведений Московской губернии, Отдел хоз. статистики, Том 3, М., 1879 ; Московская губерния по местному обследованию, Том 1, вып. 3. の郡別表。

(152) Сборник стат. сведений Московской губернии, Отдел хоз. статистики, Том 1, М., 1876, с. 111.

(153) Временник ЦСК МВД, No. 10, Материалы по стоймости обработки земли в Европейской России, СПб., 1889, с. 14–19.

(154) Московская губерния по местному обследованию, Том 1, вып. 3, Том 3, вып. 1.

(155) А. А. Рыбников, Кустарная промышленность и сбыт кустарных изделий, Москва, 1913, с. 37–38.

(156) Сборник материалов по оценке земель Вятской губернии, Том 1, вып. 1, Вятка, 1904 ; Сборник материалов по оценке земель Вятской губернии, Том 1, вып. 1, Вятка, 1904, с. 16–63, 283–334, Том 1, вып. 2, Часть 1, Вятка, 1904, с. 56, 61, 299.

(157) Сборник стат. сведений по Московской губернии, Отдел хозяйственной статистики, Том 1, вып. 2, М. 1882, с. 15.

(158) Я. Е. Водарский, Промышленные селения Центральной России в период генезиса и развития капитализма, М, 1972, с. 17 ; Он же, Формирование промышленной селений Центрально-промышленного района Европейской России, История СССР, 1966, No. 3, с. 140–160.

(159) Я. Е. Водарский, Указ. соч., с. 17–18.

(160) 明治以後の日本では農家の二三男が村を離れ、都市に移住したため、農家数が明治初期からほとんど変わらず五五〇万戸にとどまったが、それと対照的に、ロシアでは世帯の均分原理のために農家数が急激に増加し、それと平行して村や家から完全に分離しない「農民の出稼」が増加していたという相違点が小島氏によって強調されている。これは日本とロシアの共同体がまったく異なった機能を果たしていたことによるものであり、両者の歴史的な性格の本質的な相違によるものであると考えられる。小島修一「帝政ロシアの農家労働力移動――明治日本との比較――」（『甲南経済学論集』第三十一巻第四号、一九九一年三月）、一八〇ページ。Shuichi Kojima, Peasant migration to cities in late Tsarist Russia : A comparison to the Japanese experiance, Konan Journal of Social Sciences, Vol. 5, 1993. なお、農民の出稼と本籍地＝村および都市との具体的な関係については以下を参照。畠山禎「近代ロシアにおける都市化と建設業――ペテルブルクを中心に――」（『社会経済史学』第六四巻第五号、一九九八年一二月、一九九九年一月）。高田和夫「近代ロシアの労働者と農民――モスクワ地方の労働力移動をめぐって――」（九州大学『法政研究』、第五七巻第一号、一九九〇年十二月）。有馬達郎「帝政ロシア綿工業の発展構造（2）」（新潟大学『経済論叢』第四四号、一九八八年三月）、二四ページ以下。

(161) С. Г. Струмилин, Наш довоенный товорооборот, Плановое хозяйство, 1, 1925 г., 117–118 ; Он же, Обороты внутренней торговли за 1900 и 1923 г., Экономическое обозрение, вып. 8, 1924, с. 16.

(162) Н. П. Огановский, Промышленность и сельское хозяйство, Промышленность и народное хозяйство, Москва, 1927, с. 206, 232–233.

(163) А. А. Рыбников, Мелкая промышленность, и ее роль в восстановлении русского народного хозяйства, Москва, 1922, с. 4 ; В. И. Лавров, Мелкая и крупная промышленность, Промышленность и народное хозяйство, Москва, 1927, с. 104.

(164) ルィブニコフの数字にもとづく筆者の推計。А. А. Рыбников, Очерки организации сельского кустарно-ремесленного хозяйства, Вестник Промысловой Кооперации, 1926, с. 90–122.

(165) Б. А. Гухман, Динамика промышленности России, Промышленность и народное хозяйства, Москва, 1927, с. 94, 97, 98.

(166) С. Г. Струмилин, Очерки экономической истории России, Москва, 1960, с. 131, 564.

(167) 租税統計上の利潤を固定資本額にもとづいて「工業」に按分した数字は六二億ルーブルとなる。С. Г. Струмилин, Наш довоенный товорооборот, Плановое Хозяйство, 1925, с. 108, 110, 112.

第四章　一九〇五／〇六年の革命とその帰結

一　農業・土地問題をめぐる諸党派の対抗

以上に述べてきたように、十九世紀末から二十世紀初頭のロシアの農業・農民問題の中心的な問題が「土地不足」の現象と力強い局地的市場の発展の欠如とにあり、しかもその根底には共同体の問題が存在したとするならば、この本質的な要因をなすオプシチーナ的土地所有を解体することに問題の解決を求めようとする考えが現われたとしても何ら不思議ではないだろう。一九〇五／〇七年のいわゆる第一次ロシア革命に際してそのような考えを実現しようとしたのはロシア政府であった。しかし、これに対して左派・民主派は私有地の強制収用によって農民の土地利用面積を拡大することを求め、政府の新政策を拒否する。こうした経緯はこれまでの研究によってもかなり明らかにされているが、ここでは二、三の重要と思われる側面を中心にこれまで見てきた農村の状態（共同体とクスターリ工業）にどのような変化が生じることとなるかを検討することとしよう。

一九〇五年十一月三日の農業詔書の公布まで

まず土地問題に対する政府と皇帝の基本的な態度は一九〇六年一月には決定されていた。この時にヴィッテの大臣会議が「私的所有権の神聖不可侵性」の原則にもとづいて一切の強制的な土地収用を拒絶するとともに、オプシチーナ的土地所有に関する従来の政策を根本的に転換することを決定し、ニコライ二世がそれを承認したのである。

しかし、この大転換を用意した思想は一九〇六年初頭に突然現われたものではなく、一八九〇年代末以来ヴィッテをはじめとする近代化論者たちの求めてきたものであった。(1) 先に強調し、またフォン・ラウエの研究なども明らかにしているように、一八九〇年代はヴィッテ体制の下に急速なテンポの工業化が達成された時期であったが、しかし実際にはロシアの経済発展はヴィッテが約束していたほど急速でも完全でもなかったため、彼の体制に対する伝統的ロシアの側からの反対が急速に台頭した時期でもあった。そして、その際、ヴィッテ体制に対する最も重大な糾弾は工業化の進展とともにまさしく農業の状態が悪化しているという点にあり、(2) そのことは経済的福祉の指標をなす農民の租税滞納額が大蔵大臣の職にあったヴィッテを深刻に憂慮させるに充分な程度にまで増大していたことに端的に示されていた。一八九九年に召集され、その後の一連の委員会の最初となった特別協議会の報告が明らかにしたところでは、多くの地方、特に帝国の西部では農民は彼らの負債を支払い終わっていたが、租税滞納は特にロシア諸県において深刻な額に達しており、例えば一八九八年に中央工業地域では八六パーセントに、中央黒土地域では一七七パーセントに、東部では二三二パーセントに達していた。また農村住民一人あたりの穀物収量は、中央部の諸地域では一八六〇年代前半から一八九〇年代前半にかけて五分の四ないし三分の二に低下していたことが明らかにされた。(3) このようにまさしく「中央部の貧窮化」とそのために生じる農業人口の「支払い能力の枯渇」が最も深刻な問題の一つとなっていたのである。

こうした状態に対して提案された政策的対応はもちろん一様ではありえなかった。例えばポレーノフは一八九九年に設置された特別協議会の報告書において次のような結論を導きだしていた。「これらの経済的原因の外に、わが国の全経済・社会体制に影響を与える生活全般の秩序の、それゆえ特に中央黒土諸県における個別的条件の諸原因に触れないわけにはいかない。それは農民法関係における不備である。」この報告書は農業の窮状が工業化とは別の要因によってひきおこされたことを主張し、きわめて慎重な表現ながら共同体およびそれと密接に結びついていた農民法体制の問題性を指摘するものであった。しかし、他方では、ヴィッテの工業化政策を批判し、農業を保護しようとする要求も現われていた。農民や土地貴族の租税負担を軽減するべきであり、工業化のためにでなく「住民の福祉」のために政府の活動を拡大するべきであるという要求は中央でも地方でも現われていた。一八九七年に内務大臣ドゥルノヴォを議長とする土地貴族の必要に関する特別協議会が召集されたとき、それは土地貴族――ヴィッテの眼から見れば、膨大な資本を浪費するがゆえに、明らかな工業化の敵対者であった――に三、五〇〇万ルーブルもの多額の金を支出することを要求した。土地貴族の間でヴィッテ体制に対する批判的な雰囲気がどのようなものであったかは、ヴィッテの腹心であったア・ペ・ニコリスキー（国立銀行貯蓄局長）が『ノーヴォエ・ヴレーミャ』の編集者スヴォーリンに語ったという次のような言葉からも端的に知られるだろう。「もしエルモロフ［農業大臣］を大蔵大臣にし、ヴィッテを農業大臣にすれば、もう事態の改善のために何も必要ない、とオリョールの貴族が書いてきた」、と。(4) つまり工業を破滅させ、農業を保護すればすべての問題が解決するというわけである。

しかし、これに対して、ヴィッテ自身はますますロシア農業の弱点と、それがロシアの経済的進歩に与えた障害を問題とするようになり、農民問題を、そしてその中で最も重要な位置を占めていたオプシチーナの問題を自分の経済政策の全面に移動していた。そして、彼の一八九八年以来のニコライ二世に対する働きかけによって、ようやく皇帝は一九〇一年に決意し、まず同年十一月にココフツォフを議長とする中央部委員会（「帝国のその他の部分の経済状態との比較における中央部の経済的衰退の問題の解明のための委員会」）を召集し、また翌年一月には内相シピャーギンに新しい農民立法を編纂するよう訓令し、さらに一月二十二日、ヴィッテを「農業の困窮に関する特別協議会」の議長に任命した。

このうち中央部委員会は議長ココフツォフの下に、クートレル、ポクロフスキー、レインボート、カシュカロフ、シュバネバフ（大蔵省）、ポレーノフ（農業省）、ズヴェギンツェフ、グルコ（内務省地方部）、一八県のゼムストヴォ活動家のグループを加えて活動し、三巻の貴重な報告書を著わしたが、政治的にはほとんど影響を与えることなく終了した。一方、ヴィッテの特別協議会は共同体の将来および農民の法的平等性（農民の「身分的閉鎖性」の廃止）という二つの領域で積極的に活動し、その際、ヴィッテは農民問題の中央管轄権（内務省と特別協議会の間での管轄権の分割）の問題を解消するために——農奴解放に際してアレクサンドル二世がそうしたように——皇帝自身が議長となることを促し、一方、その活動の過程においてゼムストヴォへの接近をはかり、特別協議会の地方委員会の創設を実現した。しかし、多数の地方委員会——とそれらへの指令を討議するゼムストヴォ会議——が政治という禁断の領域に入り込んでいったことは、その政治的地位をしだいに掘り崩さずにはすまなかった。一九〇四年にヴィッテは七項目にわたり地方委員会の「多数派」の結論をまとめたが、それは、「身分的・農民的管理機関（スホートと役職者）をもっぱら土地の共有から生じる経済的事業に、つまり共同体地の管理に制限し」、その他の経済的・行政的事業をゼムストヴォや全身分からなる行政組織に移すこと（第一項）、「（強制的な手段によらずに）世帯別所有に移行する」こと（第五項）、農民の身分的閉鎖性を除去し、「現存の村団からの離脱や旅券による一時的外出への抑圧を軽減する」こと（第七項）、「個人所有という全市民的な原理によって農民の財産法関係を正常化し、共有者を強制的に一つの共同経営にとどめておく手段を廃止し、無際限な自由分割権を停止し、相続持分に関する紛争を裁判によって解決する」こと(第六項)、云々といったものであった。(5) ここで注目されることは、共同体に対する批判が一方では強制的公法団体としての共同体の改革論と結びつき、他方では家族財産の制度に対する批判と結びついていたことである。さらに翌年ヴィッテは農民が土地割替の行なわれたときに、また割替が行なわれなくてもスホートの四分の一から三分の一の同意を得て、共同体から離脱できるという最終的な結論に到達した。(6)

一方、これに対して内務大臣のプレーヴェはヴィッテを「革命家の共謀者」として非難し、彼に対する皇帝の信頼を失墜させるために奔走した。またゴレムィキン、クリヴォシェイン、トレポフなどが「陰謀」をめぐらし、一九〇五年三月三十日に特別協議会を閉鎖することを命じる皇帝の詔書をひきだすことに成功し、あたらしい委員会を召集した。後にヴィッテが国家評議会で述べたところでは、「いかなる場合でも土地共同体的所有(земельное общинное владение)を害してはならない」を命じるツァーリ詔書が出されたのは、まさに特別協議会が農民に土地の私的所有を植え付けることが必要であるという結論にたどりついたからであった。(7) この新しい委員会の主要な活動家はスチシンスキー、クリヴォシェインなど、すなわちかつての「共同体と農民の警察的管理の擁護者」(ヴィッテ)であり、(8) また以前農民問題がヴィッテに移されたとき、「もし共同体、財産の譲渡禁止が廃止されたならば、それは日本への敗北よりも悪い。そうなれば農民が反乱をおこし、プロレタリアートが増加する、云々」(9) と述べ、それに反対していた人々であった。

総割替運動とナロードニキ的土地綱領

しかし、ヴィッテおよび彼に同調する人々の共同体反対論に対する批判は、皇帝や政府高官の中の共同体愛好者からだけでなく、また政府の外の広汎な人々からなされるにいたっていたことに注意しなければならない。まず農村の慢性的な「土地不足」を解消するために国有地、御料地、皇帝官房地、教会・修道院領や私有地を強制的に収用し、ミールの土地に追加・補充するべきであるという考えが農民自身によって表明されていた。そもそも一九〇五／〇七年の革命自体が一部は土地利用の拡大を求める農民運動――領地の焼打ち、土地占拠、借地料の不払い、ストライキ、警察や軍隊との衝突などを伴う激しい騒擾（аграрные беспорядок）――を伴っており、[10]それは新聞紙上の「騒擾」、「農業騒擾」欄で連日報道されていたところであった。

一方、十九世紀後半以来のナロードニキ主義の流れを汲む社会革命党は、一九〇五年十一月三日の農業詔書の公布後、一九〇五年十二月二十九日から第一回大会を開き農業綱領を承認したが、それは「土地の社会化」を――すなわち、「土地を商品流通から引き上げ、個々の人やグループから全人民的財産に移すこと」、その際、土地は「民主的に組織された全身分からなる共同体から州および中央機関にいたる人民自治機関」の管理下に入り、「その利用は均等的・勤労的、つまり個人的または組合的かを問わず、自己労働の付加にもとづく消費基準を保障しなければならない」こと――を承認した（БⅢ項）。[11]その後、一九〇六年四月二十四日にロシア帝国初めて召集された国会内の農民自身の会派として選挙の終了後に結成されたトルドヴィキ（勤労グループ）が、私有地を没収し、農民の土地利用面積を拡大するための農業綱領を作成し、また国会に二つの土地法案（「一〇四名の法案」と、トルドヴィキの一部が社会革命党の名前で国会に提出した「三三名の法案」）を提出したが、[12]その内容は次のようなものであった。

①「一〇四名の法案」

一、すべての土地が勤労人民の手に移る。
二、土地に対する権利を持つのは自己の労働でその土地を耕作する者だけである。
三、官有地、教会・修道院領、当該地方に定められた労働基準を超える私有地などのすべての土地は強制的に収用される。
四、私有地の収用に対する補償は国家によって行なわれる。
五、すべての収用地は全人民的土地フォンドに入り、土地の不足している自己の労働にもとづく全耕作者に利用権にもとづいて渡される。
六、分与地と私有地のうち労働基準を超過しない部分は、現在の所有者のもとに残るが、労働基準を超過する土地についてはそれが一人の手中に集中するのを予防し、徐々に全人民的所有に移行するのを保証する立法措置が必要である。

②「三三名の法案」

一、ロシア国家の領域ではあらゆる私的土地所有を完全に廃止する。
二、すべての男女の市民は、健康な生活を送るために十分な土地を用益のために取得する権利を持つ（分与地の消費基準）。
三、誰も雇用労働者なしに耕作することができる以上の土地を用益のために取得する権利を持たない。
四、土地利用の基礎は、共同体的土地利用、アルテリによる利用、個別的土地利用である。
五、共同体からの脱退について。共同体から脱退する者は、共同体の同意を得て、共同体地の中から特別の分割地を用益のために取得することができる。共同体が、それに同意しない場合には、他の場所にある個別的分割地が割り当てられる。もしも共同体内において一部の市民が共同体から脱退することを希望するならば、共同体は、割替の際にはしかるべき面積の土地を彼らに分離しなければならない。(13)

ここから明らかとなるように、二つの法案は地主の土地独占に対する「土地不足」農民の抗議であり、その根底には労働だけが生産手段を利用する権利を与えるが何人も自己の労働によって土地を生産したわけではないのだから土地を独占的に所有することは不当であるというイデオロギー（マックス・ヴェーバーの表現では「農民的な自然法」）があったことはまちがいない。(14)しかし、この自然法の意味内容は、それを実現するための法案の形に表現すると、きわめて多様的で曖昧なものであったことも確かであった。第一に、この二つの法案には、(α)自己の労働によって耕作することのできる面積以上の土地利用を（したがって雇用労働を）認めないという規定が共通して置かれており、それは本質的には労働の権利（全労働収益要求権）に他ならないが、他方では、(β)消費基準＝日常的な不可欠な需要を充足するのに必要な土地利用を求める権利（社会革命党案）と、(γ)労働基準または労働に対する権利＝自分の労働力を完全に充用するのに十分な土地配分を要求する権利（トルドヴィキ案）との対立が認められる。しかし、先に示したように、実際にはヨーロッパ・ロシア諸県のすべての土地フォンド（農業適地）を動員しても、労働基準を達成することは不可能であり、一〇四名の法案も収用される私有地の「最大限の基準」として労働基準を設定していたのである。(15)

第二の相違点は、収用される土地（官有地・私有地など）だけを国有化し、全人民的土地フォンドに入れるのか（一〇四名案）、それともそれに限らず農民の分与地を含むすべての土地を国有化するべきなのか（三三名案）という選択であったが、この点は第一の相違点よりももっと重要であったと考えられる。すなわち、一〇四名の法案は、トルドヴィキや人民社会派の「穏健な」考えにもとづくものであったが、トゥガン＝バラノフスキーが鋭く指摘したように、その理由の一つには、「農民大衆が農民の中で歴史的に形成された土地関係を一挙に壊すことを許さない」だろうという配慮があったと考えられるのである。(16) そこにはまた、もしすべての土地を国有化し、「全ロシア的土地共同体」のようなものを形成するという意味での「急進的な」土地社会化の要求を提出したとしても、それはまったく実現不可能であるという理由づけがあったと考えられる。なぜならば、（相対的に）広い土地に恵まれている共同体の側が計算上余分とされた土地を狭い土地面積しか持たない共同体――自分の郷内であろうと、ましてや他郡や他県の共同体であろうと――に分け与えることなど考えられないからである。換言すれば、「広い土地を持つ農民を犠牲としてではなく、地主を犠牲として」のみ、「土地不足」農民に土地を追加することが可能となるということである。もちろん地主階級の力は強大であろうが、その数は一三万人そこそこであり、その抵抗を排除することは不可能ではない。しかし、何百万人、何千万人もの農民に逆らうことはできない、というわけである。(17) いずれにせよこうして一〇四名の法案は現実の分与地の所有・利用関係に手を触れないという点で、カデットの法案（後述）と共通性を持つことになった。

さらに一〇四名の法案は有償の土地収用を求める点において、すべての土地を「買戻なしで」（無償で）収用することを求める三三名の法案よりも穏健であった。この有償の要求は、一部は、無償収用案が大土地所有者の激しい抵抗をよびおこし、収用を困難にするであろうという現実政治的な要請によるものであり、また一部は、もし無償収用が行なわれたならば、それは国民経済に深刻な影響を与え、結局のところ、「農民の福祉」の低下としてはねかえってくるであろうという考慮によるものであった。これに対して「正義」または倫理の観点からの要求については、貨幣（資本）自体が没収されないのに、貨幣で購入された土地が没収されるという不公平に対する反対論が一方にあったとしても、私的土地所有は本質的に「盗み」であり、それゆえ倫理的には「最も不正な土地所有形態」なのであるから、「誰が買戻を支払わなければならないか」――不当にも多年にわたって奪われてきた自分の自然的富［土地］を取戻す者［勤労農民］なのか、それとも土地を不当に横領し、合法的な所有者を犠牲にして多年にわたって正当に利用してこなかった者［地主］なのか――は自明であり、「唯一の正しい買戻価格は土地所有者には一コペイカも支払わない」[18]というものでしかありえなかった。

ともあれ、二つの土地法案は実践的・歴史的・現実政治的に動機づけられた様々な配慮によって区別されるとしても、国有化された土地を民主的に組織された村落共同体に移管し、均等的な土地利用を実現することを求めるという点では共通するものであった。しかし、例えばカデットの農業専門家、カウフマンが問題としたように、オプシチーナ的土地所有が社会革命党によって遠い将来の目標とされていた「生産の社会化」（社会化された大農業経営）の実現とどう関連するのかと問うこともできたであろう。もし村落共同体がそのような均等的な土地配分を一度でも行なったならば、それはずっと継続されることとなり、彼らの「本来の」目標ははるか遠くに退くことになるではないか、というわけである。またナロードニキ主義的な潮流は小農民経営および村落共同体の生命力の強靭性というロシア農村の現状に適合しており、したがってヴェ・ヴェ、カルィシェフ、ア・イ・チュプロフ、ブルガーコフ、コシンスキーなどの小農民経営論にはリアリティがあるかもしれないが、この理論もロシア農村社会の近代化のための経済学を欠いていたという点で問題を残すものであったと考えられた。[19]

立憲民主党の土地法案

しかし、一九〇五／〇六年に農民が急進的な土地要求を掲げるにいたったことは、カウフマンの属するカデット（立憲民主党、正式名称は人民自由党）――「市民の基本的諸権利」の保障に立脚する立憲制的政治秩序を求めていたたリベラル派――にも影響を与えることなしにはすまなかった。

カデットは一九〇五年十月の党の創設大会で、その年の春のリベラル派・ゼムストヴォ立憲主義者の農業専門家たちの農業協議会が提案していた土地の強制収用と農民分与地への追加・補充を内容とする農業綱領を定めた。[20]この大会では、借地関係の法的規制と労働立法の農業労働者への拡充の二点を内容とする改革の実施を求める社会政策論者と、土地の部分的収用と国有化を求める左派＝「自由社会主義者」[21]（ア・ア・チュプロフ）との対立があったが、多数派を占める後者の案が採択され、それとともに社会政策論者の主張も綱領に入れられた。次いで一九〇六年一月の第二回大会では国会に提出するための土地法案の作成が決定され、その原案作成が党の農業委員会に委ねられたが、一九〇六年四月の第三回大会はこの委員会によって作成され、大会に提出された案を国会に提出する「土地法案」として承認した。[22]この原案はさらに党の国会議員団によって若干修正された上で、翌月「四二名の法案」として国会に提出されたが、それは次の点を主要な柱とするものであった。

(1)土地の有償、強制収用と収用された土地の国有化

「土地不足」の勤労住民の土地利用面積を拡大するために、国有地、御料地、皇帝私有地、修道院・教会領を用いる。また必要な規模の私有地を政府の負担によって公正な価格で――すなわち「土地不足」のために著しく高騰した借地料を考慮したものではなく、各地方で自立的な経営を営む際の標準的な土地収益（労賃部分を含まない純収益）にもとづいて土地所有者に補償し――収用する。収用された土地は「国家の土地フォンド」に入る。

(2)農業を営む「土地不足」の農民のために、彼らがその経営を分与地で営んでいるか、自己の私有地（購入地）で営んでいるか、あるいは借地で営んでいるかにかかわりなく、土地利用を拡大する権利を認める。また土地を持たない農業労働者も土地を配分される。

この土地配分の原則は各地方の土地所有と土地利用の特殊性に応じて決定する。土地は「食い口」基準に従った場合、基準に達しない面積（分与地と私有地）を持たないに対して配分される。(3)「土地不足」の農業経営者は土地を所管機関の定めた期間だけ（長期間）利用することができるが、ほかの者に譲渡することはできない。またすべての土地から借地料が徴収されるが、その額は土地収益に従って、また一般的な地租計画にもとづいて決定される。[23]

ここに要約したように、カデットの土地法案では、①農民家族の利用する土地（分与地と農民購入地）が各地域ごとに決められた消費基準――「食い口」あたりの最低面積――に達しない場合に、そのような「土地不足」の家族に対して土地が追加・補充されることとなっており、②この追加・補充に「必要な」規模の私有地が強制的に収用される土地となり、③それを超える面積および農民購入地は収用対象から除かれることとされていた。それゆえカデットの法案にとっては、いかなる基準に従って農民に土地を配分するのかがきわめて重要となり、それゆえこの問題については、一九〇五年三月の農業協議会から一九〇六年四月にいたるまで非党員を含む農業専門家によって立ち入った議論がなされた。これらの専門家によって提示された案は以下の通りである。[24] すなわち、(a)労働基準（ポスニコフ、カブルコフ）、(b)「歴史的な基準」――これは(α)一八六一年の法令に従って各地域ごとに決定された「最高分与地」の基準（トゥガン＝バラノフスキー）と(β)各地方の平均的な分与地面積（マヌイロフ）の二案に分かれる――、(c)消費基準――これも、(α)農民によって到達可能な近代的農民経営の水準にまで技術があがった場合に十分であるような土地面積（カウフマン）と、(β)現在の技術を前提としたときに、各地域の慣習的な平均的な達成能力にもとづいて計算される土地面積（ア・ア・チュプロフ）に分かれる――がそれである。これらの基準のうち、党の農業委員会が原案に取り入れ、大会が承認を与えたのは消費基準（「食いロ」）であったが、チュプロフ、マヌイロフ、カウフマン、ゲルツェンシテイン、デンなどの論争が明らかにしたように、ロシアに実在するすべての農業適地を収用したとしても、労働基準や「最高分与地」の基準を満たすことはできなかったであろう。(25) したがってもし国会の制定した法にもとづいて土地を収用し、分与地に追加・補充することを前提にするならば、ただ消費基準だけが実現可能であったことは確かであった。もっともこの場合にも消費基準を満たすためにどれ程の面積が必要なのかという点については必ずしも意見の一致が得られていたわけではなかった。

一方、カデットの法案は、収用された土地に対する請求権を誰に与えるのかという問題については、その経営を分与地で営んでいるか、自己の私有地で営んでいるか、あるいは借地で営んでいるかにかかわりなく、現在農業経営を営んでいる「土地不足」の農民に——そして、もし存在する場合には農業労働者に——請求権を与えるとしていた。しかし、この法案は、「土地不足の結果として農業経営を放棄した家族」が農業経営を再開しようとする場合については、その措置を特別規則に委ねると述べ、はっきりとした態度をとっていない。(26) この曖昧な規定からも認められるように、この法案は身分的な意味での農民のすべてに「土地に対する権利」を認めることには消極的であった。

しかし、カデットの法案で最も注目される点は、それが共同体の問題についてまったく沈黙し、いずれにせよ、はなはだしく曖昧な態度をとっていたことである。そのことはカデットの党大会も農業委員会もそれを本格的に議論しなかったことに示されている。

たしかにカデットの農業専門家の中には共同体の問題について重要な考え——それに対する本質的には懐疑的・否定的な見解——を述べる者がいなかったわけではない。例えば著名な共同体研究者であったア・ア・チュプロフは一九〇四年の論文において共同体の土地割替を「多家族性［子沢山］に対する相互保険」であるとする見解を述べていた。彼は、ロシアの農村では農民家族の子供の数がその土地利用面積にほぼ比例していることをとりあげ、それが農民たちによって土地割替が「実物保険」と考えられていることによるものであるという考えを示した。彼は慎重にも「わが国の農村過剰人口をオプシチーナ的土地所有のせいにすることはできず」、また「ロシアの異常に高い出生率をオプシチーナ的土地所有のせいにし、ロシア農村における土地不足と人口増加を抑止する手段を共同体の廃止に見る思想からはまったく距離をおいている」と断わりながらも、「土地割替が現在ではすでにどれほど本質的な害悪の原因となっているかを、またそれがもうこれ以上耐えられないことを示さなければならない(27)」と述べた。それでは、ロシアにおける農村過剰人口の理由はどこにあったのか？　それは、オプシチーナ的土地所有が「マルサス主義的な禁欲の教義」に調和的ではないからであり、（土地の細分化を避けるために）「二人を越える子供をもつことを許さない」フランス農民の「二人子政策」のようなものがロシアではまったく考えられないからである。それはむしろ「産めよ、殖やせよ」という原則から出発する土地所有形態である。もちろん植民のための土地が充分にあり、広い耕地があるところでは、あるいは産業が急速に発展しているところでは、この土地所有形態は危険ではないかもしれない。ところが、ロシアのように「土地不足」が感じられ、しかも農村過剰人口をどこにも排出することができないようなところでは、「きわめて高い代価を支払って親を安心させるための、もちろんきわめて共感をよんでいる子供という保険」に入ることはもはやできないのではないか。このことは、たとえナロードニキや民主派にとって不本意なことであるとしても、考えてみなければならない点である(28)。オプシチーナの最も本質的な問題点は、「福祉がちょっと向上するだけでも、共同体が「人口増加を許容して」破滅的な影響を与える」ことである。したがって「マルサス主義者が、もっとも穏健な人であっても、常に共同体に軽い不信感を感じる」ことがあるのは当然のことである、と。このようにチュプロフにとっては、オプシチーナは潜在的な過剰人口を扶養し、「土地不足」を顕在化するがゆえに有害であり、将来の社会経済的発展のためにはそれを終息に導くための戦略が必要だったのである。そして、チュプロフの意見では、村落共同体が土地割替を実施した時がいわば保険の目的の達成される時であり、農民が仲間から非難されずに、正当に共同体から離れることのできる唯一のチャンスであると考えられていた。このようにチュプロフはおそるおそる共同体の将来の問題を提起していたのである。

しかし、この問題はきわめて重要と考えられていたにもかかわらず、一九〇五／〇六年のカデットはそれを論議することなく意図的に避けて通るという選択肢を選んだように思われる。だが、それはロシアの土地問題を論じる者がどうしても避けて通ることができない問題であった。実際、後に見るように、政府が従来世帯主の三分の二以上の同意がなければ離脱することのできなかった共同体（＝強制的公法団体）からの自由離脱権の問題を提起したとき、それに対する対応をせまられることになる。またカデットの法案では、収用地から創り出される「国家土地フォンド」を「土地不足」の農民に長期間の利用（借地）として貸し出すことになっていたが、この国家借地人への土地配分が共同体における土地配分とどのような関係に立つのかというような問題が存在していた。つまり、多くの共同体では世帯への土地配分がドゥシャーや実在男性人口、チャグロの基準に従って行なわれているという状況の中で、各村落内の一定の基準以下の世帯に対して「食い口」（実在両性人口）の基準に従って長期間の利用のために土地を配分するならば、それは——例えばヴィフリャーエフ（社会革命派）が批判したように[29]——国家土地機関の共同体に対する統制を生み出したり、土地割替の意義をなくしてしまい、共同体を掘り崩すことにならないであろうか。さらにまたカデットの四月大会では西部および南部諸県の代議員が、土地収用・国有化の法案を世帯別所有の基盤の上に立っている西部地方の農民が支持しないであろうということを理由として、ロシア諸県に制限するべきであるという意見が提出されていたが、[30]こうした提案をどう処理するのかも無視できない点であった。ちなみに、第二国会（一九〇七年二月二十日から七月三日）に提出されたカデットの新しい法案（一九〇七年三月十九日）では、農民分与地への土地の追加方法が次のように変更されていた。[31] (1)世帯別所有の共同体、団体、組合、個人への土地配分は、「現存の土地所有の特質に合わせて」、各世帯主の「恒常的利用」の形で行ない（第九項）、(2)オプシチーナ的所有の場合には、追加地の配分はオプシチーナ全体について計算されるが、配分された土地はオプシチーナの管理にまかされ（第一〇項）、(3)こうした土地配分に当たっての所有形態（オプシチーナか世帯別・相続的か）は一八六一年の地方規定に従って適用される（第一二項）、等々である。このようにカデットの新しい法案は国有化の原則を放棄し、収用された土地を耕作住民の「恒常的利用」または「オプシチーナ的利用」のために配分すると変更されているが、これは農民共同体の実践に即した土地配分方式であったと考えられる。一方、この法案でも、農民の共同体からの離脱の条件についての条文は置かれていないが、このことはカデットが離脱の条件として世帯主の三分の二以上の賛成を求めている農奴解放立法の規定や、償却金支払終了後に分与地の自由な確定の権利を取り消した一八九三年の勅令の規定を事実上支持していることを示すものであったとも考えられる。しかし、より正確に表現すれば、クートレル（元農業大臣）が一九〇七年一月十一日のカデットの農業委員会で行なった報告（一九〇六年十一月九日の勅令についての報告）が示しているように、立憲民主党の立場が「オプシチーナに関するあらゆる先入観から、つまり、それを必ず維持したり、解体したりしたいという希望から、離れる」こと、[32]換言すれば農民の選択に対して中立的な立場を取ることにあったことはまちがいない。クートレルの主張によれば、各人の共同体からの分離の権利は当然ながら認めるべきであるが、その際、分離する者と残る者（共同体）とは同権でなければならず、したがって「分離の条件」を注意深く検討しなければならないが、分離の申請時に利用している土地を私有地として確定するべきではなく、また分離した者と残った者（共同体）の経営的自立性を保証するために、両者の土地の一定の分離が必要である。そこで「共同体がその成員のために容易に、抑圧なく実施しうる唯一の時期は割替の時」に外ならないという。(33) このクートレルの報告が先に見たア・ア・チュプロフの共同体＝実物保険の理論と軌を一つにするものであったことに説明の要はないであろう。ただし、カデットは一九一七／一八年にいたるまで公正価格による私有地の強制収用を要求し続けたが、第三国会では一九〇六年十一月九日の緊急勅令(34)（後段参照）にもとづく政府の新しい土地政策（共同体の解体策）が実施されているという状況を考慮し、次の修正点を付け加えることを提案し、事実上、その土地法案を政府の政策の方向に向かって修正した。

(1)個人所有と並んで家族所有を維持する。

(2)二四年以上土地割替を行なわなかった共同体に最後の割替を許可する。

(3)共同体は、地方司政官が共同体からの脱退を要求する世帯主に対して承認を与えてすぐにではなく、三年以内にその分与地を分離させるか、それともその分与地と等しい価値の貨幣によって補償するかの選択を行なうことができる。

以上に示したように、カデットの一九〇六年の土地法案は慢性的な「土地不足」を緩和させるために私有地の一部を強制的に収用し、農民最下層に配分することをめざしていたという点で急進的であり、社会革命派の土地法案に近いものであったと言うことができる。しかし、ア・ア・チュプロフやマヌイロフなどの農業専門家が述べていたように、農民の土地所有の拡大は最終的な目標というよりは、農民に一息つかせるための一時的な手段であったのであり、重要なことは何と言ってもその後に農民の経営技術を改善し、集約的な農業を実現することにあったのである。[35]だが、それでは、そのような農業の集約化はどのようにしたら可能となるのであろうか。それはオプシチーナ的土地所有の下でも可能なのだろうか。いや、それよりも先に将来ふたたび全般的な「土地不足」の問題が再燃しないという保証はあるのであろうか。この点について一九〇五／〇六年にはカデットの農業専門家から明確な見解が聞かれることは決してなかった。[36]しかし、一九〇四年にチュプロフが述べたように、「土地不足」の問題の解決のためには共同体を廃止しなければならない見解は拭い去りがたい考えであった。そして、そのような考えはずっと後になってから一部の農業専門家によって表明されることになる。オガノフスキーは一九一四年にはっきりと次のように述べた。

「私的所有は農村過剰人口を避ける可能性を開くばかりではない。それは無気力な農民を直接に故郷と土地から引き離し、外部に幸運を探すことを余儀なくさせる。ゲ・ブルクツスは、ロシアの共同体の基本的な罪をそれが隠された形で農村過剰人口を保持している点に見ている。共同体農民は土地を均等原理にもとづいて利用している。人口増加とともに、各共同体成員にはより少ない土地が割り当てられる。しだいに、そしていつの間にか、共同体成員は全般的土地不足と貧窮の「底」に沈む。増加する人口は、新しい土地割替に際して自分の土地持分の受け取りを期待しており、自分で生活手段を外部に求めない。私的所有は、各経営者の前に細分化の問題を提起する。区画は遺産相続による分割ですぐに二または三つの部分に細分される。ところが、共同体成員は分与地の持分を少しずつ失うのである。

この危険性が、所有者を追い立てて、一方では、成長する子供にできるだけ外部に労働力を販売するようにさせ、他方では、精力的な土地取得に向かわせる。それは家族規模との必要な均衡水準に土地所有を維持するであろう。[37]」たしかにロシアの農村でも「技術進歩」がないわけではない。しかし、「技術進歩にもかかわらず、農業人口の巨大な数が労働生産性を特定の低い水準に抑えている。ただ農業からの人口流出によってのみ農業における労働生産性の上昇のための条件がつくられる。」

このような見解はブルツクスのようにカデット党の外部にいた者にとってはもっとはっきりと表明されていた。彼は、一九一七年に著わした著書では、農業問題についての考えを根本的に見直しするよう民主派に求め、次のように主張する。[38]すなわち、ロシアの農業危機の根本的な原因は「国際的状況にも、その人口増加の速度にも照応しない緩やかな経済発展の速度」にあり、それはまた「異常に高い出生率」および「農村過剰人口の農村からの流出（отток）の欠如」にあるのであるから、その原因は「農村過剰人口」にあると言うべきである。したがってロシアの農業危機を克服するには次のことを認めなければならない。

まず第一に、土地は決して増加するものではない。しかるに、ロシアの知識人は「土地所有の民主化」を実施しても勤労農民の土地フォンドの増加はあり得ないという思想を常に「反動的な異端」と考え、「全般的な分与地補充」の思想に執着してきた。この思想は、結局のところ、「土地に対する権利」という標語に行き着くものである。しかし、土地は生存手段であると同時に生産手段でもあり、それを分割することは労働生産性を引き下げるものである。

第二に、たしかに勤労小経営は土地の生産性を高水準に引き上げることができ（集約化）、そのため一定の土地で多くの人口を扶養することができるのに対して、大経営は土地の生産性をそのような高水準に引き上げることができない。しかし、このことが意味するのは、「全般的な分与地補充」の療法が土地によって扶養される人口を増加させるだけであり、問題の解決に結びつかないということである。現在、巨大な土地フォンドが存在するという幻想が新聞や小冊子によってばらまかれているが、それは幻想に過ぎない。たしかに大土地所有が存在していることは事実であるが、問題は、そのすべてを強制的に収用し解体することは経済的には有利ではないことである。なぜならば、農民が現在短期的に借地（食糧借地）している土地はともかくとして、高い生産力を持つ土地、特に西部地方の領主直営地を分割することは、そこで実現されている経営技術をそこなうからである。また土地を無償で収用することはまだ成熟していない国民経済に全般的な破局をもたらす危険性がある。

　第三に、これまで政府の土地改革によって生まれてきた私的小土地所有は「ロシアの知識人の嫌われ者（bête noir）」であった。また、この私的小所有の体制はオプシチーナ体制と異なって不安定な体制であるから、それを創り出すと、分割禁止（недробимость）、一子相続制、譲渡禁止、抵当禁止などの措置によって保護しなければならないという本来保守的なドイツ農学者のものであった思想が常につきまとい、ロシアでもペシェホーノフやカウフマンでさえこの思想に囚われている。だが現在（一九一七年）までにすでに二〇〇万戸が共同体から離脱したことに注意しなければならない。たしかにこの過程で強制の要素がなかったわけではないかもしれないが、その最も重要な理由は「自然発生的な経済過程の結果」である。一九〇六年十一月九日の勅令はこの体制の創出に着手することによって「農民層の分化」に自由を与えたのであり、この点で旧体制には先見の明があった、と。

　このようにブルクツスは、ロシアの資本主義的な近代化という観点から、オプシチーナに対して否定的な評価を与え、私的土地所有を肯定的に評価しようとしたのである。

「国民経済は、農村人口の増加の一部または全部さえもが父の分与地を去るという条件の下でのみ正常に発展することができる。私は、土地における［生産力の］成長を抑制する土地所有形態は国民経済的な観点から維持し得ないということを根本的な規定として認めないわけにはいかない。[39]」

しかし、このような反時代的考察をはっきりと述べる者は一九〇五／〇六年にはカデットの中でも著しい少数派であった。

社会民主派の土地綱領

カデットと同様に一九〇五／〇六年の急進的な土地要求の影響を強く受けたのはロシア社会民主労働党の両派である。この党は一九〇五年以後の新しい政治状況の中でロシアの農業問題全体を再検討し、一九〇三年の第二回党大会で承認されていた旧土地綱領――すなわち「農奴制的秩序の遺制」を一掃するために、償却支払金とオブローク支払を廃止し、それまで農民の支払った全額を返還することや、農民から奪われた土地（＝切取地）の人民フォンドへの返還を求めること、御料地・皇帝官房地・教会修道院領を没収すること、高率借地料を軽減することなどを求める土地綱領――を修正し、一九〇五年初頭の第三回大会で官有地や教会・修道院領に加えて「地主地の没収にいたる農民のすべての革命的な方策の支持」を訴える決議を採択し[40]、さらに一九〇六年四月のストックホルム統一大会で土地公有化の農業綱領を採択するにいった。

この社会民主党の農業綱領についてはこれまでも多くの研究がなされているので、ここでは一九〇六年の大会において採択された土地の公有化論をロシアのリベラル派がどのように見ていたかについて触れておこう。

社会民主派の主流の農業理論はドイツ社会民主党の理論家から、それもいわゆる修正派――すなわちダヴィドやフォルマールなどの小農理論に立つ理論家――たちではなく、カール・カウツキーなどの正統派グループから受け継いだものであり、その核心が農民層の両極分化論や大経営の優位論――つまり市場経済の発展に伴って村落住民の農業企業家とプロレタリアートへの両極分解が生じ、小農経営は消滅するが、それは不可避的かつ進歩的な過程であるから「農民」そのものの利害を擁護したり、社会的分化を抑制しようとすることは反動的であるという見解――にあったことについて詳しく説明する必要はないであろう。ところで、カウフマン（カデットの農業問題専門家）が注目するのは、まさにこの両極分解がロシアでは抑制されていることを、メンシェヴィキの農業専門家が強調していたことであった。例えばマスロフが『農業問題』（初版、一九〇四年）で明らかにした分析では、[41] 農業生産力の発展は農民の社会的分化と農民の一部（過剰労働力）のプロレタリア化、農業部門から工業部門への移動とともに生じ、それゆえ、通常は、工業の発展なしに農業生産力の発展はありえないが、このことは必ずしもすべての地域で生じるとは限らず、反対にロシアにおけるように分解とプロレタリア化とが停滞し、生産力の低下が生じうるということが示されていた。マスロフによれば、この問題はロシアでは誤って「土地不足」と呼ばれているが、問題の本質は農業過剰人口が生まれていることにあり、それは工業が充分に発展していないために農村の農業人口が過剰となっていることの表現にほかならなかった。それでは、このような状態から脱出する方法はどのようなものであろうか？　マスロフの考える唯一の脱出方法は「諸生産［部門］間における生産力の再配分」、すなわち「ある生産部門［農業］から別の生産部門［工業］への人口の移転」であり、決して農民分与地を追加・補充するための土地綱領を起草することではなかった。ここで注目されることは、マスロフが「土地不足」を社会的分業の問題と関係づけ、それを工業の不十分な発展に起因する農村過剰人口の問題として把握していたことである。

　しかし、マスロフは一九〇六年までには以前の立場を捨て、私有地の収用によって「社会的土地フォンド」を増加させる改革が必要であるという立場に移っていた。この案は「土地の公有化」と呼ばれるように、農民の購入地や小土地所有者などの小規模な土地を除く私有地を没収し、没収された土地を村落共同体にではなく民主的な「大きな地方自治機関」の管理下に置くことを内容とするものであった。マスロフは、一九〇六年の小冊子では、この土地公有化の綱領が「資本主義の発展と闘う手段、その発展をおしとどめる手段」ではなく、むしろその発展を促す手段であるとして、その根拠を次のように説明した[42]。すなわち、「プロレタリア化」と「貧窮化」とはまったく異なる概念であり、農民は貧窮化すればするほど「均等的土地利用」に向かう「反動的な」傾向を強めるが、逆に利用する土地面積が広いほど農業企業家とプロレタリアートとへの分化の傾向を強めるのであり、それゆえ農民層の分化を容易にするためには農民の土地利用面積を拡大し、「飢餓的」な借地料を軽減・廃止する必要があるというわけである。したがって、この観点からすると、すべての進歩的なグループが農民の土地利用面積の拡大を求めていることはまったく好ましいことである。とはいえ、そのような操作が「農民の最下層の福祉」の拡大をもたらすと期待してはならない。むしろ土地を村落共同体の管理に移すことは、何百万人もの零細土地利用の農民を創り出し、その結果、農村上層部への土地の集積と農民大衆のプロレタリア化とにブレーキをかけることになるであろう、と。それでは、この案では、「民主的な地方自治機関」は公有化された土地を村落内の誰に、どのような基準と方法で配分すると考えられているのであろうか？ これについてマスロフは明示的には答えず、ただ土地の公有化が「誰が直接にこの土地を利用しえないかという観点からは」最も合理的な方策であると曖昧に述べるにとどまっている。しかし、カウフマンが批判的に論評したように、マスロフの考えでは公有化された土地が「資本家的企業家」によって借地され、わずかな土地が「土地不足」の農民に移転することになると考えていたことは疑う余地がない[43]。すなわちマスロフは——カデットの土地法案と正反対に——少なくとも抽象理論的には農民最下層の土地要求を満たすことをまったく考えていないことになる。だが、現実にはマスロフの分析でも農民の急進的な土地要求が農民大衆の「土地不足」を背景に生まれたものであったのであるから、このような土地綱領は農民を満足させることができないのではなかろうか？　周知のように、マスロフの土地公有化案は、一九〇六年の大会によって党の公式の土地綱領として採択されたが、カウフマンが批判的に見ていたように、それは党の正統的な理論に忠実である限り現実の農民の土地要求に応じることができず、また反対に農民の要求に答えようとする限り理論的な要請に反するという矛盾を持つものであったとも言えよう。もっともこの矛盾は例えばメンシェヴィキの農業綱領を解説したジェレヴェンスキーの小冊子では、もし土地が農村下層に移転することとなろうとも、民主的な地方自治機関がそう決めるならば、それを支持するというように実践的に解決されることとなっていたが。(44)

なお、この土地公有化案に反対したレーニンが農民による土地没収を支持し、没収された土地に分与地を合わせたすべての土地を「全人民的所有」として農民委員会に管理させるという内容の農業綱領＝土地の国有化案を提起していたことはよく知られているが、その際、注意しなければならないのは、レーニンの理解では、農民運動＝総割替運動は地主の所有地を没収することによって「封建的な遺制」を廃絶しようとする運動であり、また土地国有化が私有地や国有地・御料地・分与地などの土地の「一切のしきり」を撤去して共同体を廃棄し、この国有化された土地の上に借地企業家（ファーマー）とプロレタリアートが形成されるための条件を創出することを可能にすると考えられており、また、この「アメリカ型＝農民型」のブルジョア的農業発展のための土地清掃を求める農民運動が「プロイセン型＝地主型」の道（とそれを求める政府の土地政策）に対立していると考えられていたことである。(45)しかし、問題はこのような認識がまさにロシアの発展段階についての誤認にもとづくものではなかったかということである。(46)

ともあれ社会民主派の案がいずれも――実践的にはともかく――抽象理論上は共同体批判論の立場に立ってい

たことはまちがいなかった。そして、右のマスロフの転換について言えば、それはロシアの不十分な工業化によって「土地不足」(農村過剰人口)を説明するのではなく、反対に「土地不足」という用語で示される問題によって不十分な工業化を説明する立場に移ったという言い方が許されるであろう。しかしカウフマンなどのリベラル派にとっては、問題はこうした土地綱領がロシア農村の現実の「土地不足」に応えていないように思われたことであった。「[社会民主派が主張するように]もし実際に農村人口がしだいに分化すれば、またもしそのかなりの部分が、西欧におけるように、農業から離れ、工業に向かうならば、どんなによいことだろう。(47)」だが、もし土地で扶養されない農村過剰人口がロシアに生まれたならば、それはどこに向かったらよいのだろうか。たしかに西欧では産業がすべての過剰人口を吸収している。そこでは工業は一部は海外市場によって発展しており、一部は国民の所得の高い水準に条件づけられた国内市場によって発展している。例えばドイツの農業人口は一八九二の一、九二五万人から一八九五年の一、八五〇万人に、またフランスの農業人口は一八八一年の一、八五〇万人から一八九一年の一、七五〇万人へと減少しており、しかもこのことが「農村における人口の自然増加の作用と農民の土地要求」とを弱めていたのである。ところが、ロシアの工業は、海外市場がドイツ、イギリス、フランスの産業によって占領されており、また国民の圧倒的多数を占める農民の購買力が乏しく、国内市場が制約されている状態のため、発展することができない。もちろんロシアの工業が将来成長することを期待することはできるだろう。だが、それが成長するのは、ロシアの国民経済の成長をおしとどめている不利な政治的・文化的条件が取り除かれ、農民大衆の収入が増加し、広汎な国内市場が現われるときである。したがって、西欧と異なって、ロシアでは過剰人口が「土地に残って土地を要求する」という現実から逃れることはできないのである。将来、急速に発展する工業が過剰人口を吸収しはじめる時までは、農民は土地によって扶養されなければならず、そのためには二つの基本的な方策が、すなわち、農民的土地所有の拡大という一時的方策と、その後の農民経営の改善と土地の生産性の上昇という根本的な方策が必要である。それなのに、これらの事情は社会民主党の理論家によっては考慮されていない、と。もっともカウフマンは社会民主派が実践的には抽象理論から逸脱する傾向があることを見抜いていた。「実践的には、ロシア社会民主派はその『綱領』で、このロシアの現実に呼応することに成功した。彼らはこの要請に応えすぎ、最も急進的なナロードニキ主義を凌ごうとさえした。だが、社会民主派自身の多数（グローマン、ユシュケヴィチなど）が認めるようにその実践的な要請は社会民主派の理論の基本原則とまったく照応していない。」(48)

ここに示したマスロフやカウフマンの指摘は、農業問題がただ単なる土地問題ではなく、農村人口の農業から工業への移転というより広汎な文脈に関係していることを指摘した点で興味深い。この問題は一九〇五／〇六年にはまだ土地問題の陰にひっそりと隠れており、前面に登場することはなかったが、それまでも農業問題の背景にあって執拗低音のように繰り返し現われてきた問題であった。すなわち、農業問題の本質的な解決は農村過剰人口の吸収を可能とするような工業の急速な発展なしにはありえないであろうが、他方、ロシアのような農業国では工業は国内市場の拡大に応じて、それゆえ農業生産力の上昇や農民の所得の増加に応じてしか成長しないであろうという問題、つまり一方の解決が他方の解決を前提し合うという円積法に固有な問題があったのである。

しかし、この問題は抽象的には指摘されていたとしても、一九〇五／〇六年には社会革命派やカデット、社会民主派などにとって緊急の課題ではなく、ただ農民の土地利用の拡大だけが共通して求められていたにすぎない。ところが、政府の方は近代化を推進するために共同体の解体に本格的に着手することを決意していたのである。

二　政府の土地政策とその一般的結果

（1）ストルィピン土地立法の一般的規定

農業詔書の公布から国会の解散まで

先に述べたようにヴィッテは一九〇五年春に農業問題から離れることを余儀なくされていたが、十月十七日の詔書の公布後に首相に就任し、ふたたび農民問題を管轄することに成功すると、皇帝に上奏してゴレムィキンの協議会を閉会させ、特別協議会が春までに到達していた新しい土地政策を実現することに努力を傾けた。この政策が一九〇六年にどのように実現されたかを少し詳細に見ておこう。

ヴィッテがまず行なったことは、反対派から「ヴィッテの補祭」と揶揄されていたクートレルを農業相として大臣会議に入れ、十一月三日の農業詔書の公布後彼に新しい土地法案を作成させたことである。こうしてクートレルは一九〇五年十一月からリチフ（農業省・国有地管理局）やカウフマン（カデット）の協力を得て土地法案を作成し、一九〇五年末に大臣会議に提出したが、それはさしあたり共同体には手を触れずに、国有地や私有地の一部分の収用によって農民の所有地を拡大することを企てようとするものであった[49]。その第三条と第四条では、農民地の拡大は、一方では現存する国有地や私有地の面積に制約され、他方では一八六一年二月十九日の「最高分与地」の基準の範囲内で実施され、その際、土地を受取るのは共同体または——世帯別所有の場合には——個人であると規定されている。この法案に付された説明書の土地統計では、最高分与地の基準にもとづいてヨーロッパ・ロシア（一九〇五年）の実在男性人口に土地を配分するには一億六、〇九二万デシャチーナの土地が必要であり、そのうち農民の分与地として配分されている土地は八、六一七万デシャチーナ、農民の私有地（購入地）は二、〇五〇万デシャチーナであるから、不足は五、四二五万デシャチーナであるが、国有地と御料地は五六八万デシャチーナ、私有地は四、二二七万デシャチーナに過ぎず、それゆえ国有地や御料地だけでなくすべての私有地を収用したとしても「最高分与地」の基準を満たすことができないことが示されていた。

このようにクートレルの土地法案は「私人の土地所有のすべてではないが、大部分を」農民の手に移す用意をするものであったが、このこと自体が一九〇五年末のロシアの高級官僚層の狼狽した気分をあらわすものであった。(50) しかし、この法案は土地貴族の間に憤激と反対運動をひきおこさずには済まされなかった。一九〇六年一月七日から十一日にモスクワで開催された合同貴族大会ではどのような土地収用をも絶対に拒絶する土地貴族が「農業騒擾は共同体が存在するところにのみ生じた」と述べ、また共同体を「社会主義的細菌の温床」と罵っていたが、(51) 皇帝と政府はこの旧体制の社会的支柱をなすと考えられていた社会階級の要求を受け入れなければならなかったのである。ヴィッテの大臣会議は一月十日にクートレルの土地法案を最終的に否決した。(52)

一方、これとは別に内務次官のヴェ・イ・グルコを議長とする特別委員会（委員一一名）は一九〇五年十一月三日の勅書と農民に関する現行法の関係についての問題を審議していたが、二月十九日に、①この二五年間に土地割替を実施しなかった共同体の分与地は「区画地的土地所有」に移ったものとすること、②最近二五年以内に土地割替を実施した共同体では、一定数以上の農民が申請した場合に、四年に一度のみ、共同体からの土地の分離が許可されること、の二点を内容とする法案をヴィッテに提出した。(53) 特別協議会の意見では、この法案は、国会が召集される前に――それ以前はまだ皇帝の純粋な諮問機関にとどまっていた――国家評議会によって承認され、法律として公布されるべきとされていた。実際、この法案は三月五日の大臣会議の審議で承認され、ただ一人オボレンスキーが国会の召集前に公布することに反対したが、十日に国家評議会に送られた[54]。しかし、そこでは国会の召集前に法律を制定することは十月十七日詔書の第三項に抵触することを理由として二三対一三で否決された[55]。

なお、グルコは、内務省地方部長時代からゼムストヴォの熱烈な支持者であると言われており[56]、また早くから農民の分与地上で土地整理（フートルやオートルプの創設）を実施することを主張していたが、しかし土地収用と農民の分与地への追加・補充にははっきりと反対を表明していた人物であった。彼は一九〇五年一月二十二日の会議では次のように述べていた。

「農民に利用されている土地の生産性の上昇ではなく、これらの土地の面積自体の増加によって農民の福祉を増加させることが可能であるという思想は実現不可能であるだけでなく、空想的でもある。…これら二つの方策［土地収用と移住］はいかほどか広汎な規模で実施されるならば、国全体にとって絶対に破滅的である。

……人民大衆の所有する土地面積を拡大しようとする熱情、いわゆる passio possienti! を充足すれば今後長期間にわたって文化的農業への移行期間をながびかせるだけであり、土地拡大に頼る必要性をなくしはしない。……必要が、ただ必要だけが人々に自分の労働能力を高め、自分たちの手中にある自然的富の生産性を上昇させる。それにすべての所有地を農民の所有に移しても、その土地所有は二倍にも増やせないが、その所有する土地の生産性は三倍、四倍、五倍、いや、それ以上に上昇させることができるのである[57]。」

このヴィッテの協議会が皇帝の命令によって停止に追い込まれたのはたった一年前のことであったが、いまや政府の内部でも共同体の反対論者が主流となっていたことが示すように一九〇五／〇六年の諸事件が政府内部における勢力関係を共同体の反対派に有利に変えたことは明らかであった。

さて、グルコの特別協議会は四月に今度は議会（国会と国家評議会）に提出するためにふたたび共同体に関する法案を大臣会議に提出し、承認されたが、その草案は二月の草案をさらに次のように修正するものであった。(58)

(1)農民の「身分的閉鎖性」を除去し、農民を他身分と同権化する。

(2)農民の物権を家族財産ではなく、個人財産の原理にもとづかせる。

(3)最近二五年以内に総割替の実施されなかった共同体では、分与地は区画地的所有に移ったものとされ、分与地は世帯主の個人財産とされる。

(4)最近二五年以内に土地割替を実施した共同体でも、個々の世帯主は共同体から何時でも離脱する権利を持つ。

(5)世帯主の個人財産となった分与地の「集中の上限」と「分割の下限」が法律によって規定される。以上である。

これらの規定の中で、オプシチーナやそれと根底的に結びついている「農民の身分的閉鎖性」を除去しなければならないという思想や、農民の「物権」（財産権）を個人所有の原理にもとづくものとするという思想は、一九〇二年の特別協議会で表明されていたヴィッテやリチフなどの「開明的な」官僚の考えに由来するものであった。またこの法案には農民の分与地に「上限」と「下限」とを設定するという条文が入れられたことが注目されるが、このうち下限の規定は、明らかに一九〇二年の特別協議会で議論されていた「分与地の分割制限」の思想（つまり事実上の一子相続制の思想）に由来するものであり、これに対して上限の規定は「ファーマー」（фер-мер）（＝大農業者）に反対するものであり、これは社会革命派の農民的自然法の思想に対する妥協を意味するものであった。(59)

一方、クートレルが閣外に去り、ニコリスキーが農業大臣に就任したのち農業省（土地整理・農業管理庁）に設置された特別委員会では、ニコリスキー（議長）、グルコ、クリヴォシェイン、コチュベイ、プチーロフなどの委員の参加の下に個人財産に移行した分与地の土地整理に関する法案の草案が作成され始めた。この委員会はまた、「私的所有に対する農民の犯罪的な侵害」に決然と反対し[60]、すみやかに土地整理事業にとりかかるために、県と郡に土地整理委員会を設置し、それらの活動を土地整理問題委員会の統制下に置くことを内容とする法案を二月十七日までにまとめていた[61]。

しかし、これらの法案の基本的内容は第一国会の開設日（四月二十六日）までに準備されていたにもかかわらず、すぐには国会に提出されず、「分与地を所有する土地団体に関する法案」（内務省）および「土地整理に関する法案」（農業省）として提出されたのはようやく六月十日のことであった。

この二法案のうち前者は、村落共同体から公法的行政団体＝強制団体としての性格を奪い取り、それを純粋に経済的な運営に限定される「土地団体」（земельное общество）に変えようとするものであった[62]。すなわち、従来の村落スホートはその活動が純粋に経済的な運営に限定される「土地スホート」（земельный сход）に変えられ、また従来の村長はこの土地団体から選出される「土地長」（земельный староста）として県当局（地方司政官、郡会議、県［農民問題］評議会の行政裁判所）の監督から解放され、土地団体の経営上の指導者として取り扱われることとなり、かくしてオプシチーナは本質的には私的な協同組合に変わることが予定されていたのである。一方、オプシチーナから公法的行政団体としての機能が取り上げられたのち、――地方自治体改革（そのための法案を新首相ココフツォフが準備していた）によって――「全身分代表からなる郷ゼムストヴォ」が設置されることが予定されていた。この法案は実際には一九〇七年の第二国会に提出されたが[63]、もしそれが実現されたならば、独立農場の所有者（農民、地主）と土地団体に参加する農民によって構成される小地方自治体（郷ゼムストヴォ）が生じていたことであろう。

ちなみに、このような規定もまたすでに一九〇五年以前からロシア農村社会の近代化を求める一部の官僚によって準備されていたものであった。例えばリチフは、一九〇二年の特別協議会の報告書――『農民法体制』――で、村落共同体の村スホートが「行政的・財政的事業――租税配分と共同体からの脱退――、裁判事業――家族分割と未成年者への後見――、最後に社会福祉事業」を管轄する機関であり、その執行機関である村役人（村長、書記、会計係など）とともに政府の地方権力（県知事、県［農民問題］審議会、郡会議、地方司政官などの行政裁判所）の下級審または全省庁の地方組織として国家権力の末端に位置づけられていることを指摘し[64]、このようにロシアの村落共同体（ミール）が「土地利用の一体性によって規定された純粋に経済的な事業」を行なう団体であるにとどまらず、公法的行政団体でもあり、そのためロシアの農民が「納税身分」として特別な取り扱いをされてきたことを取り上げるとともに、将来はこうした行政上、司法上の様々な「農民の身分的閉鎖性」を取り除き、行政裁判所の各審級による「後見」（опека）を廃止し、その他の身分と農民とを同権化することが必要であることを主張していた。

もっとも、リチフは、たしかに一方ではミールが国家権力の末端機構の役割を果たしてきたことは事実としても、他方では国家権力の自治団体に対する監督はその行為の合目的性ではなく形式的な合法性に対してのみ行なわれるべきであるという思想の下に自治団体としての歴史的な権利を享受してきたことも確かであったと言う。例えば国有地農民は、十八世紀のエカテリーナの治世に個人的な権利の保障をうたった一七七九年十月三日の法令によって裁判所の判決によってしか罰せられない「権利」を獲得し、十九世紀前半に国有地農民管理局が設置されたときにも、管区司政官・郷長・村長には裁判なしに農民を罰する権限を与えられなかった。また一八六〇年代の司法改革によって、すべての範疇の農民がゼムストヴォによって選出された法務省管轄下の治安判事・治安判事会議・地方裁判所の審級の下に置かれた。ところが、一八七九／八一年後の「反動の時代」に制定された一八八九年の規則は、治安判事の代わりに地方司政官を設け、その監督下にある農民や村役人（郷長と村長）の「軽犯罪に対して」「形式的な手続なしに」行政的処分を課す権利を与え、また「自分の管区の農民が法的命令や法令に従わない場合に、何らの形式的な手続きもなしに――つまり裁判なしに――、その農民を誰であろうと三日間逮捕し、六ルーブル以下の罰金を課すことができる」という権限を与え、しかもその決定が最終的なものであり、即時に執行されなければならないと命じたのである（第六一条）。しかも、この規則はその効力が個々の裁判官の判決だけでなく、元老院（最終的な判決を下す棄却院）を含む上級裁判所の判決にも拘束されないとしていたが、その理由は、裁判所の判決にはいかなる場合でも異議申立てが許されており、それらの申立てに決定が下されるまでは判決の執行が停止されるのに、行政処分にはこの執行停止がないからというものであった。こうして農民は地方司政官の「恣意」に委ねられたのである。事実、リチフによれば、ある管区では村落共同体が租税を地方司政官の命じた期限内に支払わなかったことを理由として、数百人もの世帯主全員が逮捕されるという事件が生じたという。[65] なお、そのような懲罰的権限は農奴解放令によって郷長や村長などの「下級の農民管理機関」にも与えられており、彼らは「農民についての一般規則」（一九〇二年版の第七九条と第一〇四条）によって、「その管轄下にある人々の軽犯罪に対して裁判なしに二日以内で逮捕し、同じ期間社会的労働につけ、一ルーブル以下の罰金に処す権利を持つ」とされていた。[66]

農民が行政的、司法的に特別な取り扱いを受けていたことはまた、ミールが決議によってその成員（酔払いや悪質な泥棒）を追放し、政府の所有物として極北やシベリアに追放するという、かつてピアソンが描いたような古くからの「行政的流刑」の権限が農奴解放令によって認められていたことにも見られる。[67]『農民に関する一般規程』（一九〇二年版『ロシア帝国法令全書』の第六二条第三項）では、「その［共同体の］中に滞在し、そこにそれ以上滞在することが地方の福祉と安全を脅かす自分の成員の追放」について決議をあげる権限が村スホートに与えられており、このミールの決議は郷集会で承認され（第九四条第一一項）、行政裁判所（地方司政官と県［農民問題］審議会）の審理と承認を受けて執行され、その際、共同体が追放の費用を負担することと規定されていた。[68]この行政的流刑の制度は、一八九〇年までは町人の「共同体」でも実施されていたものであり、いわば正常に組織された警察と裁判所が欠如している場合に「有害な仲間」を取り除くための有効な方法であったと考えられていたようである。しかし、十九世紀末にトヴェーリ郡の地方司政官は、郡会議の一委員が「スホートの決議にもとづくシベリア流刑は農民共同体が有害な成員を取り除くためのすばらしい方法である」と語ったことに触れ、実際には「無実で送られる者」が著しく多かったことを指摘している。[69]しかも、ここで注目されるのは、ジョージ・ケナンが述べたように、「アレクサンドル二世の治世の後半、特に一八七〇年と一八八〇年の間に行政的流刑が政治的事件において以前に知られていない規模に、そして人権を考慮もせず、冷淡な無関心さに達した」という事実である。[70]一八九八年一月一日、シベリアには一四万八、四一八人の行政的流刑者がいたが、そのほとんど（一四万六、六五八人）はミールの決議によるものであり、[71]その中には少なからざる政治犯（一、〇五六人）が含まれていた。

したがってもし全身分からなる「郷ゼムストヴォ」が生まれていたならば、それは共同体から行政的流刑の措置を含む公法的権限を奪うこととなったはずである。しかし、実際には郷ゼムストヴォは生まれず、また行政裁判所の審級も廃止されず、むしろ行政的流刑は農業騒擾を鎮圧するための手段としていっそう重要な役割を与えられることになる。すなわち、一九〇六年一月十日、大臣会議は、ミールに圧力をかけて「農業騒擾の扇動者と張本人」を共同体から追放する決議をあげさせるために流刑の費用を国庫負担とすることを決定し、二月一日付の内務省通達をもって命令したのである。[72] このように、まさにオプシチーナを解体させることが議題に上ったときに、共同体の追放権という古めかしい制度が政治警察的な目的のために用いられたのである。もっとも農民騒擾が頻発している状況の下ではこの政府の目的は容易に達成されるべくもなかった。しかし、それでもサラトフ県のカルポヴァ・ゴラ村のように騒擾の参加者の一部が逮捕、投獄されたのち、「村落の黒百人組的要素」が優勢となり、村仲間とその妻子をアルハンゲリスク県のピネガなどに追放するということなどは生じたのである。[73]

さて、法案は、その他の点では、最近二四年以内に土地割替が実施されなかった共同体の分与地を世帯主の個人財産とし、また草案のとおり、それに「集中の上限」と「分割の下限」を設けていた。そして、その理由について法案は次のように述べていた。[74] すなわち、ロシア政府は、農民に土地を分与するに際して、村落住民大衆に恒常的な土地フォンドを保障し、その生活を整えることを全国家的な目的としたが、もし農民的な小土地所有を他の私有財産と同じように自由な流通にまかせるならば、「西欧の経験が示すとおり」、一方では農民大衆の「土地の極端な細分化」が生じ、他方では少数者への土地集積によって「ファーマー型の農民経営」(大経営)が形成され、結局、本来の意図と異なった性格の土地所有に席を譲ることになるであろう。そこで、そうしたことを防ぐために、村落身分ではない者に分与地を譲渡することを禁止すること(第一項)、「土地団体」に属する分与地の譲渡と借地をしかるべき機関の許可に委ね、文書による契約を義務化すること(第二項)、分与地の差押や抵当を禁止すること(第三項)、相続・遺言・家族分割に対しては「地方の慣習(法)」を適用すること(第五項)

が必要となるのである、と。このように述べるとき、理由書は、これらの項目（特に最初の四項目）が権利の制限ではなく、むしろ少数者への土地の集中を防ぐための「特別な優先権」であると説明し、さらにそれでもまだ土地の集中の可能性が除去されていないとして、各地域ごとに土地集中の「最高ノルマ」を設定するべきことをうたっていた。このように反ファーマー的な規定が法案に挿入されたのは、ヴェーバーが指摘するように、農民の社会革命的な土地要求がある程度まで政府にも影響を与えたからであったと考えられる。

なお、第五項の「分割の下限」に関連して、法案にはその分割を禁止する条文はなかったが、説明書は次のように述べていた。「個人所有権において農民を他の身分の者と同じにし、分与地を家族財産ではなく、個人財産と認めることが重要であると考えられる。」「まさしく家族財産の原理のために、現在、親の生前にも頻繁な分割が生じており、そのことが農民の経済的な没落を著しくすすめている。家族財産は世帯主の自律性を抑圧し、そのあらゆるイニシアティヴと企業家的精神を圧殺し、そのことによって一般的にも個々の場合にも疑いなく著しく有害に農業文化に作用しているのである(75)」。このように法案の説明書が示すように、法案が長期にわたって続いてきた分与地の細分化を阻止しようとしていたことはまったく明らかであった。そして、たしかに共同体が家産の均等持分権を外から支えてきたのは事実としても、土地の細分化と「土地不足」を実際に生み出してきたのは家族分割だったのであるから、近代化を推進しようとする者にとってはこの家族財産制度の解体こそが最も重要な目標であったということもできよう。

（2）政府の土地政策とその結果

一九〇六年八月の勅令および十一月九日の勅令の公布とその内容

しかしながら、このような、私的所有権の神聖不可侵性に立脚して一切の土地収用を拒絶し、オプシチーナの解体を目論む政府の二法案がカデットや社会革命的な農民議員が多数派をなす国会を通過することはありそうもなかった。また他方では、国会が立憲民主党の法案を土台として私有地の収用によって農民分与地を拡大するという法案を議決したとしても、皇帝の側にはそれを裁可するつもりはなかった。しかし、国会が選挙によって国民の代表として選ばれていたからには、このことが皇帝と政府にとって政治的に著しく不利であることはまちがいなかった。そして実際にはニコライ二世は、おそらくグルコの考えに沿って六月二十日に政府声明[76]を出し、それに対抗して七月の初頭に国会が国民に対するアピールを採択した機会をとらえて、内務大臣のペ・ア・ストルィピンを新首相に任命し、国会を解散する勅令を発したのである。

この国会の解散後、皇帝は土地問題に関する二種類の緊急勅令を公布した。その一つ（八月の二つの勅令）は農民の土地利用面積を拡大するために官有地（国有地と御料地）を農民土地銀行の土地フォンドに入れることを命じるものであり、これはストルィピンがまだサラトフ県知事であった頃にその著書で表明していた思想、つまり分与地外の土地にフートルを創出しようとする思想を実現しようとするものであった[77]。しかし、この措置はストルィピンの内務次官の職にあったグルコの側からの非難をひきおこした。というのは、グルコの考えでは、官有地は現在農民が借地していてその手中にあり、その土地を農民に移転させるような措置は農民に将来地主の所有地をも手にしうるという期待をいだかせるという恐れがあり、厳につつしまなければならなかったからである[78]。

土地問題に関するもう一つの勅令は十一月九日の勅令であり、それはグルコが作成し、国会の会期外に緊急勅令の形で公布することを求め、ストルィピンが十月一日に大臣会議に提案し、十月十日に承認されたものである[79]。

それは内容的には「共同体からの自由離脱権」を認めるものであり、基本的には国会に提出された内務省の法案の内容に沿うものであった。大臣会議の審議では、その内容に対する異議は誰からも出されなかったが、ただコフツォフ（大蔵大臣）、ヴァシリチコフ（農業相）、オボレンスキー（皇帝官房）の三名が「農民自身の共同体に対する否定的な見解がまだ示されていない」として、この法案を次の国会の審議に付すべきと主張し、これに対して、ストルィピンとその他の七名は、この法案が一八六一年の改革で定められていた規定（一八九三年の勅令によって停止されていた）を復活させるだけであり、共同体の強制的な廃止を導くものではないとして、国家基本法の第八七条にもとづいて緊急勅令として公布すべきことに賛成した。(80) この会議でのストルィピンの発言は、新しい政治秩序はそれにふさわしい経済的基礎と私的所有の原理に立脚する経済体制を必要とするが、それは「個人の自発性と企業家精神の広汎な領域の委任」を求めるのであり、そのようにしてのみ「いたるところで国家秩序の支柱となる小・中の所有者の強い層」が創られるであろう、というものであった。

なお、一九〇六年四月に公布された国会基本法では議会の会期外に緊急勅令の形で公布された法令は新しく召集された国会で承認を受けなければならないと規定されていたので、政府には次の国会でこれらの勅令の承認を得る義務があり、さもなければそれらの法令としての有効性を断念しなければならない立場にあった。しかし、一九〇七年二月二十日に召集された第二国会でも左派とカデットが多数を占め、国会の農業委員会が政府の提出した法案を否決することを決定したので、それが国会によって承認される見通しはまったくなかった。そこで、ニコライ二世は一九〇七年六月三日に――一九〇七年二月に第二国会の選挙で左派の勝利が判明したときから予想されていたように――ふたたび国会を解散し、しかも新国会に政府派・君主派を送り込むために、憲法に反して国会の承認なしに選挙法を変える命令を発した。こうして第一国会と第二国会の土地収用法案は葬り去られ、違憲の「共同体に楔を打ち込む法令」が政府の新土地政策の土台となったのである。

それでは、この新しい土地政策は、グルコの述べたように、「文化的な農業」をもたらし、ロシア農村をおそっていた農業危機を克服することに成功しただろうか。新しい土地政策がどの程度まで実現されたかを次に検討しておこう。

まず一九〇六年十一月九日の勅令によってロシア農民法に含められることとなった新しい規定の基本的な内容は次のとおりである。すなわち、この勅令は分与地の償却金支払が一九〇五年十一月三日の農業詔書によって一九〇七年一月一日から廃止され、農民の国庫に対する土地抵当貸付が消滅するため、一八六一年二月十九日の農奴解放立法に述べられているように、農民が土地抵当負債に由来する権利の諸制限から解放され、「共同体からの自由離脱権」を持つことになると宣言し、共同体からの離脱に際しての条件を次のように定めるものであった。

(1)農民が「世帯別法」にもとづいて分与地を取得していた共同体では、分与地は世帯主の個人財産とされる。

(2)分与地が「オプシチーナ法」にもとづいて取得されていた共同体――つまり土地割替を行なうことのできる共同体――では、世帯主はいつでも自分の利用している分与地の個人財産としての確定を申請することができ、その際、世帯主は、(α)申請に先立つ二四年間に総割替の実施されなかった共同体では、自分の恒常的に利用している土地（借地している土地を除く）を取得し、また(β)申請に先立つ二四年間に総割替の実施された共同体では、最終的な配分によって割り当てられる分与地を取得する。

ただし、後者(β)の場合、「個人所有に移行しようとする世帯主の恒常的利用にある土地が、最後の配分によってその申請時の彼の家族の配分単位数に従って彼の持分とされる土地よりも多いならば、その計算によって彼のものとなる共同体地の面積が個人所有としてその世帯主に確定される。」その際、申請者はその面積の差を本来の（つまり一八六〇年代の）平均買戻価格を共同体に支払って取得することができ、そうでない場合には、その土地部分を共同体に返却する。

この申請は村長を通じて共同体に提出され、共同体は単純過半数による決議によって三〇日以内に申請した世帯主に与える土地区画を示さなければならない。もし共同体が期限内にそのような決議を提示しない場合には、そのための全活動が地方司政官に委ねられる（第六項）。

(3)世帯主は自分の個人財産となった分与地の混在を解消するために、①一部の世帯主の土地の一個所への「分離」――ただし、土地割替の時に限る――、②共同体全体による土地の「分割」の形で土地整理（フートル、オートルプの創設）を受けることができる。(81)

この勅令で注目されるのは以下の点である。

第一に、勅令が農民＝世帯主にいつでも自由に共同体から離脱する権利を認め、その正当化の根拠として一八六一年の規程（買戻規程の第一六五条）が「資本化された償却支払金」を国庫に納めた者（期限前買戻をした者）が自分の分与地を世帯別利用として確定することを許していたことである。しかし、実際にはこの規則は旧領主地農民に適用されただけであり、旧国有地農民には適用されたことがなかった。またこの規則は一八九三年十二月十四日の勅令によって停止され、それまで旧国有地農民に適用されていた規則が全農民範疇に拡大されていたことも問題であった。すなわち、この勅令の後、すべての農民はまず共同体の同意（三分の二以上の賛成が必要！）を得て自分の区画地を分離し、その後にその区画地の期限前買戻権を取得することとされたのである。したがって、十一月九日の勅令が現行の法令と一致していないことは明らかであった。

第二に、世帯別所有の分与地が家族財産ではなく、世帯主の個人財産となるという点も（西部の地方規程を除き）現行の法律にはない点であった。ちなみに、内務省に付置された特別委員会はこの年の九月に家族財産の問題について審議し、それが世帯主の自主性と企業家的精神をそこない、農業文化に有害な影響を与えていること、また個人所有の欠如が農民の間で私的所有に対する見解の確立を妨げていることを指摘し、頻繁な家族分割や若者の家族からの勝手な分離を防ぐための法案を作成していた。だが、このような法案は緊急勅令として公布されることもなく、一九一四年までは法案として国会に提出されることもなかった(82)。

第三に、この規定は共同体からの分離を（実際の土地割替ではなく、計算上の）最後の土地配分が実施された時点で実施するという点で、——一九〇四年にチュプロフが提案した——共同体を「大家族性に対する相互保険」とする考え（つまり土地割替が保険金の支払いにあたり、保険からの離脱の時期であるべきという思想）に立っていると言うことができよう。しかし、これについてチュプロフが述べたように、そこには二つの問題を指摘することができる。

その一つは、二四年間土地割替を実施しなかった共同体を非割替共同体とする根拠が明確ではないことである。もちろんこの二四年という期間が選ばれた一つの理由が土地総割替の実施の最低期間を一二年とし、部分割替を禁止した一八九三年の規程に求められることはおそらくまちがいないであろう。しかし、総割替を二四年間実施していない共同体が必ずしも総割替を完全に停止した共同体と呼べないことは言うまでもないだろう。またこの点に関連して問題となるのは、一八九三年の勅令によって一二年の期間以内の土地割替と部分割替が禁止されたにもかかわらず、実際には部分割替が頻繁に実施されているという状態の中で、各世帯の利用する土地という表現が何を意味するかが不明瞭なことである。例えば総割替によって三ドゥシャーの分与地を与えられた世帯がその後の部分割替によって一ドゥシャーを別の世帯のために減らしたような場合は、その一ドゥシャーはどちらの世帯が利用していることになるのであろうか。

もう一つの問題は、この規定では、共同体成員相互の間に土地利用の不均衡が残されることである。一例をあげよう。例えば前回の割替時に四ドゥシャーの分与地を割り当てられ、その後、現在までに二人の男性（ドゥシャー）を失った世帯は、共同体から離脱するために確定申請する場合、二ドゥシャーの分与地を共同体に返還するか、それともそれに代わる価格補償を行なわなければならないが、いずれの場合にも、この世帯は有利な立場に立つことになるだろう。なぜならば、村落における人口増加のために「持分」（ドゥシャー分与地）に含まれる土地面積が毎年減少するのに、右の世帯は前回の割替に際して測量された面積分の二ドゥシャーを所有することができるからであり、また貨幣による支払いの場合には、二〇世紀の高騰した市場価格ではなく、一八六〇年代の低い価格の支払いで済ませることができるからである。逆にまったく同じ理由により男性人口の増加した世帯は不利な立場に立つことになる(83)。この事情は村落農民を土地利用をめぐって敵対する二つの陣営に、すなわち「村仲間の間での公正で、均等な土地配分に際して得られるよりも多くの土地を自分の手中に維持する期待」を持って共同体を離脱しようとする人々と、少しでも多くの土地を得るために均等な土地割替を求める人々に分裂させることになるであろう(84)。

しかし、その後に実際に分かったことは、そのことは農民の中に共同体から離脱するための動機を与えようとする内務省のそもそものねらいであったことである。十一月九日の勅令の公布から一月後の十二月九日に内務省は県知事に通達を送付し、土地割替の決議は地方司政官の郡会議によって承認された後に初めて効力を持つことを想起させて、事実上、新しい土地割替を承認しないように要請し(85)、割替決議の承認前に共同体から離脱する世帯主が以前の割当にもとづいて土地を確定することができることを示した。ストルィピンにとっても将来の豊かなフートル経営を夢想して共同体から出る農民などがいるとは考えられなかったであろうから、そのことは決定的に重要であったのであろう。ところが、この通達は元老院（棄却院）に反論を惹き起こした。すなわち、翌年十二月五日に元老院の第二局はクールスク県のある共同体の割替決議の不承認問題を審議し、十一月九日の勅令は「個々の農民の共同体からの離脱を容易にする目的で公布されたものであるが、村団からミール地の総割替を実施する事実上の可能性を奪うものではない」という結論に達したのである。つまり共同体からの離脱の申請が割替決議と地方司政官の郡会議による承認の間になされた場合には、分与地の確定は新しい割替のために採用される配分にもとづいて実施されなければならない。これが元老院の結論であり、内務省も十二月中に元老院令に沿った通達電報を送付した。しかし、この問題をめぐる内務省（および県行政裁判所）と元老院との対立はそれで終了したわけではなく、その後もずっとくすぶり続けた。(86)

十一月九日の勅令の内容については以上にとどめておこう。なお、ずっと後（一九一〇年六月一四日）に第三国会によって承認された法令では、「オプシチーナ法」にもとづく共同体のうち、一八八七年一月以降に土地を分与された共同体を除き、最近二四年以内に(α)総割替を実施していない共同体と(β)実施した共同体との区別がより決定的となり、前者に属する全世帯主が区画地所有に移行したものとみなし（第一条）、彼らが共同体の決議なしで土地——ただし総有地などの用益地（森林など）を除き、恒常的利用の下にある土地——の個人的な所有者となる（第二条と第三条）という規定が加えられた。(87) したがって一九一〇年六月以降、共同体農民は最近二四年に総割替を行なった共同体に所属する農民のうち、まだ分離していない者だけということになった。

それでは、これらの規則によって何が達成されただろうか。

まず指摘しうることは、分与地の確定を申請し、共同体を離れた世帯主がゆっくりではあるが生まれていたことである。その数は一九一一年の六月一日までに二一六万人に達し、一九一四年十一月九日までには二六九万七千人に達したが、これらの人々の多くが自発的に共同体を離れたことは確かである。一九〇二年秋に特別協議会のためにスモレンスク県ゼムストヴォが行なったアンケート調査でも、三二八人の農民のうち一一八人（三六パーセント）がオプシチーナに反対の意を表明していたことからも分かるように、世帯別所有を求める人々が農民自身の中にいたことは否定しえない[88]。

しかし、他方では、共同体から離脱しようとしなかったばかりでなく、それに反対した人々が多数いたことも否定しえない事実である。そして、このような反対に対しては十一月九日の勅令の第六項に規定された地方司政官の圧力があり、また地方司政官から農民に対する懲役やシベリア流刑の脅しがなされることもあったが、それでも共同体の同意した確定は僅かにとどまった。一九一四年十一月九日までに確定した世帯主（二六九・九万人）のうち、共同体の決議によって分与地を確定した者は七一・八万人に過ぎず、地方司政官の郡会議で確定を受けた者——つまり共同体が同意しなかった「義務的脱退」——は七二・三パーセントにものぼっていたのである[89]。

農民たちはその理由を様々に説明した。例えばヴォロネシ県では、十一月九日の勅令が皇帝によって公布されたことを信じようとせず、スホートでは、「旦那たち（地主）が自分の利益のためにわれわれをたぶらかしているのである」と語る人々がいた。またカザン県スヴィヤージュ郡では、一九〇七年十一月二十日にポドベレジエ村のスホートが二四人の確定を承認したとき、若干名の農民が、一九〇六年十一月九日の緊急勅令は法律として公布されていない、と主張した[90]。

しかし、農民たちが土地の確定や土地整理に反対する最も強い動機は、チュプロフ流に表現すると、それが相

表43　農民の土地利用形態　　単位：戸

土地分与	1877／78年	1905年	1910年
α）オプシチーナ法による	6,586,458	9,201,262	10,393,400
β）世帯別法による	1,786,475	2,714,657	3,296,600
合　計	8,372,933	11,915,919	13,690,000

出典）A. E. Лосицкий, Распадение общины, СПб., 1912, с. 10.

互保険団体としての共同体を最終的に廃止することによって土地面積を増やすチャンスを個々の世帯主から永遠に奪ってしまうという事情にあったと考えられる。このことは、実際、将来の土地割替によって自分の土地面積を減らすことになる世帯主が割替の実施前に共同体から分離しようとしたのに対して、逆に持分を増加させる可能性を持っていた世帯主が確定や土地整理に反対したことからうかがうことができる。例えばサマーラ県スタヴローポリ郡では一九〇七年にコンダトフキ村を中心に土地整理に反対する大規模な農民騒擾が発生したが、その報告によると、騒擾の積極的な参加者は「少ドゥシャーの者」(малодушники)——つまり実在男性人口に比べて実際の土地（ドゥシャー持分）が少なく、将来の土地割替によって分与地を拡大することのできる者——であった。(91) またタンボフ県レベジャン郡のヴォロトヴォ村は二四年以内に（一八九五年に）総割替の実施されていた共同体であったが、一九〇九年に二四戸が共同体から離脱し、さらに翌年五月に五七戸が区画地の分離と土地整理（オートルプ化）とを要求したとき、これに反対する激しい運動が生じた。統計では、この村には四九六戸の世帯があり、その耕地面積は平均して三・九三デシャチーナであり、共同体にとどまっていた人々の分与地はそれよりも狭かったのに対して、分与地の確定を申請し、土地整理を実施しようとした五七人の世帯主の耕地面積はそれよりかなり広く、五・六一デシャチーナであった。(92) しかも、これらのオートルプに移行しようとした世帯主は「死せるドゥシャー（魂）」（三三人）、つまり土地持分を共同体に返却せず、自分の区画地として確定しようとしていた。もしこの村で土地割替がふたたび実施されたならば、これらの「死せるドゥシャー」が共同体によって没収され、最後の割替後に生まれたドゥシャーに配分されるはずであったのに、その土地は共同体農民から永遠に分離されてしまったのである。こうした事例が示すように、私有地への確定や土地整理に際しては、土地割替をめぐる闘争とまさしく正反対の事情が見られたのである。チュプロフが新聞の論説で述べていたように、こうした事情はあらかじめ予測できたことであった[93]。

さて、ロシツキーが一九一一年の時点でヨーロッパ・ロシアの四七県と一州について行なった計算によると、(1)農奴解放の当初から世帯別土地所有にあった世帯は三三〇万戸であり、これに対して(2)オプシチーナ法にもとづいて土地を取得した世帯（一、〇六〇万戸）のうち、①一九〇七年までに分与地の買戻操作を終了して世帯別所有に移っていた世帯と、②一九〇六年十一月九日の勅令にもとづいて区画地に確定した世帯は合計して約一七〇万戸を数え、また③一九一〇年の法律の第一条―第三条の規定によって個人所有と宣言された世帯は約三七〇万戸を数えた。以上を合計すると農奴解放の当初から世帯別所有であった三三〇万戸に加えて、五二〇万戸が区画地所有に移ったことになる。

したがってすでに一九一一年の時点で区画地所有にあった世帯（八五〇万戸）はオプシチーナにとどまった世帯（五二〇万戸）を著しく超えていたことになる[94]。しかし、このことは政府の土地政策が主観的にも客観的にもその最終的な帰結をもたらしたことを意味するものでは決してなかった。

まず最初に注意しなければならないのは、自己の確定申請によって区画地所有に移行した世帯が比較的少数（一七〇万戸）にとどまったことである。これらの離脱者はどのような人々であっただろうか。

まず第一に、その中にはシベリアへの移住者の大群が含まれていたことである。この移住者は共同体を離脱した者の中では最も多数であり（一九〇八―一四年に二〇―三〇パーセント）、その多くは貧農に属していたと考えられる。[95] 彼らは自分の個人所有となった分与地の一部または全部を村仲間に借地に出すか、それとも売却したのちに目的地へと旅立った人々である。もっともその一部は移住先からふたたび故郷の村に戻ったが、その際、土地を売却して移住した者が文字どおり土地なしの状態に陥ったことは言うまでもない。

共同体から離脱した第二のグループは、村落共同体に登録されており、しかも分与地を利用（耕作ではない）してはいるが、一九〇六年十一月九日の勅令までに故郷を離れて都市や工業中心地に移り住むようになっていた人々――工場労働者、手工業者、商人、雑業者など――である。このような人々は身分的な意味での農民ではあっても、経済的な意味では、つまり職業や居住地、所得などにおいては著しく多様であり、ただ勅令の公布後に一時的に村に戻って分与地を確定し、売却したという点で共通しているだけである。[96]

共同体を離れた第三のグループは、新しい土地割替の実施によって自分の利用している分与地の面積を減らされる前に、それを確定しようとした人々――すでに述べたような「少ドゥシャー＝大土地」保有農民（малодушные-многоземельные）であった。このグループに属する人々は相対的には村落内の上層部であったとしても、そのすべてが富農であったというわけではなかった。なぜならば、そのような家族の中には、例えば女性の多い家族や未亡人の家族などのように、何らかの理由で家族の実在男性人口（または男性の働き手）に比べて広い土地を保有する家族がかなり含まれていたからである。もし新しい土地割替が実施されたならば、そのような家族は土地を奪われることになっただろう。これとまったく同じ理由により、婿養子（приймак）――婚姻によってオプシチーナの構成員となった者――などが新しい割替によって分与地を奪われることを恐れて確定を申請した。また二十世紀初頭にもまだ広汎に維持されていた家父長制大家族の中には息子たちが家族財産を分割し

表44　個別的な土地整理の進行状態（戸，デシャチーナ）

地　　域	世帯数	土地整理世帯	%	土地面積	同/戸
南ステップ	1,228,429	198,715	16.2	1,797,387	9.0
東南ステップ	713,434	80,678	11.3	1,575,517	10.0
西部（オプシチーナ）	985,078	102,647	10.4	1,008,679	9.8
西部（世帯別）	898,046	85,641	9.5	855,405	9.9
中央部	3,560,124	120,597	3.4	840,724	7.0
南西部	1,165,252	38,865	3.3	150,185	3.9
ドン州	143,788	4,464	3.1	38,794	8.7
チェルニゴフ•ポルタヴァ県	853,903	25,900	3.0	120,909	4.7
東部	1,908,523	57,414	3.0	748,018	13.0
北部	1,594,528	24,059	1.5	277,446	1.5
合　　計	13,051,105	738,980	5.7	7,413,064	10.0

（沿バルト諸県とオレンブルク県は土地整理委員会の活動地域に入っていない。）

出典）А. Кофод, Русское землеустройство, 2-е доп. изд., СПб., 1914, с. 120-121.

ないようにという動機から確定を申請する者があり、その他に困窮し、ルンペン化した人々（のらくら者、乞食など）の中にも土地を売却して貨幣を得るために土地の確定者となる者があった。(97)

このように実際には分与地の確定は土地をめぐるその時々の複雑な経済的な利害関係の中で実現されたのであり、共同体を離脱した人々が村落社会の分化によって生じた富農と貧農という両極から現われたわけではない。従来エス・エム・ドゥブロフスキーなどの研究によって、富農と貧農という二つの対極的な階級がこの時期に共同体を離脱したという「一般的法則」が強調されてきたので、この点を指摘することは重要である。(98)

それでは、こうして生まれた区画地の上で土地整理はどのように進んだであろうか。ここでは、一九〇六年十一月九日の勅令および一九一〇年六月一四日の法律、一九一一年五月二十九日の法律(99)によって規定されていた「個別的な」土地整理――すなわち伝統的な農地制度にまとわりついていた混在耕地制を解消し、個別農場（オートルプ、フートル）を創出する土地整理——を見ておこう。[100]

ヨーロッパ・ロシアの土地整理委員会の設置された郡（沿バルト地域とオレンブルク県を除く四六県）における「個別的な」土地整理によって生まれた個別農場（フートルとオートルプ）の総数は、一九〇六年末までに土地整理の終了していた世帯を含めて、一九一三年一月一日までに約七四万戸を数え、その所有する耕地面積は七四一万三、〇〇〇デシャチーナに達していた。したがって戦前までに四六県の農民世帯（一、三〇〇万戸）のうち五・七パーセントが土地整理を受けていたことになる。これらの個別農場の平均耕地面積は一〇デシャチーナに達しており、当時の農民世帯一戸あたりの平均の五・七デシャチーナをかなり超えていた。したがってフートルやオートルプに移行した世帯がかなり大きな農業経営に属していたことは明らかである。

しかし、ここでは次の点も指摘しなければならない、それは、一九〇六年までに土地整理によって独立農場に移行した世帯が七四万戸のうち三五万戸であり、そのほとんどが西部地方に集中していたことである。また一九〇七年以後に土地整理を受けた世帯は四〇万戸弱であるが、その半数は西部や南部の世帯であり、残りの半数（二〇万戸）がロシア諸県の世帯である。したがって独立農場の割合はロシア諸県では著しく低く、中央部（一二万戸）で三・四パーセント、北部（二万四、〇〇〇戸）一・五パーセント、東部（五万七、〇〇〇戸）で三・〇パーセントに過ぎない。[101] このように、法律上は、ヨーロッパ・ロシアの全農民世帯のほぼ三分の二が共同体を離れて、区画地所有に移行したことになっていたとしても、実際には、そのほとんどは旧来の「混在耕地制をともなう世帯別土地所有」の状態を超えるものではなかったのである。

農民土地銀行の活動

政府の土地政策においてもう一つの重要な領域をなしたのは農民土地銀行の活動であったが、それは農民の土地所有にどのような変化をもたらしただろうか。

この点について、まず最初に指摘しておかなければならないのは、一九〇五／〇六年以降に膨大な領地が土地所有者によって売りに出されたことである。その土地面積は、農民土地銀行に売却申請された部分だけでも、農業勅書の公布された一九〇五年十一月三日から一九〇七年十月一日までの二年間に、ヨーロッパ・ロシア全体で二八六・五万デシャチーナに達し、ロシア帝国全体では二九一・七万デシャチーナに達した。とりわけ大量の領地が売却された地域は中央農業地域から下流ヴォルガ地域にいたる黒土地帯に集中しており、ヴォロネシ県、オリョール県、タンボフ県、ペンザ県、カザン県、シンビルスク県、サマーラ県、サラトフ県やドン軍管区の九県では土地貴族が二年間に売却した面積はその領地全体の一〇パーセントから三〇パーセントにも達していた。またこれらの諸県の土地貴族が同じ期間に農民土地銀行またはその仲介で農民に売却した面積は一五二万九、〇〇〇デシャチーナであり、それは帝国全体の半分を超えていた。[102] ちなみに、これらの地域と異なって、北部の非黒土地域では南部の黒土地域ほどに激しい土地売却が生じなかったが、ここでは前に見たように、一九〇五年までに大量の領地が売却され、農民の手中に移動していたという事情を考慮しなければならない。一方、沿バルト地域や西部地方では地主の土地売却はこの時期にもきわめて抑制された範囲にとどまっていた。[103] したがって、先に見たような一九〇五年以前の土地移動における帝国の東西の相違が一九〇六年以後にもふたたび繰り返されていたことになる。しかし、いずれにせよ、ロシア帝国の全域で地主の土地売却が加速していたことは事実であり、それが特に一九〇五年末の農業勅書の公布後に土地の没収を恐れた大土地所有者（貴族、商人など）が領地を売り逃げしようとしたことによるものであることも疑いなかった。しかし、このように広大な土地が土地市場にあふれていたにもかかわらず、他方では、国会が私有地の収用を実現することに期待をかけていた農民が土地を購入しようとしなかったこともまた当然のなりゆきであった。

そこで、この時期に政府がまず最初に行なわなければならなかったことは、農民土地銀行に売却申請された膨大な領地を買い入れさせ、銀行の土地フォンドに入れることであった。また、それとならんで、銀行の土地フォンドに入れられた土地を分割して農民に売却することや、農民に土地抵当貸付を与え、地主から農民への土地売却を仲介することが、農民土地銀行の重要な業務とならなければならなかった。しかし、もちろん、ロシアの破滅的な財政・金融状態の下で、農民土地銀行の業務を拡大することはおそろしく困難なことであり、そのため政府は一九〇六年三月二十一日の国家評議会の意見書で次のように決定し、この事態に対処しなければならなかった。第一に、農民土地銀行が地主から領地を購入し、農民に分割・売却する場合には、まず土地の売却者（地主）に対して五パーセントの利子付の土地証券をもって支払いを行ない、次いで銀行の土地フォンドから土地を購入する農民に信用を与える。第二に、地主から農民への直接の土地移動の仲介に際しては、農民に代わって農民土地銀行が土地の売却者に――従来と異なって現金ではなく――同じく五パーセントの利子付の土地証券をもって支払い（これは農民の銀行に対する負債となる）、土地売却者はこの土地証券の保有に対して六パーセントの利子を受取ることができる。その際、いずれの場合にも、農民土地銀行が地主に渡す土地証券の償還は発行時から五年後に始まり、十五年後に終了する。一方、農民は償却支払金（利子と償却分）として最初の負債額の一一・五パーセント（一一年で償却の場合）ないし六・五パーセント（四五・五年で償却の場合）を毎年農民土地銀行に支払わなければならない。(104) このような措置は、土地貴族のために地価の暴落を抑止しようとするために採られたものであったとしても、有価証券の市場価格が暴落していた状況の下では土地所有者にとってはなはだ不

表45　土地の確定

年	1906年勅令による確定者	1910年法による要望書	1911年法による土地確定（世帯別所有のみ）	合　計
1907	48,271	—	—	48,300
1908	508,344	—	—	508,300
1909	579,409	—	—	579,400
1910	342,245	8,200	—	350,400
1911	145,567	167,300	—	312,900
1912	122,314	108,700	94,100	325,212
1913	134,554	97,800	148,200	380,606
1914	97,877	65,300	156,600	319,785
合計	1,918,581	447,300	398,900	2,824,300

出典）П. Н. Зырянов, Крестьянская община Европейской России 1907-1914 гг., Москва, 1992, с. 94, 124, 129-130.

利なものであった。

さて、農民土地銀行がこうした措置によって二年間に貴族から購入した土地フォンドは、すぐ上に述べたように、二九一・七万デシャチーナ（ロシア帝国）にのぼったが、一方、農民が地主から直接または農民土地銀行の土地フォンドから購入した面積は当初は微々たるものであった。しかし、農民の土地購入件数と面積は農民運動が沈静化するとともに増加してゆき、一九〇五年の五万六、〇六六件、七四万六、九〇〇デシャチーナから、一九〇七年の六万二、一七四件、八三万二、二〇〇デシャチーナ、一九〇九年の九万四三五件、一二一万五〇〇〇デシャチーナ、一九一一年の二一万三、二五四件、一二九万五、〇〇〇デシャチーナ、一九一三年の三三万一九七五件、一五三万六、五〇〇デシャチーナへと拡大した[105]。そして、その結果、一九〇六年から一九一三年までの間に農民が購入した土地面積は八六四万五七六デシャチーナ——つまり農民が一九〇五年までに取得していた面積の約半分——に達した。また同じ時期に農民土地銀行の援助を受けて土地を購入した農民は約二六万人にのぼり、その面積は三

表 46　購入方法別の農民購入地　　　単位：デシャチーナ

年	個人購入		組合購入		共同体購入	
	件数	面積	件数	面積	件数	面積
1906	589	8,255	2,130	338,054	396	176,442
1907	1,246	16,606	3,340	564,811	793	351,432
1908	14,103	152,299	4,566	640,458	708	226,257
1909	45,524	502,642	4,670	618,305	525	106,167
1910	64,362	864,728	4,817	547,844	531	137,148
1911	60,701	851,222	4,333	485,185	293	61,230
1912	40,149	539,315	3,483	341,829	301	36,169
1913	36,368	558,766	3,524	304,464	215	30,911
計	—	3,493,833	—	3,840,987	—	1,125,756

出典）В. А. Косинский, К аграрному вопросу, вып. 2, Часть 1, Киев, 1917, Приложение, с. 54-55.

四九・四万デシャチーナに達した。

一九〇六年以降の土地移動においていま一つ注目される点は、一九〇六年の春以来、農民土地銀行が農民の購入地における土地整理機関としての性格を付与されたことを反映して、共同体と組合による集団的購入が激減し、個人購入が増加したことである。個人購入の割合は、農民土地銀行の援助によって購入された面積全体では、一九〇六年から一九一三年にかけて一・六パーセントから六二・五パーセントまで上昇した。また一九〇六年一月一日から一九一〇年七月一日までに農民土地銀行の土地フォンドから農民に売却された土地（一四七万デシャチーナ）では、個人購入の割合は一九〇七年の二・四パーセントから、一九〇八年の三八パーセント、一九〇九年の七六・八パーセント、一九一〇年の八九・三パーセントへと急速に上昇した(106)。

以上の簡単な検討から明らかとなるように、個別農場（フートルとオートルプ）は農民の購入地でも創り出されており、その際、それらの農場は分与地上の農業経営よりかなり大規模であったことである。その規模は、例えば農民土地銀行の援助を得て購入された土地の上では、平均して一三・三デシャチーナであった。もっとも、土地貴族から農場を購入した農民のすべてが必ずしも富農であったわけではない。いま一九〇八年から一九一二年に土地を購入した者が購入前に利用していた分与地面積を見ると、土地なしが二八・七パーセント、〇―三デシャチーナが三四・四パーセント、三―六デシャチーナが二〇・〇パーセント、六―九デシャチーナが一四・四パーセントであり、九デシャチーナ（つまりロシア諸県の平均）を超える者は八・五パーセントに過ぎなかったことが分かる。[107] しかし、土地を購入した者が以前は相対的に狭い分与地を利用していたとしても、彼らを村落内の下層であったとみなすことも誤りであろう。というのは、土地の購入者のうち多数――ズィリャーノフによれば二〇万人ほど[108]――は共同体から離脱した者であり、そのうちの六〇・九パーセントは購入後に九―二五デシャチーナの土地の所有者となり、また一四・四パーセントは二五デシャチーナを超える土地の所有者となっているからである。しかし、これらの「潜在的なファーマー」はまだわずかであり、土地を確定した者の一〇分の一を占めるに過ぎず、残りの九割は混在耕地制の中にいたのである。

かくして、結論すると、政府が一九一三年までにヨーロッパ・ロシアの分与地と農民購入地の上に創り出したフートルとオートルプはようやく六〇万戸――全農民世帯の二〇分の一以下――に達したばかりであったと言うことができる。もちろん、このことは農業改革がまだ端緒についたばかりであることを示すものであった。

区画地と個別農場の相続と分割をめぐる問題

しかし、個人財産とされる区画地が拡大しつつありまたフートル・オートルプが少数とはいえ実際に生まれつつあったことは政府に次の問題をもたらさないわけにはいかなかった。その問題とは一九〇六年から懸案となっており、ある意味では最重要であった個人財産の相続と分割の問題である。

先に述べたように、この問題は一九〇六年に政府の土地法案（グルコの内務省案）では「分割の下限」の問題として取り上げられていたものである。しかし、一九〇六年十一月九日の勅令後も、政府の意向に反して、家族財産に対する平等な持分権という「深く根づいた農民の慣習」[109]は消滅せず、分与地（区画地）は分割され続いていた。しかも、一九一三、一四年に家族分割がまったく終息していないことがあらためて問題となったとき、明らかとなったことはオプシチーナ法の下にある分与地やそれとあまり変わらない世帯別の区画地だけでなく、フートルやオートルプも同様に分割されていたことであった。[110]それは政府にとっては農業改革の成果を台なしにしてしまうという恐れを意味するものであった。

もとより家族分割の問題は混在耕地制を伴う二つの土地利用形態（オプシチーナ、世帯別利用）の下でも重大な問題性をかかえていたことは先に述べたとおりである。しかし、しばしば指摘されたように、旧来の土地利用形態の下では家族分割の有害性が緩和されていたことに疑問はなかった。なぜならば、家族分割は通常二人以上の息子がいる場合にのみ生じ、しかも各家族にとっては二、三〇年に一度の出来事であって、もし土地割替が一二年ごとに一度でも実施されるならば、それは家族間に生じた不均衡をならすことができるからである。[111]そのことは、実際に、同一の共同体の内部では農民世帯の利用する耕地面積（または播種面積）と実在男性人口との間にかなり正確な相関関係が見られることによって確認される事実である（もっとも一人あたりの利用面積は、小家族より大家族の場合の方が広いが）。また、このような土地面積と実在男性人口との比例・相関関係は土地割替を実施している共同体に限られず、土地割替を実施しない世帯別利用の村落や村落でも認められるが、それは次のような事情によって説明されるだろう。すなわち、世帯別利用の村落でも農奴解放に際して家族内のドゥシャー数に応じて土地が配分されたという歴史的事情がそれである。その際、たしかに、世帯別利用の村落では、当初の正確な比例・相関関係は時間が経つとともに漸次的にくずれてくるだろう。しかし、耕地混在の村落では、分与地の「地条」ごとの譲渡（売買、借地）が許されており、そのため働き手を減らした世帯が地条のいくつかを手放し、逆に働き手の多い世帯がそれを購入することもしばしば生じたのである。[112]

ところが、いまや問題となるのは、土地が一個所にまとめられたため、土地割替を伴う共同体のような漸次的な細分化の可能性もなく、また村仲間間の地条の譲渡によって農地を拡大する道も閉ざされている個別農場である。このような農場にとっては分割は農業経営の解体を意味することになるであろう。したがって個別農場にとっては一子相続が最も合理的な選択肢であるということになる。もちろんそれでも息子たちは父親の遺産を均等に分割することができるであろうし、また一子相続制と家産の均分制との中間的な解決を選ぶこともできるであろう。そして、政府としては、この問題を農民の慣習法や実践に委ねることもできたはずである。

しかし、政府が一九〇六年十一月九日の勅令にもとづいて共同体から離脱した世帯主の個人財産とされた分与地の分割を極力抑止しようとする立場にあったのに対して、農民自身は伝統的な家産の均等持分権の考えに固執しているという状況の中で、ミチャーギンが『プラーヴォ（法）』（一九一六年、第二四号、第三三号）で論じたように、一九〇六年十月五日の勅令（家族分割に関する村落スホートの議決の要件を規定した一八八六年の勅令を廃止した勅令）と十一月九日の勅令（共同体からの自由離脱権と世帯主の個人財産を規定した勅令）の公布以後、農民の家族・財産分割、相続に関する法（訴訟法、物権法）の「欠缺」が生じており、郷裁判所やその上級審（地方司政官、郡会議、県［農民問題］評議会）における訴訟事務に混乱が生じていることも事実であった。[113]そして、この場合、法解釈学的には、問題の一つは、十月五日の勅令が「一般規程」の第三八―四六条を明示的に廃止すると述べたにもかかわらず、第六二条七項（「家族分割の許可」という「スホートの権限」）について何も述べなかったため、村落スホートの決議が家族分割の実施の、とりわけ世帯別所有者となった世帯主の財産の分割の実施の、必要な要件なのかが不明であったことであった。もっとも、これに対しては、元老院の第二局の判決（一九〇七年十一月五日、第四、九五五号）が、第六二条第七項（スホートの決議）はオプシチーナ的所有の共同体に対して適用されるだけであり、「世帯別の区画地と屋敷付属地の区画地」には適用されないとし、また「十一月九日の勅令の公布後は、この件に関する恒常的な法律の公布まで、家族分割は総じて世帯全体の共有をなす財産に対してのみ、すなわちオプシチーナ的利用の土地に対してのみ実施されうる」と述べ、その後、内務省も同じ主旨の一九〇八年一月二十八日付の通達（第七号）を送付していたので[114]、少なくとも判例上は、オプシチーナ的所有の共同体における家族分割が以前と同じ手続に従って実施されうることは明らかであった。しかし、それでも地方では依然としてスホートの決議が必要かどうかをめぐって行政裁判所の混乱は続いていた。一方、世帯別の区画地の分割については、「地方の習慣」もなく、適用される法的規定もまったくないという状態であった。

結局、政府は一九一三年夏に二つの法案を作成し、翌年国会に提案した。そのうちの一つは内務省によって一九一三年六月に起草され、十二月十二日に大臣会議によって承認された「小所有地の相続に関する」法案である。この法案は、オプシチーナ的所有の下にある分与地を除く分与地および一九一一年の土地整理規程の第二条の基準以下の小土地所有に対して適用されるものであり、以下のことを規定するものであった[115]。すなわち、小所有地の相続には「一般市民的相続制度」を適用するが、ただし次のような「小土地所有の条件と農民生活の特質によって惹き起こされる修正と補足」を付け加えることとする。(a)養子、婿養子（世帯主と一〇年以上一緒に暮した者に限る）は、息子がいない場合には、未婚の娘と同じ権利を持つ。(b)すでに世帯から分離している者、世帯主と一〇年以上分かれている者、結婚した娘や未亡人は、相続から除外される。傍系への相続は、世帯主の最も近しい親族中の最年長者の単独相続とする。未婚の娘は、息子がいる場合には、結婚するとき自分の相続持分のみを貨幣で受取る（ただし婚資を除く）。未亡人は亡夫の土地のすべて（相続者がいない場合）、または四分の一以下を受取るが（相続者がいる場合）、それは所有地としてではなく生存中のみ利用しうる土地としてである。(c)世帯主は遺言で遺産を譲る権利を持つ（相続者たちに、またはその中の一人に、または相続者がいない場合には、任意の一人に）、等々である。この最後の規定に見られるように、法案は選択的な一子相続権を定めるものであった。この法案は一九一四年一月十四日に国会に提出されたが、国会では農業委員会がそれを法務改革委員会に回し、審議しなかった。

これに対して農業省が一九一三年七月に作成した法案は、もともと「小所有地（フートルとオートルプ）の分割禁止」（неделимость）に関する法案であったが、翌年右の内務省の法案の規定を含む新版（四部四五条）に編成され国会に提出された[116]。この法案のもともとの部分は、『プラヴィチェリストヴェンヌィイ・ヴェースニク（政府通報）』（一九一三年、第一七九号）の説明によればドイツの「ハノーヴァー法」に規定されている農民世帯(Bauernhof)の優先的相続制度にもとづくものであり[117]、その内容は次の通りである。

(1)農民の農業経営だけでなく、土地整理法に規定されている基準以下の「小所有」（フートルとオートルプ）に属する以下の農業経営は分割を禁止される。①一九〇六年十一月九日の勅令以後に共同体から離脱した農民経営のうち、分割によって法律に規定された各地域ごとに設定される土地面積の基準よりも小さくなる農業経営、②世帯主が分割を避けるために特別に土地整理委員会に登録した農業経営。土地の分割が許されるのはこの条件に抵触しない場合（および右の基準の二分の一以下の零細経営）に限られる。

⑵分割を禁止される経営に属する土地、家屋および労働手段は一人の相続者が相続する。したがってそのような経営の世帯主は、息子が二人以上いるときには、そのうちの一人を優先的相続人に指定しなければならない。

⑶優先的相続人は経営上の建物、家屋、「生きている」農具（役畜）や「死んでいる」農具などを「無償で」相続できるが、土地については、「退出者（уходец）」――相続に参加しなかった者――に相応の金額を補償しなければならない。例えば二、〇〇〇ルーブルの価値を持つ一〇デシャチーナの土地を相続した兄は退出者（弟）に対して一、〇〇〇ルーブルを補償しなければならない。その際、ロシアの現状では、そのための貨幣を相続者は土地銀行への土地抵当によって獲得しなければならないであろうが、そのために農民土地銀行の優先的な融資を利用することができる。一方、相続に参加することのできなかった弟は一、〇〇〇ルーブルを持って家を離れなければならない(118)。

ここに見られるように、一九一四年の相続制法案は、本質的には、一九〇六年六月の政府の土地法案が予定していた「土地所有の分割の下限」を一子相続制の明文化によって実質化しようとする試みであった。もしこの法案が国会を通過し、効力を持つことになったならば、それは家族財産制を解体し、その土台を支えてきた共同体を最終的に葬り去るための強力な手段となったかもしれない。そして遺産相続に参加することのできなかった子弟は共同体を離れて都市と産業中心地に流出し、それによってこれまでロシア農業が養ってきた潜在的な過剰人口が農村から一掃され、長い間ロシア農村を苛んできた「土地不足」の問題が解消し、商業的農業と工業の力強い発展が始まっていたかもしれない。それはロシアの発展が西欧型の道へと転換されることを意味したであろう。少なくともこれが政府の描くロシア農村近代化のためのシナリオであったことは明らかである。

しかし、一九〇六年以来の政府の土地政策の有終の美となることを予定されていたこの法案にも重大な問題点がないわけではなかった。第一に、例えばルヨ・ブレンターノが『ルースキエ・ヴェードモスチ』(一九一四年三月二十九日)の論説でこの法案の前提となっている思想を批判し、一子相続制がドイツにおいてさえ「反動的な」思想であったと述べ、それをロシアに導入することに疑念を表明したことに示されるように、[119]それが近代的な民法の平等の原則に反しており、それゆえ時代錯誤的に思われたことである。またリトシェンコは一子相続制に反対したわけではなかったが、『ルースキエ・ヴェードモスチ』紙上でドイツのバヴァリア地方における一子相続制の状態を紹介し、そこでも古い習慣が「現代の個人主義的な経営の条件下で」しだいに別の習慣に席を譲り、「区画地の不分割制度の経済的な意味が失われている」ことや、分割が行なわれて農民が比較的強固に維持されていることを指摘した。[120]第二に、問題は、それがまだ完全には消滅していなかった農民の自然法的、倫理的な土地要求に本質的に対立していたことであり、そのため法案が国会を通過したとしても、それが農民によって実際に受け入れられるかどうかが不明であったことである。第三に、村を離れることになる子弟たち(政府の立場からすれば、これが過剰労働力の実践的な意味である)を吸収する十分な雇用が存在しなかったことである。一九〇六年以降、ふたたび外国資本の輸入[121]によって成長しはじめたロシアの近代産業も毎年農村で生じる働き手の増加のせいぜい四分の一を吸収することができただけであり、また例えば一九一一年から一九一三年にアジア(シベリアと極東)に移住する者は毎年二五万人―三〇万人に達したが、それも農村人口の増加の六分の一または七分の一に過ぎなかった。したがって毎年増加する農村人口の四分の三にとっては依然として農村にとどまることが残された唯一の道であった。[122]だが、土地を持たない者は、たとえ優先的相続人から金銭的な補償を受けるとしても、わずかな金額では、農業経営に必要な土地や建物、家屋、農具などを整えることができなかっただろう。

一人あたりの穀物収量の変動と趨勢（単位：プード／人）

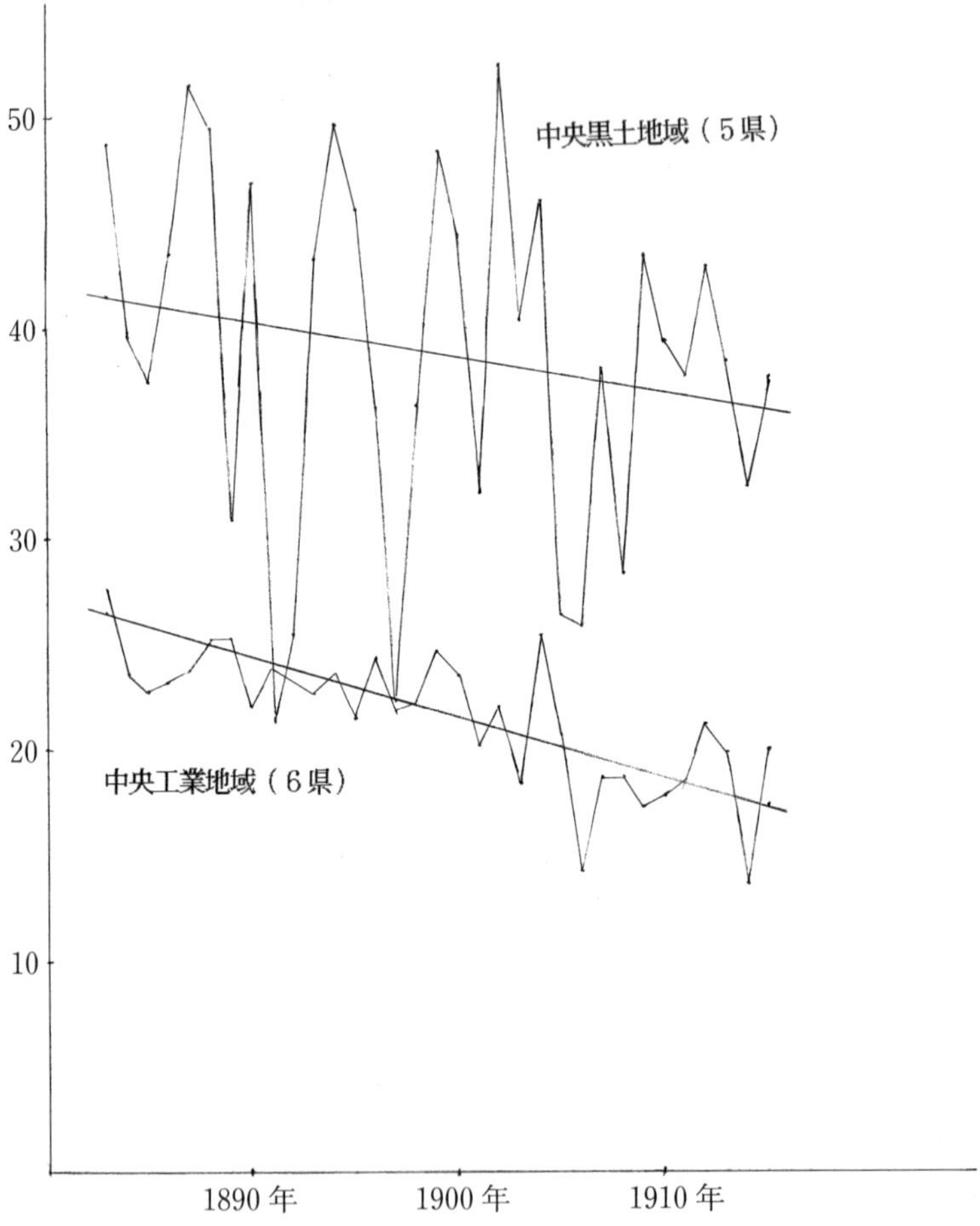

出典）В. Д. Громан（под ред.）, Влияние неурожаев на народное хозяйство России, Часть 1-я, Москва, 1927, с. 74-105, Часть 2-я, Москва, 1927, с. 68-50.（集計・計算は筆者による。）

しかし、いずれにせよ、ここではこの法案についてこれ以上詳しく検討する必要はないであろう。というのは、この相続法案は一九一四年七月にはじまったロシアとドイツとの戦争のため、国会において一度も審議されることなく終わったからである。

かくして要約すると、戦前のロシアではまだ農村からの過剰労働力の流出も本格的には生じておらず、また商業的農業の本格的な発展もなかったのである。オガノフスキーが一九一四年の論文で示したところでは、一九〇二年から一九一四年までの一二年間にロシア帝国七二県の播種面積は九パーセント増加したが、農村人口の増加はそれを凌ぎ、一八九七年から一九一一年までの一四年間に一億九〇〇万人から一億四、一〇〇万人へと三〇パーセントも増加したため(123)、一人あたりの土地面積は一七パーセントも縮小していた。もっとも、播種面積一デシャチーナあたりの収量は以前と同じように増加していたが、その増加率はヨーロッパ・ロシアでも経営規模の縮小を埋め合わせるほどではなく、アジア・ロシアでは逆に収穫が低下した地域さえ存在した。したがって一九〇五／〇六年に登場したストルィピン体制がガーシェンクローンの言うようにロシアの「ヨーロッパ的な発展(124)」への転換を成し遂げようとしたことはまちがいないとしても、その果実を収穫する段階にいたっていたと言うことはできない。

三　クスターリ工業・手工業をめぐる社会政策論争

それでは、農村工業の領域では一九〇五／〇六年以後にどのような変化が生じていただろうか。

先にも述べたように、ロシアの農業問題が「土地不足」や農村過剰人口の問題として現われていたということは、その背景に農村過剰労働力を吸収する役割を負っていた諸産業の停滞という問題が伏在することを示すものであった。しかも、一九〇五／〇六年以降のロシア政府の農業政策が農民の子弟の農業外部への流出という問題を明示的にまたは暗黙のうちに提起したからには、工業の問題が早晩重要な論点とならざるをえなかったことは疑えないところであった。

ここでは農村工業の問題に限定して、いくつかの点に触れておこう。

農村手工業・クスターリ工業に対する政府の政策

まず最初に注目されるのは、十九世紀末から二十世紀初頭にかけて農業問題において大きな転換がなされたのと同様に、工業の領域でも社会の見解に大きな変化が生じていたように思われることである。

先に示したように、まだ一八八〇年代初頭にはヴェ・ヴェのような学問派ナロードニキが「人民的生産」(共同体とクスターリ)が産業資本主義に対して勝利することができるという予言を揚々と行なっていたが、それからわずかの間にクスターリ工業の諸部門が工場との競争によって危機に陥り、繊維工業などの部門では困窮したクスターリの大群が工場に流入するという事態が生じていた。そして、ヴィッテ体制の下で外国からの資本導入をはかり、大工業を育成することに力を傾けていた政府もその工業化政策を「クスターリ工業を土壌とした大工業の有機的な育成」(ヴィッテフスキー)と理解し、クスターリに対して冷淡な態度を示していたと言うことができる。ヴィッテフスキーは言う。

「[クスターリの]そのような農村からの離脱は工場にとって好ましい流入をもたらす。官庁出版物は家内工業を『健全な工業発展のための自然的な基礎』と考えるとき、おそらく工場へのそのような流入を考えているようである。実際、家内工業はまだ恒常的に定着した種類の労働者をつくりだせない工業部門では、労働者階級の形成のための最良の土壌となった。主に農耕活動に従事している農民的要素は――純粋に機械的ではなく、一定量の肉体的力だけを必要とする労働のための能力をほとんど持たないので――、旅に出かけるとしても、ふたたび永久にまたは一時的に〔工業から〕逃れるが、家内工業で生活できなくなった労働力は囲い込まれた作業場と都市居住を優先する。[125]」

またチミリャーゼフ（農業省）も、一九〇二年のクスターリ大会に寄せた一報告書の序文で、「われわれは、多くの場合、大工業の発展のための自然的で信頼するべき道という構想を練り、その上、ほとんどの場合、保護関税というような国民にとって余分な奨励手段の利用の必要性を余計なことと考えていた」と述べている。[126] その際、チミリャーゼフは、「純粋な」形態のクスターリ工業――つまり①「農業と何かある手工業との、または加工業部門との結合」および②「主に自分の家族成員の労働の利用にもとづく最も零細な経営」を特徴とする農村小工業――が「資本主義的発展の性質に根本的に対立する原理」にもとづく「多少とも原始的な経済体制の付属物」であり、「高度な体制への移行とともに必然的に消滅しなければならない」という見解が広汎に普及していたと述べている。ここに見られるように、一九〇五年以前のロシア政府は、クスターリ工業がロシアに特有な「自然的な」工業形態であり、それを保護しなければならないという考えを否定し、むしろそれに対して冷淡な態度を取るにいたっていたのである。

しかしながら、他方では、一八八〇年代以降の急速な工業化の事実にもかかわらず、当時のロシアの発展段階にあっては、農村工業がまだ長期間にわたって大きな社会的・経済的な役割を果たさなければならず、それゆえそれを援助することが必要であるという考えもしだいに力を得つつあった。そして、そのような考えを持つ人々は中央政府の中では農業省の中にいた。もっとも農業省が十九世紀末から二十世紀初頭にかけて農村工業のためになしたことは、「クスターリ事業」を商工業省から農業省の管轄に移したこと（一八八八年三月）や、エルモーロフ（農業大臣）のツァーリへの提議に従って「クスターリ委員会」や「中央クスターリ博物館」、「クスターリ教習所」を設置したこと（一八九八年七月）、農村工業の調査と出版のために乏しい予算措置を講じたこと、そして地方でクスターリ事業に従事している北部諸県のゼムストヴォに対して国家財政からわずかな支出を実現したことなどに限られていた。(127)

農村小工業に対する社会政策的な援助の問題は一九〇五／〇六年にも土地問題の陰となり、大きく問題とされることはなかった。ただ一九〇六年にクートレルの後に新農業大臣に就任したニコリスキーの農業次官であったクリヴォシェインが二月三日に「土地不足」を解消するために「農夫の無為で、自由な時間をうめる力のあるクスターリ的な加工業」を援助することが必要であるという内容を含む覚書を皇帝に提出して裁可を受けただけであった。(128)しかも、農業省はクスターリ事業をすぐに拡大することができたわけでもなかった。

しかし、一九〇八年にクリヴォシェインが農業相に就任し、翌年にア・エム・テルネが農業省のクスターリ工業・農業統計部長に就任すると、クスターリ工業の振興のためにゼムストヴォに交付される予算はしだいに増加しはじめた。(129)クリヴォシェインは一九〇九年には、帝国の諸地方に分散している多数の手工業者・クスターリ（中央部委員会の統計では四六二万人）を中央政府が直接に振興することはできないとして、クスターリ事業の管理を農業省の指導下に分権化し、それに地元のゼムストヴォの活動家・専門家が参加することを求めた。(130)

ゼムストヴォのクスターリ援助活動

一方、膨大な数の手工業者・クスターリを擁する北部諸県のゼムストヴォでは、かなり早い時期から地道なクスターリ事業が行なわれていた。

例えばモスクワ県では、一八七〇年代に農村の手工業者・クスターリについての本格的な調査が実施されたのち、早くも一八八五年代にはクスターリ製品の販路と技術改善を目的とするクスターリ博物館が設置されていた(131)。また一八八九年にはクスターリ援助の方針を立案するための特別委員会が設置され、そこでは、モスクワ市の綿工業家として知られていたエス・テ・モロゾフや学問派ナロードニキのカルィシェフの報告に従って、「拡大する農民の土地不足」という条件の中での農民の所得を引き上げるための手段として、(1)クスターリのための教習場・学校、技術専門家をゼムストヴォ会議の承認を経て設置するべきこと、(2)製品販売、原材料の共同購入、生産のためのアルテリ（協同組合）の設置を援助し、それらに対してクスターリ銀行から貸付を行なうことなどが決定された(132)。このクスターリ銀行による貸付件数（と貸付額）はしだいに拡大し、一八八五年の一〇九人（四、五〇〇ルーブル）から一九〇五年の一、二一一人（三万七、七三〇ルーブル）に増加し、さらに農業省からの交付金が増え、またモロゾフによって貸付基金が創設された後の一九一二年には一、四九五人（五万七、四七八ルーブル）に増加した。モスクワ県ではまた一九一二年に、クスターリ政策の諮問機関として議長および一〇人の委員から構成される「クスターリ会議」がゼムストヴォ参事会に設置され、その他に「クスターリ博物館」、技術援助・アルテリ援助・職業教育・製品販売の四部、この部の活動を統轄する「クスターリ工業援助ビューロー」が設置された(133)。

こうしたモスクワ県の活動と類似の経過はトヴェーリ県、ヴャトカ県、ニジェゴロド県などでも見られるが、ここでは、いずれの県でもアルテリ（協同組合）に対する資金援助の外に、技術・職業教育・製品販売に対する振興策が行なわれていたことを指摘すれば十分であろう。

このように農村小工業に対する援助は漸次的に拡大されてゆき、一九〇九年以後には農業省（中央）とゼムストヴォ（地方）との分業体制の下にすすめられることとなったが、こうした援助が必要であると考えられた理由の一つは、何と言っても、農民の分与地が養えず、近代産業も吸収しえない巨大な農村過剰人口を吸収するという実践的な意義が手工業・クスターリ工業に与えられたことにあったと言うことができるだろう。(134) 事実、そのことは一九〇二年、一九〇八年および一九一三年に開かれた全ロシア・クスターリ大会でも繰り返し表明された点であった。

クスターリ大会とクスターリ工業の発展の二つの道

これらのクスターリ大会では、農村小工業を援助する必要があるということも、また農村小工業に対する援助が①商業（製品販売・原料取得）、②技術援助（職業学校・モデル）、③協同組合の組織、④商業信用と資金援助（クスターリ銀行）などの領域で実施されるべきこともほとんどすべての参加者にとって自明の事柄であった。しかし、そのためにどのような活動を、どのように行なうべきかという点では見解の対立があり、とりわけ意見が分かれたのは、これらの活動が最終的に何を目指すのか、また、その際、政府・ゼムストヴォ・私人がどのような役割を果たすべきか、またそれが農業省の主導下に行なわれるべきなのか、それともゼムストヴォの自主的な活動に委ねられるべきなのかという点をめぐってであった。

これらの問題のうち、クスターリ工業を援助する必要性については、「[クスターリ]営業の発生の基本的原因」が「土地不足」、農村過剰人口にあるという考えがその根底に共通して置かれていた。ここではまず第二回大会（一九〇八年）の農業省（農業経済・農業統計部）の報告を見ておこう。この報告は、まず中央部委員会の数字（一八九七年）を引き、ヨーロッパ・ロシア五〇県の土地耕作に必要な男性労働者は一、三四七万人であるが、実際の農民（農耕者）はそれを一、〇〇〇万人も超えており、しかも一八九七年から一〇年間に村落人口が一、七〇〇万人も増加したと述べ、土地に充用されない膨大な労働力が存在することを指摘し[135]、その上、農作物の生育しない冬の四か月から七か月の間にすべての農民が営業を必要としていると述べ、ロシア帝国の過小雇用に苦しむ農民にとってクスターリ工業の使命が著しく大きいことを強調した。

このテーマは、第三回大会（一九一二年）では、ヴォロンツォフによって繰り返された[136]。その報告は、まずロシアの手工業・クスターリ工業がなかなか死滅しない理由をとりあげ、次のように説明した。すなわち、工業が発展するためには広い国内市場を持つことが必要であり、それゆえ「人民大衆の福祉」をあらかじめ向上させることが必要であるが、しかるにロシアの農民経営は著しく「分散」しており、小農民大衆は「一人の男性労働者が夏の間に就業するのにさえ不十分な区画地」を耕作しているという状態である。しかも、ロシアの大工業には「農業にとって余分な労働力を農業から吸収する力」がなく、そのため「勤労者」＝農民の「副次的営業収入の必要性」のために彼らの「クスターリ工業への流入」が生じる。ところが、農業部面での労働力の過剰供給は必然的にクスターリ工業への労働力の過剰供給を生み出し、そのためクスターリはクスターリ製品に対する需要を超えて増加しているのである、と。

ヴォロンツォフはさらに先に進んで、このような「現在の経済体制」の「まったく不正常な現象」を解決するために協同組合を実践的な課題としてとりあげる。ただし、それは必ずしも将来に達成すべき社会主義的な「理想」としてではなく、「一面では農民の土地不足のために、他面では工業と農業の結合による国の生産力の巨大な浪費をなくし、何百万人の人々に現在の必要な需要を充足させるため」であるという。なぜならば、これらの問題の完全な解決のためには「経済体制の完全な改造」が必要かもしれないが、しかし、「実践とは、ある要求を完全に満たすことではなく、可能なことを行なおうとするものである。そして社会活動の問題は、現行の経済体制の枠内でそれに有利な形態を求めることである」からである。これが彼の結論であり、そこには一八八〇年代に見られたような「人民的生産」の勝利の予言ではなく、実践的な改良主義をうかがうことができよう。

しかし、ロシアの経済状態にあってはクスターリ工業がなお長期間にわたって大きな役割を演じなければならないことについては、政府やゼムストヴォの活動家・専門家の間に大きな見解の対立はないとしても、手工業者・クスターリに対する援助が何をめざすのか、またその方法はいかにあるべきかという点については顕著な相違が存在していた。

このことは、例えばニジェゴロド県パヴロヴォ村のアルテリ（協同組合工場）の活動家として知られるシュタンゲ（ナロードニキ）の報告から明らかとなる。シュタンゲの意見では、「まだあまり意識されていない」とはいえ、二つの道――すなわち「ファーマーと小企業家」の道と、「オプシチーナとアルテリ」の道――があり、このうちもし前者の道を選び、人民大衆をファーマーと労働者とに分裂させ、後者をクスターリ親方＝小企業家の作業場に使用される賃労働者に転化させるならば、それは「大工場の形成よりも大きな苦痛をもって憤りを生み」だすため、「大工業の保護よりも悪い、危険な過ち」であり、したがって後者こそロシアの歩む道でなければならなかった。(137)

一方、この大会には一八九〇年代に書かれた著書（『ロシアの工場』）で、クスターリ工業が工場との競争に敗れて危機に陥っているという分析を与えたトゥガン＝バラノフスキーも参加し、(138)「社会政策的観点から見た生産アルテリ」と題する報告を行ない、その中で広義の「生産アルテリ」の三つの型の「社会政策的な意味」を次のように論じた。[139]

(α)「狭義の生産協同組合」(生産手段の共有と共同経営・共同労働にもとづく協同組合)——この型のアルテリはかなり原始的なロシアの採取産業には普及しているが、ヨーロッパには存在しないし、またロシアでも製造業にはほとんど見られない。その理由は、①大規模生産が必要不可欠かまたは著しく有利であるという条件と②生産手段が低価格であるという条件が二つとも満たされるときにしか生産協同組合が形成されないからである。なぜならば、直接生産者は、第一の条件が満たされる場合にのみ、「自立的な働き手」であることをやめて協同組合に加入するであろうし、また第二の条件が満たされる場合にのみ、生産手段の所有者となることができるからである。ところが、実際には、第一の条件が満たされたとしても、第二の条件はなかなか満たされない。なぜならば、原始的な採取業はともかくとして、製造業では生産者が原料を用意しなければならないことが生産手段の価格を著しく引き上げるからであり、そして、もちろん、もし生産手段が高価になれば、「大生産は必然的に資本家的性格を帯びる」ことになるからである。このように生産協同組合は資本取得や商業取引などの点で不利であるため、資本制的大企業と競争することが難しい。確かに生産協同組合が成功を納めることもありうるかもしれない。だが、その場合には、協同組合は不可避的に資本制的大企業に転化せざるをえないだろう。なぜならば、平均所得を超える所得を受け取った(これが成功の意味である)組合員たちは、「例外的な道徳的資質」を備えていない限り、その所得を企業の拡大のために利用しようとして労働者を雇うようになるであろう。しかし反対にもし失敗したらそれは解体することになる。

(β)「生産補助アルテリ」(生産者が自立性を維持しながら、生産手段を共同利用するアルテリ)——このような協同組合は例えば窯（陶工）やスヴェチョルカ（織布工）、炉（鍛冶工）、釜（フェルト工）の共同利用などの事例に見られる。この型のアルテリは広汎に普及する可能性を持っており、そのためクスターリ工業の発展にとって重要な意味を持つであろう。また小工業が発展できるかどうかはその弱点である「機械または一般的に高価な生産手段の利用の極度の困難」をどう克服するかに、それゆえ特に安価な動力の共同利用にかかっている。

(γ)「労働アルテリ」――この型のアルテリもまたロシアで広汎に普及している。ただし、それは「狭義の生産協同組合」と異なり、自立的な経営者からなる協同組合というよりは賃仕事に従事する手工業者・労働者の組織とも言うべきものである。それは手工業（注文生産）の領域だけでなく、また企業家のために働く労働者の間にも存在しているが、このことはそれが資本制企業と共存することができることを示すものである。この場合、アルテリ仲間は通常の賃労働者よりも労働過程の自由を享受しうるであろうし、また企業家から受け取る「協同組合的賃金」を自分たちの裁量で配分することもできるという利点を持つ。

このように説明したのち、トゥガン＝バラノフスキーは、アルテリに対してどのような社会政策的な対応を取るべきかを示す。まず第一に、製造業に普及する可能性のない生産協同組合への援助を農村小工業援助の社会政策の基本的な目的とすべきではなく、それゆえこの型の協同組合に対する公的資金援助は慎重でなければならない。もちろんクスターリがそれを組織しようとするならば自由にまかせられるべきであり、それに対しては定款の「事後届出制」を定めればよい。しかし、いずれにせよ、生産者が自ら狭義の生産協同組合を組織することはないであろう。しかし、これに対して、「生産補助アルテリ」と「労働アルテリ」については問題が別であり、前者には資金援助を含む積極的な援助をなすべきであり、また後者にも援助を実施するべきであり、公共事業・公共機関に属する工場・消費組合・協同組合でも出来る限り労働アルテリを利用するべきである。

この報告からはトゥガン＝バラノフスキーが一八九〇年代の著作で述べられたクスターリ没落論の考えを根本的に修正し、ナロードニキ主義に接近したことが明らかであろう。シュタンゲは、このようなトゥガン＝バラノフスキーのマルクス主義からの「一定の離脱」に評価を与えたが、しかし、パヴロヴォ村の生産アルテリ運動にかかわっていたこのナロードニキにとって、生産アルテリの社会政策的な意義を否定するトゥガン＝バラノフスキーの報告は依然として不満足なものであった。彼はパヴロヴォの協同組合工場を是非訪問するようにトゥガン＝バラノフスキーに求めた。

シュタンゲはまた、農業省の指導下にクスターリ援助の分権化を主張する農業省の方針に反対の立場を表明し、ゼムストヴォ・協同組合の代表・クスターリ製品の購買者代表からなる「全ゼムストヴォ・クスターリ組織」を形成することを主張した。(140)

一方、商工業省の官僚ボロダエフスキーは、第二回大会の「クスターリの間の協同組合」と題する報告の中でトゥガン＝バラノフスキーと対照的に、信用・販売協同組合に対する援助はもちろんのこと、生産アルテリに対しても援助を行なうべきであるという報告をし、大会の承認を受けた。

「もし生産アルテリが成功しても資本主義的な企業に転化しないのではないかという危惧については、それはわれわれを狼狽させないだろう。現在のところ、われわれが良かれ悪かれ資本主義体制の条件下に住んでいることは疑いない。……それゆえ現在の、クスターリ大衆にとって破滅的な単独労働に代わって共同労働のための生産協同組合に結合することになっても、これは巨大な成功であろう。そしてもしそのような協同組合の一部が私的所有企業に近いが、クスターリに一切れのパンを保障する企業に転化したとしても、これはクスターリが腹をすかせて生きている状態よりはよいではないか。(141)」

すなわち、クスターリ営業の協同組合化が――ナロードニキの期待とは反対に――資本主義的な発展を結果するかもしれないが、それでも農村住民に雇用機会を与えるのであるからよいではないか、というわけである。

しかし、特殊なロシア的な事情のためたとえクスターリ工業が将来もなお長期間にわたって存続することを前提とせざるをえないとしても、その発展を抑制している要因を除去し、その「ヨーロッパ化」(Europäisierung)をすすめるべきであるという明確な見解を表明する人々も現われていた。ヴィッテフスキーが一九〇五年に著わした著書はそのことをはっきりと指摘するものであった。(142)

彼の考えでは、工場における機械の普及・自由な労働者の供給・あらゆる生産諸条件のより効率的な利用によってクスターリ工業の諸部門がしだいに衰退せざるをえないことは「経済発展の一般的傾向」であり、それゆえ「たとえ家内工業が今でも数百万人に労働と生業とを提供しているとしても、ロシアの国民的な小工業経営の形態が体質的に不変であるという結論は決して引き出され」ず、「西方では手工業がそうであるように、東方ではクスターリが工場制工業の技術を前にしてますます後退し」なければならないことは自明であった。もちろん、ロシアの「クスターリ工業」の生命力は他の国よりもとてつもなく強靭であり、「その転換過程がこれまでよりもはっきりと告知されるまでには数十年が経過するかもしれない」。なぜならば、「農村クスターリ工業が農民人口の副業をなしており、農業自体がきわめて惨めな生産条件の下にあるため、［クスターリが］家計補充的労働報酬に固執している」からであり、それに「最近三〇年間の国家的な工業化の努力にもかかわらず、今日でも農耕が移植された大工業に対して著しい優勢を保持してきたので、家内工業は大工業と都市の手工業とに対抗し農業に緊密に依存して、その存在を将来も享受し、もし正しく大切に扱えばおそらく新しい発展衝動を刺激できる」かもしれないからである。

しかし、それにもかかわらず、ヴィッテフスキーの考えでは、クスターリ工業のヨーロッパ化を推し進めることが――「それがナロードニキにとってどんなに辛いことであろうと」――必要不可欠であった。すなわち、クスターリは、ナロードニキが評価するクスターリ工業の特徴を離れ、二つの方向で変革をなしとげなければならない。第一に、クスターリは、現在まで「安価な大衆消費財」の生産に従事しているが、この分野で長期間にわたって大工業と競争することはできないから、「専門化し、地域化し、技術的に完成しなければならない」。第二に、クスターリはその家内工業を農業から漸次的に解放するために努力しなければならない。「工場労働は『専門家』だけを求めており、他方、農業も合理的で集約的な経営方法へ移行するにつれて、半農半工経営の労働者に甘んじることができないことは言うまでもない。このように工業を農業から分離すれば、二つの部分にとって利益をもたらし、国民の社会的な再編成を早めるのに役立つだろう。この点でもロシアはただずっと先を歩む諸国の先例に従うだろう。」この「ずっと先を歩む諸国」がヨーロッパを指し示すことはもちろんであるが、ヴィッテフスキーはそこに沿バルト地域を含め、特別協議会のリーフラント委員会の次の報告を引用した。「クスターリ工業はリーフラントでは発達していない。なぜならば、農業は村落住民のほとんどすべての時間を吸収し、農業に従事しない者は自由職業、都市と農村の手工業、そして工場に扶養場所を見つけるからである」(143)。だが、ここに素描された沿バルトの発展はまさにシュタンゲが「ファーマーと小企業家の道」と呼んだものではなかっただろうか。

以上の検討から明らかとなることは、農業と同様に、しかし農業におけるほどには明瞭にではないが、工業の領域においても相対立する二つの思想が姿を現わしていたことである。

一九〇五／〇七年以降の変化

一九〇五／〇六年以後の時期については、信頼に足る時系列データがないので、どのような変化が農村工業に生じたかを正確に知ることはできない。しかし、その発展傾向がすでに観察した十九世紀末の発展傾向と大きく異なるものではなく、それゆえ「小企業家の道」への転換と呼べるような変化がまだ現われていなかったことも確かである。政府の官報『プラヴィーチェリストヴェンヌィイ・ヴェースニク』（一九一四年、第八号）の一論説は、歴史的発展の根本的な相違のために、西欧では中世から近代にかけて人々が「企業家、商人、工場労働者」となり、現在すでに「クスターリ営業」＝家内工業を知らないのに、ロシアでは「農村とわが農民世界の利害は工業と工場活動が西欧で果たしているような役割をほぼ果たしている」ことを、また「西欧では農民の一部が都市に移住して都市活動に従事し、農民経営主は自分の土地でより改善された経営方法に移行する」のに、「（ロシアの）農民は長い冬の余暇をクスターリ労働に捧げている」ことを示し、ロシアのクスターリ工業は「命数の尽きたものではなく、反対に現実に適応する力を持つロシアの現実の現象であり」、クスターリとクスターリ工業の発展の道を探ることが必要であるとしていた。[144] また土地整理問題を取り上げた官報の別の号は、クスターリ事業に毎年五〇万ルーブル以上が支出されており、それがすでに二〇〇万人以上のクスターリを捉えていると報じた。しかし、官報は「この事業への政府援助が――クスターリ活動の技術的達成の改善の領域でも、クスターリ労働とクスターリ製品の販売のよりよい組織化への援助の領域でも――もっと大きく、まだ始められたばかりである」と認めなければならなかった。[145] 一方、ニジェゴロト県のクスターリ工業専門家、エム・スロボジャニンは一九一二年に、クスターリが数的に成長していたにもかかわらず、それに伴って「賃金の平行的な低下、作業場の零細化――分散化――、クスターリの状態の全般的悪化」が生じていると述べていた。[146]

かくして結論すると、第一次世界大戦前には農業の領域だけでなく工業の領域でも「準備段階」[147]（タルノフスキー）から近代化を求める新航路政策への転換が始まっていたことは確かであったが、それでもいまだにロシア農村が今後どのような発展をたどるのかは必ずしもはっきりしたわけではなかったのである。

四　大戦中のロシア農村

動員による「労働力の不足」

しかも、一九一四年に始まるドイツとの戦争はこの不明瞭さをさらに著しく拡大するという結果をもたらさないわけにはいかなかった。ここでは第一次世界大戦中のロシア農村の全般的な状態を検討することはできないが、われわれにとって重要と思われるいくつかの点を指摘しておこう。

この戦争がロシアの農村経済に与えた変化の中でまず注目されるのは、大量動員によって農村から膨大な青年＝働き手を奪ったことである。

一九一四年から一九一六年末の動員によって徴兵されたロシア軍兵士は一、二〇〇〇万人を数えたが、そのうち最初の動員令（一九一四年七月十七日と二十一日）によって徴兵された兵士は三三〇万人――二五〇万人の全予備役と八〇万人の第一範疇の非常後備軍――であり[148]、その後に動員された兵士は九〇〇万人であった。これらの動員された兵士の中で農民が占める割合は四分の三以上であったと考えられるので、農村は戦争の最初の月に二五〇万人を、さらにその後の二年半の間に六五〇万人を送り、合計九〇〇万人以上を戦場に送り出したことになる。農村から徴用された青年が九〇〇万人を超えていたことは、一九一六年に実施された全ロシア農業センサスのデータからも確認される。この統計によると、[149]戦場となっていたコヴノ県（リトアニア）とクールランド県（沿バルト）を除くヨーロッパ・ロシアの農村の一、五八二万経営における男性人口（三、七九一万人）は女性人口（四、七八八万人）より九九七万人も少ない。ロシアの農村では、男性が女性よりも若干少なかったのであるから、農村から動員された若者の数が九〇〇万人であったという右の数字はほぼ妥当であったと考えられる。この動員された若者の数は労働年齢（十八―六〇歳）にある男性のほぼ四〇パーセントであった。[150]したがって、一九一六年には約二、四〇〇万人の女性の働き手と一、三〇〇万人の男性の働き手が七、三八〇万デシャチーナの土地（播種面積）の耕作に従事しなければならなかったことになる。なお、農村が戦争によって失ったものは人的資源に限られず、物的な資源にも及んでおり、その損失は計り難いが、ここでは二〇〇万頭の馬――土地耕作に必要な「生ける」労働手段――が割当徴発の方法によって連れ去られたことだけを指摘しておこう。[151]

もちろんこのような事態が農業生産に深刻な影響を与えずにおかなかったことは言うまでもないだろう。一九一六年の統計では、ロシア帝国全体の播種面積が一〇パーセント近くも縮小したことが示されている（後段参照）。だが、戦時中の農村における「労働力の不足」がどの程度のものであったのかについては慎重に検討しなければならない。なぜならば、これまで述べてきたように、戦前のロシア農業問題の中心にあったのは「土地不足」および農村過剰人口の問題であると理解されており、戦争は土地耕作に充用されない過剰な労働力を引き抜いただけであると考えることもできるからである。オガノフスキーは実際に次のような計算にもとづいて戦時中の農村に「労働力の不足」が存在しなかったと考えていた。すなわち、彼の計算では、戦前の農村の働き手の総数は三、五〇〇万人であったが、一人の働き手が少なくとも四デシャチーナの播種面積を耕作することができたので、ロシアにおける播種面積（九、〇〇〇万デシャチーナ）を耕作するのに必要な働き手は二、五〇〇万人となり、一、〇〇〇万人（または三〇パーセント弱）が過剰であったことになる。[152] したがってオガノフスキーの考えでは、戦争はまさしくこの過剰な部分を農村から戦場に移しただけであり、その限りにおいて農村に「労働力の不足」をもたらさなかったということになるであろう。

しかし、このことが正しいとしても、――オガノフスキー自身も認めるように[153]――それは農村に実在する働き手の総数と農地面積全体との関係が問題となるような場合、すなわち「個々の農民世帯を分離している垣根」が取り払われるか、それとも「すべての働き手と土地が各経営に均等に配分され」ているような場合のことであり、実際にはどちらの前提条件も満たされていないことは明らかであった。とりわけ戦前の農村では六割の農民世帯が一人の男性の働き手しか持っていなかったが、そのような状態の中で第二範疇（一人息子）の兵士が召集されたとき、村落内の多数の家族が中心的な働き手を失ったため土地と労働力の不均衡が著しく拡大したため、少なくとも部分的な「労働力の不足」が生まれていたことは明らかであった。

それでは、このような状態はどのような変化を農村にもたらしたであろうか。まず第一に見られた変化は「分与地外の借地」を行なう農民の減少と借地面積の低下であった。農業統計では、戦前には三七パーセントの農民が私有地上の耕地および採草地を借地しており、その総面積（播種面積）は二、〇〇〇万デシャチーナないし二、五〇〇万デシャチーナにも達していたが、それは戦時中に三分の二に縮小したと推測された。[154] そして、その結果は借地料の低下であり、また地主の農場経営に使用されるバトラーク（作男、雇農）の賃金の上昇であった（後段参照）。ちなみに、このような地代収入の減少と賃金率の高騰とが地主や農場経営者の利害関心を刺激したことは容易に想像できるところであるが、彼らはそれを補うために捕虜や逃亡兵を農場で使用することができるように政府に要求し、かなりの程度までそれを実現していた。一九一六年にロシアの地主農場経営に充用されていた捕虜は六〇万人、逃亡兵は二四万人を数えたとされている。[155]

一方、村落の内部では、自分の力で耕作することのできない者、とりわけ徴兵者の妻や孤児たちが「自分の分与地の小片（шматки）」を働き手のいる世帯や組合（村仲間）に貸し出した。そのため分与地借地の面積が著しく増加したのに対して、借地料の方はかなり低下したとされている。また村落の内部では、様々な土地耕作方法が実施されたが、その中でも注目されるのは、共同体や親族、隣人などからなる伝統的な相互扶助的な労働組織、つまり「ポーモチ」（помочь）や「トローカ」（толока）と呼ばれていた「ユイ」[156]が利用されたことである。例えばペトログラード県のいくつかの郷では、村集会がミールの連帯責任を決議し、土地耕作・播種・収穫のための労働を遂行することを決定する場合が見られた。また農民自身によって経営資本の協同利用のためのアルテリ（生産補助アルテリ）が組織される場合や、農民に対して労働力や農具・機械を提供する組合が組織される場合もあり、ハリコフ県の一事例では、信用組合が二人の労働者と二連の馬を雇い入れ、働き手の不足している兵士の家族の分与地を馬なし家族、馬一頭持ち家族、二頭持ち家族の順に耕作するという活動が見られた。[157]

ここではこれらの昔から行なわれていた組合や共同体による借地や相互扶助の方法がどの程度まで拡大したかを知ることはできないが、ともかく大量の労働力が農村から流出したとき、集団的な要素が強化されたことが注目される。それでも一九一六年に播種面積の縮小分は農業地域で六・五パーセントに達し、ヨーロッパ・ロシア全体では九・三パーセントにも達したが、[158]この率は四〇パーセントという労働力の減少率と比較すればはるかに低い水準にあったと言えよう。

食糧危機と穀物の割当徴発方式の適用

それでは、こうした状態の中で農作物の生産と流通にはどのような変化が生じていたであろうか。最初に穀物の収穫（純収量）を示しておこう。[159]

一九一三年　五〇億八、八〇〇万プード（大豊作）
一九一四年　四三億　四〇〇万プード（平年作）
一九一五年　四六億五、九〇〇万プード（豊作）
一九一六年　三九億一、六〇〇万プード（不作）

ここから見られるように一九一六年に播種面積の縮小と不作（収穫率の低下）からロシア全体の生産がかなり低下したことが分かる。したがって一九一六年の後半からロシア国内の主要都市や産業中心地では食糧の不足が深刻となり、配給制を組織しなければならないような状況が生じていたが、それが右のような穀物生産の減少を背景として生じたことは疑うことができないだろう。しかし、この食糧不足は、政府の輸出禁止措置によって穀物輸出量が戦前の水準から短期間に激減していたことから考えると奇妙なことに思われた。というのは、毎年の穀物輸出量は一九〇九／一三年の六億四、八〇〇万プードまたは一九一三／一四年度の七億六、四〇〇万プードの水準から一九一四／一五年度の六、〇〇〇万プードにまで縮小し、一九一六年には四、二〇〇万プードとなっていたが[160]、ここから明らかとなるように、輸出の減少（七億二、二〇〇万プード）が収穫の減少（四億三、四〇〇万プード）を埋め合わせたため、国内の予備は増加していたからである。

このことはどのように説明できるだろうか。

まず穀物の国内消費が全体として増加していたのであるから、食糧不足が国内における穀物の配分や流通上の問題によって惹き起されていたことはまちがいないと考えてよいであろう。そこで次に注目されるのは政府が

「国防の必要」のために組織した農業省の全権委員が食糧を調達しはじめていたという事情である。この組織が食糧調達を始めたのは一九一四年七月のことであり、それは一九一四／一五年度には二億九、八〇〇万プードの穀物を、また一九一五／一六年度には四億八、四〇〇万プードの穀物を調達した。[161] その際、もちろん全権委員は生産地域の県内の市場において穀物を調達したのであるから、その調達部分だけ穀物市場を圧迫したことは自明である。とはいえ、この部分も比較的わずかであり、輸出量の減少分によって埋め合わされるような量にとどまっていた。しかも、全権委員の調達した穀物はすべてが軍隊によって消費されたのではなく、相当部分は軍需部門の労働者などの消費にまわされていた。例えば一九一五／一六年度に調達された四億八、四〇〇万プードのうち軍隊によって消費されたのは二億五、〇〇〇万プードであった。しかし、食糧不足がしだいに深刻化するにつれ、政府が民間消費用の穀物をも調達し消費地域で配給することを求める声が日ごとに高まっていたのである。

したがって消費地における食糧不足は、単なる配給制の混乱や穀物生産地域から消費地域への流通や輸送の混乱などといった事情によって生じたものでない限り、穀物生産地域の生産者（農民や地主）が農産物の販売量を減少させたことによることは疑いえなくなっていた。もっともその原因を石炭不足による鉄道輸送の麻痺に求めることもしばしば新聞紙上などで行なわれており、[162] 農業大臣もそのように説明していた。しかし、そもそも生産者からの調達がうまく行っていないとしたならば、この問題が政府にとっても都市にとっても最も重大な問題をなしたことは言うまでもないであろう。

実際に穀物生産地域からの穀物調達量が一九一六年秋から冬にかけてかなり低下したことは政府の調達量の激減に示されていた。[163] だが、こうしたことは一体なぜ生じたのであろうか。ここではあらかじめ結論的に次の点を示しておこう。まず第一に、政府調達の減少は農村住民が市場に運ぶ穀物量を減らしたということであり、それは生産者（農民）が自分の穀物予備を増やしたということに外ならないことである。この増加分がどれほどであったのかは必ずしもはっきりしないが、当時次のような数字があげられていた。まずゲルツィークは、戦前には約六〇億プードの穀物（一九〇〇／〇五年に五九億一、二三〇万プード、一九〇六／一〇年に五八億七、九六〇万プード）が帝国の農村住民によって消費されていたが、それを超える量が戦時中に消費されるようになったと考えた。一方、オガノフスキーは、農民の消費ノルマが二二プードにまで上昇し、その結果、帝国全体の農村住民が「普通の条件」の場合よりも八億二、五〇〇万プードも「余分に」消費するようになったという計算を発表した。[164] このような予備の増加があったならば、その一部が「去年の播種の残り」を消費したことによるものであったとしても、農民が本来ならば外国や国内の消費地域に販売する部分を著しく減少させることになることは明らかであった。「わが農村人口の食料水準の向上は、都市と工業中心地におけるひどく困難な食料危機を生み出さざるをえない」[165]。これがオガノフスキーの結論であった。

それでは、農村住民がこのように穀物販売量を減らし、より多くの穀物予備を持つようになった理由は何だったのだろうか。オガノフスキーはその理由を次のように説明した。

「わが国の農民は以前は余剰のためにではなく困窮のために農産物を販売しなければならなかったが、［戦時中の］兵士への配給・酔払いの減少[166]・よい稼ぎがその必要をなくしたのである」[167]。

すなわち、戦争は農民の貨幣収入の増加と貨幣支出の減少によって[168]、ロシア農村に付きまとっていた穀物販売圧力を引き下げたというわけである。このことは実際に確認できるのであろうか。われわれは次に穀物市場の状態を検討しておこう。

さて、すでに戦争の初年から消費財の物価は上昇し始めていたが、その中でも相対的に最も急速に上昇していたのが穀物価格であった。チュプロフ物価騰貴委員会の数字では、一九一三／一四年度の平均価格を基準とした場合の穀物（七種類）の二四品目の商品（消費財）に対する相対価格は一九一五年四月に一二二パーセントとなっていた。また農業省の統計では、一五品目の価格の上昇率が一九一三／一四年から一九一五年四月に一九パーセントであったのに対して、主要穀物（四種類）の価格上昇率は七一パーセントであり、その結果、穀物の相対価格は一四四パーセントに上がっていた。ところが、一九一五年五月に「豊作」を予想する報道が流れると、穀物価格は低下したのに対して、その他の商品価格は上昇し続けたので、一九一五年七月には一八品目の価格指数は一四二パーセントに、穀物の価格指数は一三九パーセントに変化した（穀物の相対価格は九八パーセントに低下した）。その後、穀物価格はふたたび上昇しはじめたが、その上昇率は工業製品の価格上昇率とほぼ同じ水準にあったので相対価格には大きな変化は生じなかった（例えば一九一六年六月に一八品目の価格指数は一九四、穀物の価格指数は一九三となり、穀物の相対価格は九九・五パーセントであった[169]）。

都市同盟ペトログラード・ビューローの活動家であり、グローマン（旧メンシェヴィキ）のグループに属していたチェレヴァニンは、こうした価格変動が農民と農業者（地主）にとってどのような経済的意味を持ったかを次のように説明した[170]。まず最初に指摘しうることは、戦争が農民世帯の貨幣所得を確かに増加させたことである。まず戦争の初年は穀物価格の相対的・絶対的な上昇の年であり、農民にとっては貨幣所得の増加の年であった。これに加えて、一方で出征兵士の家族に食糧配給貨幣が支給され、他方で政府の反アルコール・カンパニアのため酒類購入費が減少したことは農民の家計をより好ましいものとしたはずである。これに対して戦争の二年目には穀物の相対価格は上昇しなかったが、その代わりに収穫は二三・五パーセントも増加した。いま戦争の初年に農民が収穫の三分の二を予備として保有し、残余を販売したとし、二年目にも同じ量の穀物を予備として保有したとすると、農民は初年より七二パーセントも多くの穀物を販売することができたことになる。しかし、他方で、地主にとっては事情は農民の場合とまったく異なる。まず一九一四年は春の耕作労働の終了後に戦争が始まったので、地主経営にも特別に大きな変化は生じなかった。だが、一九一五年には農場における賃金率が高騰したため、地主経営の生産費がかなり上昇したと考えられる。農業省のデータでは、黒土地域における賃金率は一九〇九／一三年の水準より七三・六パーセントも高かったが、こうした事情が地主にとって不利であったことは明らかである。しかも、地主にとってもっと不利な事件が一九一五年八月十七日に生じていた。その事件とは農業大臣ナウモフが穀物の公定価格制（全権委員による買付価格の固定化）を導入したことであった。[171] ここで注意しなければならないのは、ナウモフが公定価格制を導入した時点がちょうど穀物価格の下落が終わりつつあり、それが再上昇し始めた時期であったことである。実際にはナウモフのこの措置によって公定価格は七月の市場価格の水準（燕麦、大麦）またはそれより八ないし一〇パーセントだけ高い水準（小麦とライ麦）に固定化されたが、問題はこの価格が土地所有者が上昇すると期待していた市場価格の水準からみてかなり低かったことである。また実際にも一九一六年五月に公定価格は市場価格よりも五パーセント（小麦、ライ麦）ほど低くなっていた。そして、このことは地主を苛立たせずにはおかなかった。その結果、ナウモフは農業省を去り、地主＝農場経営者の利害の擁護者として新大臣に就任したボブリンスキーが一九一六年夏から公定価格改訂（引き上げ）の作業を始めることとなった。[172] この作業では、土地所有者の利害の代表者の参加する地方協議会と全権委員の大会が原案を作成し、次いで食糧問題特別協議会と農業大臣がそれに承認を与えることとなっていたが、こうして認められた新価格は従来の価格を四九パーセント（ライ麦）ないし八四パーセント（大麦）も引き上げるものであり、当然ながら市場価格（一九一六年七月）をはるかに超えるものであった（燕麦が二七パーセント、小麦が一三六パーセント、ライ麦が一四五パーセント、大麦が一七二パーセント)。もっとも農業省のデータでは、一九一六年夏の農場における賃金率は戦前の水準の二二九・六パーセントに達していたので、新たに引き上げられた価格も地主を満足させることはできなかった。結局、ボブリンスキーの承認した価格案は、九月八日の特別協議会と国防協議会の合同会議において(大蔵省と陸軍省の圧力もあり)五ないし一〇パーセントほど下方に修正された。

ところが、このような地主に対する(それゆえまた農民に対する)価格上の優遇措置にもかかわらず、一九一六年九月以後の穀物調達カンパニアも不調であった。たしかに少し後にリチフが国会で述べたように穀物の買付量は九月からかなり増えており、ミリュコーフの示した数字では、八月の二、二〇〇万プードから九月の六、六〇〇万プード、十月の八、五〇〇万プードとに増加していた。[173] しかし、この数字は十一月と十二月にはふたたび低下しており、しかも、買付の契約量ではなく政府に実際に納入された量にいたっては、十月にも四、三〇〇万プードにとどまっていた。その後十一月から一九一七年一月の間に全権委員によって二億九、〇〇〇万プードの買付契約が結ばれたが、政府が実際に調達した穀物は一億六、〇〇〇万プードないし一億七、〇〇〇万プードに過ぎなかった。しかも、——カデットのヴォストロチンの評価によると——政府は軍隊、軍需産業労働者、バクー地域、フィンランドなどのためだけで年間に七億七、一〇〇万プードの穀物を必要としていたが、[174] ボブリンスキーの十月十日の食糧計画ではこの他に穀物消費地域の住民のための食糧も全権委員が調達しなければならないとされていたのである。

したがって一九一六年の後半にロシアがかなり深刻な食糧不足におちいっていたことも、その理由が穀物集積地点への搬入の低下にあることも、またオガノフスキーが指摘したように生産者(農民)がすでに相当額の現金を手中にしていたという事情にあることも疑うことができなくなっていたと言えよう。

非常措置の採用

このような状況の中で政府はどのような方策を講じることができたであろうか。十一月にボブリンスキーに代わって農業大臣に就任したリチフが食糧問題特別協議会の議長として提案した措置は割当徴発の方式――十一月二十七日の会議で二二対二で承認された「国防の必要のために獲得される穀物食料と飼料の割当徴発に関する決定案」[175]にもとづく非常措置であった。[176]

この措置の内容は、政府が必要とする穀物と飼料を租税と同じように行政的な方法によって中央、県、郡、郷、村落、生産者の順に上から下へ割り当てることによって調達しようとするものであり、そのためにまず特別協議会が各県に、次いで県ゼムストヴォ参事会が各郡に、さらに郡ゼムストヴォ参事会が各郷に、郷集会が各村落に、そして最後に村集会が生産者に穀物と飼料を割り当てるというものであった。そして、この措置は、生産者が法定の期間内に一〇パーセントを超える穀物と飼料を納入する場合には公定価格の外にプレミアが支払われるが、期限までに納入しなかった場合には一五パーセントを減額した価格が支払われることを規定するものであった。

リチフが一九一七年二月十四日の国会における答弁で説明したところでは、この非常措置を導入しなければならなかった理由は次のようなものであった。[177]まず一つの理由は、現在の農民には貨幣不足あるいは少なくとも極度の貨幣不足はなく、それゆえ穀物の公定価格を引き上げても農民は穀物を販売しようとしないだろうということである。「農民は貨幣に窮しておらず、農民自身がこの穀物を放出するための手段が必要」である。たしかに公定価格を引き上げることも一つの策かもしれないが、ひとたび政府が価格を引き上げると農民はさらなる価格の引き上げを期待して穀物を貯えようとするかもしれない。しかし、これに対して、もちろん現在一、八〇〇万戸を数える農民世帯からは国家権力をもって「人為的、強制的に」穀物を奪い取ることは不可能である。しかも、農民から穀物を集めるためには、春の泥濘道となり搬送が困難になる雪解けよりも前に、つまり三月の始めまでに急いで搬入させなければならない。そのため人民の「愛国的高揚」と「世論」（общественность）とに訴えなければならなかったのである、と。一方、ボブリンスキーがまだ農業大臣のポストにあった時期に、地方の状態をよく知っている人々からなる郷買付委員会を組織し、この委員会に穀物調達をまかせるべきであるという案が都市同盟から提案されていたが、この案については、リチフは、そのような組織では「ゼムストヴォの第三要素」（職員）に大きな役割を割り当てることにならざるを得ず、たしかに彼らは「地方」の必要の評価を正確に行なうかもしれないが、その利益にきわめて敏感であるため、「穀物を負担する農村からは一プードも与えられないという状態になる」であろうと述べ、それに否定的な考えを示した。

この割当徴発方式は十二月に実施に移され、まず特別協議会が短時間で穀物の生産諸県（二四県）への割当を終え、次いで各県のゼムストヴォ参事会が割当の作業に入った。カデットのヴォロンコフは十二月五日に国会でそれを非難する演説を行なったが、それによれば[178]、リチフは割当の全作業を年内に――県ゼムストヴォは十四日までに、郡ゼムストヴォは二十日までに、郷スホートは二十四日までに、村スホートは三十一日までに――終えるように指令する電報を県知事に送っていたという。しかし、このかなり複雑な作業がこのような短時間で終了するべくもなかった。一九一七年一月三日にリチフは決定第七二号を出し、一月六日から三月一日までの穀物調達を次のような方法によって実施することを指令し[179]、一月六日に各県の県知事にあてた電報で、この決定をゼムストヴォ参事会、土地整理委員会、郡警察署、郷役所に周知徹底することを命じた。

(1)　穀物を納める郷、村団、組合、個人に対して公定価格を支払う。

(2)　村落、村、郷の供出する穀物の集荷労働に五コペイカ／プードを支払う。

(3)　期限内に割当量の一一〇パーセント以上を納入した郷、村団、組合、個人は公定価格の他に一〇コペイカ／プードのプレミアを与えられる。ただし、プレミアは割当量を完全に達成した県、郡、郷ごとに支払われる。

この方式はどの程度に成功しただろうか。

明らかなことは、この方式が成功するかしないかはまず県・郡ゼムストヴォ参事会による割当の実施にかかっており、また何と言っても最終的に割り当てられた穀物を実際に納入するのは農民なのであるから、郷と村落がそれに対してどのような態度を示すかにかかっていたことである。『ノーヴォエ・ヴレーミャ』（一九一七年二月五日）の一論説が述べたように、(180)割当徴発方式が成功するか否かは、「まさに郷集会と村集会とが終わるときに」はっきりするであろうというわけである。

そこで、まず県と郡の割当について見ると、特別協議会が各県に割り当てた七億七、二〇〇万プードのうち、県から各郡に割り当てた量は一月二日までに五億プードに、また二月の最初までに六億四、八〇〇万プードに達していた。(181)しかし、カデットの中央委員会（二月五日）でヴォストロチンが明らかにした数字では、それまでに郡が各郷に割り当てた穀物は一億五、〇〇〇万プードにすぎなかった。(182)もっとも郡ゼムストヴォ参事会が割り当てた穀物量はその後はかなり増加し、二月十四日にリチフが表明したところでは、全体の六〇パーセントについてのデータで九七パーセントの郡が割当を終了していたという。(183)かくして割当は政府の予定よりは遅れながらもとにかく郷の段階までは進んだと言うことができる。しかし、そこからはそうではなかった。二月の始めまでに郷が各村落に割り当てた穀物は八〇〇万プード以下であり、(184)したがって当然のことながら村落スホートが農民に割り当てた量はもっと少なかった。また実際に納入された穀物にいたっては微々たるものでしかなかった。

リチフは二月十四日に「かなりの割合」の郷と村が郡から割り当てられた量を受け入れ、一部は超過達成したと述べ、「自分に有利に」語った。[185] しかし、リチフ自身が認めたように、穀物の割当徴発を拒否していた「一部の郷」も、またサマーラ県のように「一郷も一村落も割当を実施しなかった県」もあったのである。しかも、「そのデータは現在のところ取るに足らない数の郷に関係する」「断片的なデータ」によるものであり、それまでに割当を実施していない膨大な郷がデータに含まれていなかったのである。

一方、リチフは、農民が割当を拒否した場合、政府が法令に規定されている「軍事的」・「強制的な措置」を実際に適用しているのではないかと批判されたとき、農民団体が配分を拒否した場合や、郡によって割り当てられた以下の量しか納入しない場合にも、県知事や全権委員に対して「スホートの気分が変わる」かもしれないから「待つ」こと、スホートを再度召集して農民を説得するべきであることを指示していると述べた。[186] しかし、このリチフの発言は正確ではなかった。というのは、ケレンスキー（メンシェヴィキ）が明らかにしたように、この「ストルィピンの弟子」（リチフ）が「郷の割当のボイコットが続いた場合には軍事力、軍事的な徴発の方法を使うべきである」という内容の電報を例えばシンビルスク県の県知事などに打っていたからである。

そして、まさにこの点が国会内の反対派の厳しく批判した当の問題であった。ケレンスキーは、リチフ方式がロシアの「中世的体制」・「無責任の独裁体制」・「国家を現代の西欧国家のようなものとしてでなく主人と奴隷のいる世襲領地と考えるような中世的観念の体制」に特有な方法であるとして批判し、このような体制を廃止することが人民の課題であると述べた。またカデットのミリュコーフは、食糧問題の解決には「全般的な人民の共感」と「広汎な世論の組織化」が必要不可欠であるが、ロシアの現国家体制は「原理的な恐怖心の上に立てられた」古めかしい国家装置によって成立し、「世論」に対立している官僚制国家であると述べ、[187] またリチフが割当徴発方式を自分の発案ではなく、特別協議会の委員や十二月五日の国会の公式からの借用であると主張していることを取り上げ、国会の公式は「[国家]権力と社会との協力」を実現するために「内政の決定的な転換」を求めるものであり、まさにリチフの方式に対立するものであると批判した。一方、農民議員のジュビンスキー(188)は、各県に割り当てられた穀物量が実際の余剰と一致しないことを指摘するとともに、農村における抑圧の実態を告発した(189)。すなわち、農村では郡警察が農民に圧力をかけて、昼夜、時としては深夜にスホートを召集し、割当に応じないならば、あの一五パーセント減の価格で強制的に徴発すると脅かしている。もしこのことを大臣に話せば、「これは個別の悪用の事例である。私に名前を、その人を教えなさい。彼らを処罰しよう」と言うことだろう。しかし問題は個々の事例にあるのではなく体制にあるのである。リチフはまた世論を云々しているが、それは「偽りのもの」ではなく、民主的原理にもとづくものでなければならない。農村には大地主や共同体農民、個人経営農民がいるのに、これらのグループや階級の間で一体どのように割当をするのか？「権利と自由」の理念を考慮しない体制では秩序は維持しえない、と。

しかし、こうした行政からの圧力があったにもかかわらず、郷と村落の受け入れた割当量は一割にも達しなかった。もっとも割当徴発方式の実施中にも全権委員による「通常の」穀物買付は行なわれていたのであるから、政府が全体として調達した穀物はこの方式によって取得した穀物よりも多かったことは言うまでもない(190)。しかし、このことはリチフ方式自体が成功に終わったことを意味するものではない。

リチフ方式の失敗の理由はある意味では自明であろう。というのは、農民は県内の行政裁判所や全権委員、警察からの強制を感じない限り、郷や村集会においても——市場で穀物を販売しようとしなかったのと同じ理由で——割当に応じることもなかったと考えられるからである。換言すれば、リチフの社会的方式が有効に作用するとしたら、それはこの方式が抵抗しがたい権力――行政的圧力や軍事力――を伴っていると感じられる時であるということになるであろう。もっとも法令はあらかじめ割当の不調の場合に備えて、強制的・軍事的徴発の措置を規定していたが、それが一定の心理的な効果を持つということはありえただろう。

ともあれ、リチフは、穀物調達が決して順調であったわけではないにもかかわらず、二月十二日の特別協議会の会議でも、穀物の調達はうまくいっており十分な量の穀物が全権委員の手中にあると述べ、むしろ穀物危機の主たる原因は石炭不足による鉄道輸送力の低下にあると主張した。[191] そして、カプニストなどの保守派はそれを支持していた。しかし、保守派の中にも穀物危機を冷静に分析する議員はいた。例えばレヴァシェフは、『フレーブナヤ・ヴェースニク（穀物通報）』の記事を引用して、次のように発言した。[192]

「偽りだらけの農村には将来完全な経済的破綻の恐れがある。多くの地方では偽りだらけの農民が耕作労働に就くことも考えない。そして、彼らにとって貴重な事業に対するそのような態度の理由を質問すると、決まって一つの回答が得られる。働いても働かなくても同じである。原料はとても高く、釘を手に入れることもできない。農村は冷たい無関心さをもって都市の食糧不足を見ている。農村に貨幣がたくさんあることを喜び、農業の破滅を見ない官庁の楽観主義者はこの恐ろしい問題に取り組むべきである。」

食糧不足の問題は帝政ロシアが最後の日を迎えた二月二十四日にも国会で審議されていた。農民議員のタラソフは、農民が日常の必需品を高価格で購入しなければならないのに政府によって低価格で穀物を奪われていると批判し、またポスニコフは、穀物の割当に際して地元に実際にどれだけの余剰があるのかがまったく考慮されておらず、県、郡、地主と農民、郷、村落にまったく不公平に割り当られていることを批判し、また「それを現在のような不安な時期にわが国の郷機関に委ねる」ことが「行き過ぎ」（эксцесс）を惹き起こすのではないかと危惧の念を表明した。[193]

一九一七年の二月革命はこうした食糧危機の中から現われたものであり、したがって臨時政府にとってもソヴェトにとっても食糧問題はきわめて重大な問題をなしていたが[194]、ここではそれに触れることはできない。われわれにとって注目される事実は、戦争が農村をきわめて不安定な状態に置いたことであり、またとりわけ食糧危機に直面して農業大臣――まさに反対派から「ストルィピンの弟子」、「共同体の強制的解体政策の推進者」と激しく批判されていたリチフ――が穀物調達の「社会的な方法」、すなわち農民共同体の世論（郷と村落スホートの決議）にもとづく穀物調達方式を、そして部分的にもせよ農民共同体に対する行政的な措置を適用したことである。一方、分与地を確定した世帯主の数は戦時中に激減しており、反対に早くも一九一七年の前半には農業騒擾（「黒い割替」）がふたたび始まっていた。「農民が借地している者から土地を奪い、お互いの間で分割した」、「…郡…郷では私的所有者のすべての土地が共同体の土地であると宣言された。…サラトフ県では多くの地域と農場において土地が所有者から収用され、ただ最も必要な土地が残されただけであった[195]」。これらの報道がふたたび新聞の紙上に現われていた。このように戦争はグルコとストルィピンが一九〇六年に敷いた新航路を逆転させる方向に作用したのである。

（1）ヴィッテが大蔵大臣として工業化の推進政策を推し進めるうちに共同体擁護論者から徹底した批判論者に転換したことについては、保田孝一『ロシア革命とミール共同体』御茶の水書房、一九七一年、一四〇ページ以下を見よ。
（2）T・H・フォン・ラウエ（菅原崇光訳）『セルゲイ・ウィッテとロシアの工業化』草書房、一九七七年、一七二ページ。
（3）А. Д. Поленов, Исследование экономического положения Центрально-черноземных губерний. Труды особого совещания 1899–1901 г., с. 6, 12, 68.

（4）А. Суворин, Дневник, Москва, 1992, с. 232.
（5）Принципальные вопросы по крестьянскому делу с ответами местных сельскохозяйственных комитетов, СПб., 1904, с. 15-17.
（6）保田孝一『ロシア革命とミール共同体』御茶の水書房、一九七一年、一四八ページ。
（7）С. М. Сидельников, Указ. соч., с. 304.
（8）С. Ю. Витте, Избранные воспоминания, Москва, 1991, с. 540.
（9）А. Богданович, Три последних самодержца, Москва, 1990, с. 309.
（10）Крестьянское движение в России в Июнь 1907 г. - Июль 1914 г., 1966, с. 93.
（11）Протоколы первого съезда партии социалистов-революционеров, 1906, с. 363.
（12）国会と諸政党の土地法案の提出については、中村義知『ロシア帝国議会史』風間書房、一九六六年、一四九ページ以下を参照。
（13）Сборник материалов по истории СССР, Период империализма, Москва, 1977, с. 37.
（14）これはマックス・ヴェーバーの結論でもある。マックス・ヴェーバー『法社会学』（世良晃四郎訳）、創文社、一九七四年、四九四ページ。
（15）一九〇六年一月に農業相（農業土地整理管理庁長官）、エヌ・エヌ・クートレルの下で作成された土地収用案が審議されたとき作成された統計では、一八六〇年から一九〇五年までに、ヨーロッパ・ロシア四九県の男性人口は二〇、〇六八千人から三八、五三五千人に増えており、この増加した男性人口に農奴解放時の各県の「最高分与地」（または勅令分与地）の基準にもとづいて分与地を補充するためには、七四、七五二千デシャチーナの土地が必要であった。これに対して、四九県における分与地以外の土地フォンド（国有地、御料地、私有地）は、用益地が四七、九五四千デシャチーナ、森林が九六、二〇七デシャチーナであったが、このうち森林のほとんどはヴォログダ県やオロネツ県などの極北部に位置しており、いずれにせよ農地として利用することのできないものであった。したがって、すべての用益地を農民的土地利用の拡大のために利用したとしても、一八六一年の最高基準を満たすことは不可能であり、一八六一年の平均的なドゥシャー分与地の基準を満たすことも不可能であった。しかも、私有地のうちのかなりの部分（二〇、四九七千デシャチーナ）は農民によって購入された土地のカテゴリーに属しており、この農民購入地を除いた土地フォンド（用益地）は二七、四五七デシャチーナにすぎなかった。

（16）　А. А. Кауфман, Аграрный вопрос в России, II, Москва, 1908, с. 108.

（17）　Там же, с. 123.

（18）　Там же, с. 109.

（19）　Там же, с. 104.

（20）　マックス・ウェーバー（雀部幸隆・小島定訳）『M・ウェーバー　ロシア革命論Ⅰ』名古屋大学出版会、一九九七年、六七ページ以下参照。ヴェーバーが指摘するように、この大会でも共同体の将来についてこれといった見解は表明されなかったし、またこの問題について何らかの定式化が行なわれるということもなかった。ヴェーバーは、「新たな土地配分がまたぞろ村落の人口過剰を惹き起こさないようにするため」に、「もはやそれ以下は分割の対象外とするような農民分与地面積の最小限を確定する、といった方策」を提言したが、この方策は後に見るように政府によって提案されることとなった。同書、七四ページ。

（21）　А. А. Чупров, Социалисты конституционно-демократической партии, Русские Ведомости, 1905, No. 313, с. 2.

（22）　Русские Ведомости, No. 275, 1905, с. 2, No. 10, 1906, с. 2, No. 114, 1906, с. 3.

（23）　Сборник материалов по истории СССР, Период империализма, Москва, 1977, с. 37–40.

（24）　А. И. Чупров, К вопросу об аграрной реформе, Москва, 1906, с. 6–7.

（25）　これらの議論は以下のような新聞・雑誌で行なわれた。Аграрный вопрос, Сборник статей, Москва, 1905 ; А. И. Чупров, К вопросу об аграрной реформе, Москва, 1906, с. 9 ; Он же, Русские Ведомости, 1905, No. 296, с. 2 ; А. А. Кауфман, Право, No. 1, 1906, А. А. Кауфман, Русские Ведомости, No. 41, 1906, с. 2 ; А. А. Чупров, Русские Ведомости, No. 63, 1906, с. 3–4 ; Ив. Я., Русские Ведомости, No. 30, 1906, с. 3 ; М. Я. Герценштейн, Русские Ведомости,, No. 32, 1906, с. 2–3 ; Он же, Русские Ведомости, 1906, No. 57, с. 3 ; А. Мануйлов, Русские Ведомости, 1906, No. 48, с. 2.

（26）　Н. Н. Черненков, Аграрная программа партии Народной Свободы и ее последующая разработка, СПб., 1907, с. 25.

(27) А. А. Чупров, Общинное землевладение, Нужды деревни, II, 1904, с. 176.
(28) Там же, с. 173.
(29) П. А. Вихляев, Конституционно-Демократическая Партия и земельная реформа, Москва, 1906, с. 25-26.
(30) Русские Ведомости, No. 114, 1906, с. 3.
(31) Н. Н. Черненков, Указ. соч., с. 55-56.
(32) Аграрный вопрос. Протоголы заседании аграрной комиссии 11-13 Февраля 1907 года, с докладами и приложениями, СПб., 1907, с. 14.
(33) Там же, с. 18.
(34) Третья Государственная Дума. Фракция Народной Свободы в период 15 октября 1908 г. - 2 июня 1909 г., Часть 1-я, Отчеты Фракции, СПб., 1909, с. 31.
(35) А. И. Чупров, К вопросу об аграрному реформе, Москва, 1906, с. 21. カデット右派のリーダー、ミリュコーフは第三国会では、十一月九日の緊急勅令の成立過程におけるグルコの役割も勅令の内容も評価するにいたった。保田孝一『ロシア革命とミール共同体』御茶の水書房、一九七一年、二一五ページ。
(36) 人民社会派のペシェホーノフも同じことを指摘した。彼は一九〇五年四月の協議会もカデットも分与地的土地所有を将来の運命をどのように考えているのか語らないことを指摘し、また分与地の追加・補充策が妥協であり、問題の「引き延ばし」にすぎず、農村に息継ぎを与えるだけの弥縫策であると批判した。А. В. Пешехонов, Земельные нужды деревни и основные задачи аграрной реформы, 3-е изд., 1906, с. 151-153. しかし、ヴェーバーが指摘するように、ペシェホーノフの土地国有化論にも「土地不足」に対する解決策としては根本的な問題があったと言えよう。
(37) Н. П. Огановский, Индивидуализация землевладения в России и ее последствие М., 1914, с. 12-13.
(38) Бруцкус, Аграрный вопрос России, 1917, с. 8.
(39) Там же, с. 27.
(40) Политические партии. Сборник програм существующих политических партий, Москва, 1906, с. 19.

(41) П. П. Маслов, Аграрный вопрос в России, Москва-Ленинград, 1926, с. 37 и следующие.
(42) П. П. Маслов, Критика аграрных программ и проект программы, Москва, 1905, с. 38.
(43) А. А. Кауфман, Аграрный вопрос в России, II, с. 34-35.
(44) Ст. Деревенский, Что говорят про землю соц.-революционеры и социалдемократы?, СПб., 1907, с. 27.
(45) 『レーニン全集』、大月書店、一九五五年、第一三巻、二三九ページ以下。
(46) 保田孝一『ロシア革命とミール共同体』、御茶の水書房、八〇ページ参照。その後の事実の展開を見ても、レーニンの「アメリカ型の道」の理論がユートピア的であり、楽観的にすぎたという主張や、政府（私的所有を導入しようとする近代化推進論者）と社会革命派（共同体の普遍化）との闘争が二十世紀初頭のロシアにおける基本的なファクターであったという主張はきわめて説得的に思われる。保田孝一『ロシアの共同体と市民社会』岡山大学文学部研究叢書八、一九九三年、三二―三三ページ。
(47) А. А. Указ. соч., с. 72-94.
(48) Там же, с. 115.
(49) Аграрный вопрос в совете министров（1906 г.）, М.-Л., 1924, с. 27-41.
(50) С. М. Сидельников, Указ. соч., с. 305.
(51) この大会の決定は「私的所有の神聖不可侵性の原則」にもとづいて農業問題を解決し（第一二項）、「オプシチーナ的所有から世帯別・フートル的所有への自由な移行」を容易にすることを求めた。С. М. Сидельников, Указ. соч., с. 51.
(52) 法案は「農民的土地所有の拡大と改善のための方策について」という名称を持ち、一月十三日にリチフによってエヌ・イ・ヴーイチに送付された。Аграрный вопрос в совете министров（1906 г.）, М.-Л., 1924, с. 27. 一方、ヴィッテは一月十日にクートレル案についての大臣会議の結論を皇帝に報告した。日南田静真『ロシア農政史研究』御茶の水書房、一九六六年、三九三ページ以下参照。
(53) Новое Время, 20 Марта 1906, No. 10781, с. 1.
(54) Совет министров российской империи 1905-1906 гг., Документы и материалы, Ленинград, 1990, с. 314.

(55) С. М. Сидельников, Указ. соч., с. 307.

(56) А. Богданович, Указ. соч., с. 292.

(57) Сборник документов по истории СССР, Москва, 1977, с. 13.

(58) Совет министров российской империи 1905–1906 гг., Документы и материалы, Ленинград, 1990, с. 448.

(59) 『M・ウェーバー　ロシア革命論II』名古屋大学出版会、一九九八年、三一四ページ。

(60) この委員会は「農民の無秩序」をなだめるために「私的所有の神聖不可侵性」についての政府文書を公布することを主張した。しかし、いくつかの案が提出されたのち、ツァーリは最終案の承認を三月五日に拒否した。案の一つには「極端な不足の地域から始めて農民共同体に土地の追加分与を行なう」ことを認めるメンシコフ（『ノーヴォエ・ヴレーミャ』の発行者）の案が含まれていた。Аграрный вопрос в совете министров（1906 г.）, М.-Л., 1924, с. 118.

(61) Там же, с. 102–105.

(62) Новое Время, No. 10862, с. 4 ; Русские Ведомости, No. 161, 1906, с. 5, No. 172, с. 5, No. 174, с. 5.

(63) В. А. Козбаненко, Партийные фракции в I и II Государственных Думах России, Москва, 1996, с. 168. しかし政府の法案は郷ゼムストヴォへの参加資格を資産別選挙にもとづくものとしていたため、民主派の賛成を得ることはできなかった。

(64) А. А. Риттих, Крестьянский правопорядок, СПб., 1904, с. 10, 319–320.

(65) Там же, с. 310–312.

(66) Там же, с. 311.

(67) Charles Henry Pearson, Russia by a recent traveller, Frank Cass & Co. Ltd, 1970, p. 28–29.

(68) ただし、一八六一年二月十九日の一般規程（第五四条）によって村落スホートの議決権を持つ成員の三分の二以上の賛成が必要とされた。ПСЗ, Собр. 2, Том 36, Отделение 1, No. 36657.

(69) А. И. Новиков, Записки земского начальника, 1980, с. 44–46.

(70) George Kennan, Siberia and the exile system, Vol. 1, 1891, p. 258.

(71) Alan Wood, Administrative exile and the criminals' commune in Siberia, Land commune and peasant commu-

nity in Russia, Macmillan. p. 399-400, 402 ; А. Д. Марголис, Тюрьма и ссылка в императорской России, 1995, с. 40.
(72) Русские Ведомости, 1906, No. 172, с. 5 ; Совет министров российской империи 1905-1906 гг., Документы и материалы, Ленинград, 1990, с. 163.
(73) Русские Ведомости, No. 211, 1906, с. 3.
(74) Русские Ведомости, No. 191, 1906, с. 5.
(75) Там же, с. 5
(76) この政府声明とグルコの活動については、日南田静真「一九〇六年六月二十日ロシア政府声明に関する小論」(『吉備国際大学社会学部研究紀要』、第九号、一九九九年)。
(77) П. Н. Зырянов, Петр Столыпин, Политический портрет, Москва, 1992, с. 47-48.
(78) V. I. Gurko, Features and figures of the past, Government and opinion in the reign of Nicholas II, Stanford Univ. Press, 1939, p. 495-497.
(79) 十一月九日の勅令の内容については、保田孝一『ロシア革命とミール共同体』御茶の水書房、一九七一年、一五四―一五九ページ。
(80) П. Н. Зырянов, Петр Столыпин, Политический портрет, Москва, 1992, с. 49 ; Особый журнал Совета министров 10 Октября 1906 г., с. 1-19.
(81) С. М. Сидельников, Указ. соч., с. 99.
(82) Новое Время, No. 10959, 1906, с. 4.
(83) А. А. Чупров, Ликвидация общины, Русские Ведомости, No. 283, 1906, с. 3, No. 287, 1906, с. 2.
(84) Русские Ведомости, No. 2, 1907, с. 1.
(85) Русские Ведомости, No. 2, 1907, с. 2.
(86) П, Н. Зырянов, Крестьянская община Европейской России 1907-1914 гг., Москва, 1992, с. 201-203.
(87) С. М. Сидельников, Указ. соч., с. 112.

(88) И. Чернышев, Крестьяне об общине накануне 9 Ноября 1906 года, К вопросу об общине, СПб., 1911, с. 1-2.

(89) エス・エム・ドゥブロフスキー『革命前ロシアの農業問題』、東京大学出版会、一九六三年、一九三ページ。

(90) Сборник документов по истории СССР, Москва, 1977, с. 84-87.

(91) Крестьянское движение в России в 1907-1914 г. г., Сборник документов, 1966, с. 141.

(92) Там же, с. 219.

(93) Русские Ведомости, No. 287, 25 Сентября 1906 г., с. 2.

(94) А. Е. Лосицкий, Распадение общины, СПб., 1912, с. 20-21.

(95) П. Н. Зырянов, Указ. соч., с. 229-232.

(96) Там же, с. 110.

(97) Там же, с. 113.

(98) エス・エム・ドゥブロフスキー『革命前ロシアの農業問題』、一四四頁。

(99) С. М. Сидельников, Указ. соч., 1973, с. 123-125.

(100) オートルプとフートルの創設の方法には、個人やグループで行なう場合と、村落全体で行なう場合とが認められていた。後者が一九〇九年に実施されたモスクワ県のプチコヴォ村では、土地割替の場合と同様に、スホートで全世帯主の三分の二でオートルプへの移行が決議され、その後は伝統的な総割替と同様な作業を同じようにすすめられたという。鈴木健夫「ストルィピン改革期の全村オートルプ化――モスクワ県の一事例――」(早稲田大学『政治経済学雑誌』第三一五号、一九九三年七月)、一六七ページ。

(101) А. Кофод, Русское землеустройство, 2-е доп. изд., СПб., 1914, с. 120-121.

(102) А. Мосевич, Деятельность Уездной землеустроительной коммиссии, Ежегодник России 1907 г., СПб., 1908, с. CV-CXII.

(103) Там же, с. CXII.

(104) Н. Н. Зак, Крестьянский поземельный банк 1883-1910, Москва, 1911, с. 388-389.

(105) В. А. Косинский, Основные тенденции в мобилизации земельной собственности и их социально-экономические факторы, Часть

1, Киев, 1917, Приложение, с. 3.

(106) А. Н. Зак, Указ. соч., с. 492.

(107) Н. П. Огановский, Индивидуализация землевладении в России и ее последствия, Москва, 1914, с. 56.

(108) П. Н. Зырянов, Указ. соч., с. 115.

(109) T. Shanin, Russia as a developing society, Yale University Press, 1972, p. 225.

(110) エス・エム・ドゥブロフスキー『革命前ロシアの農業問題』、東京大学出版会、一九七一年、一四四頁。

(111) Н. П. Огановский, Аграрный вопрос и кооперация, Москва, 1917, с. 9.

(112) Там же, с. 10.

(113) А. С. Митягин, Семейные и имущественные разделы у крестьян, Право, 1916, No. 24, с. 1401.

(114) А. С. Митягин, Указ. статья, Право, 1916, No. 33, с. 1832-1833.

(115) Особый Журнал Совета Министров, 12 Декабря 1913 года, О наследовании в землях мелкого владения, с. 1-5.

(116) Н. Озер-ский, Недробимость мелких земельных владений, Право, 1913, No. 48, 49, 50 ; Русские Ведомости, 26 Ноября 1914 г., No. 271, с. 2.

(117) Правительственный Вестник, 1913, No. 179, с. 2. なお、ソヴェト期のクバーニンの次の論文も参照。Н. Кубанин, Социально-экономическая сущность проблемы дробимости, На аграрном фронте, 1928, No. 1, с. 9.

(118) Н. П. Огановский, Индивидуализация землевладении в России и ее последствия, Москва, 1914, с. 88-89.

(119) Lujo Brentano, Крестьянское единонаследие в Германии, Русские Ведомости, 1914, No. 73, с. 3-4.

(120) Русские Ведомости, 1914, No. 41, с. 2.

(121) 外国資本の比重は農奴解放の時点から戦前まで一貫して高まっており、一九〇五／〇七年後新たな段階に到達していた。伊藤昌太「第一次世界大戦前のロシアの資本輸入」(『土地制度史学』第一一五号、一九八七年四月)、一八ページ。

(122) Н. П. Огановский, Указ. соч., с. 88.

(123) Н. П. Огановский, Золотая обманка, Русские Ведомости, 1914, No. 100, с. 2-3. なおドゥブロフスキーの研究によれば、ヨーロッパ・ロシア四七県における一デシャチーナあたりの収穫は、大豊作の年であった一九一三年に、ライ麦が五五・二プード、小麦が五八・二プードであった。しかし、それは一九一四年には、ライ麦が四九・五プードに、小麦が四〇・五プードに低下している。С. М. Дубровский, Сельское хозяйство и крестьянство России в период империализма, М., 1975, с. 216.

(124) A. Gerschenkron, Economic backwardness in historical perspective, 1962.

(125) V. Wittevsky, Russlands Handels-, Zoll-, und Industriepolitik von Peter dem Grossen bis auf die Gegenwart, Berlin, 1905, S. 334.

(126) Д. А. Тимирязев（под ред.), Обзор кустарных промыслов России, СПб., 1902, с. I-II.

(127) 詳細はゴリツィンの『クスターリ事業』を参照。Ф. С. Голицын, Кустарное дело в России, СПб., 1904, с. 1-111.

(128) Аграрный вопрос в совете министров, 1924, с. 105-110.

(129) Обзор деятельности ГУЗиЗ за 1907 и 1908 г. г., СПб., 1909, с. 377-381.

(130) К. Н. Тарновский, Кустарная промышленность и царизм（1907-1914 г.), Вопросы Истории, 1981, No. 8, с. 41.

(131) Обзор деятельности земств по кустарной промышленности, I, СПб., 1913, с. 9.

(132) А. С. Орлов, Кустарная промышленность Московской губернии и содействие кустарям со стороны земства, разных учреждений и частных лиц, Москва, 1913, с. 14.

(133) Обзор деятельности земств по кустарной промышленности, I, СПб., 1913, с. 22.

(134) 農業省の二つの課題は土地整理と「農業および農村工業の向上」であった。К. Н. Тарновский, Указ. статья, с. 42.

(135) Труды сьезда по деятелей по кустарной промышленности в России（далее, ТСДКПР), СПб. 1910 г., Том 1, Часть 2, с. 4-5.

(136) Труды III-ВСДКПР, СПб. 1913., вып. 1, Отдел I и II, СПб., 1913, с. 38.

(137) ТМКНСХП, Том 24, Нижегородская губерния, с. 317-318.

(138) この時までにトゥガン＝バラノフスキーは農業問題の考察を通じて従来のクスターリ没落論の主張を改め、ロシアの現状では工業的小生産者がなお長期にわたって広汎に存続しなければならないという考えに近づいていたように思われる。十九世紀末における彼の考えについては、平岩宣久「ロシア・資本主義論争におけるクスターリ論——ヴォロンツォフ、ダニエリソン、トゥガン＝バラノフスキーを中心に——」(『経済学研究』第二十一輯、一九九〇年三月)。

(139) ТСДКПР, СПб. 1910 г., Том 2, Часть 2, с. 115.

(140) Труды III-ВСДКПР, вып. 3, СПб. 1914., с. 28-33.

(141) С. В. Бородаевский, Кооперации среди кустарей, ТСДКПР, Том 1, Часть 1, с. 357-358.

(142) Valentin Wittewsky, Russlands Handels-, Zoll- und Industriepolitik, Berlin, 1905, S. 323-336.

(143) ТМКНСХП, Том XX, Лифляндыкая губерния, СПб., 1903, с. 115.

(144) Правительственный Вестник, 1914, No. 8, с. 3.

(145) Правительственный Вестник, 1914, No. 25, с. 3.

(146) М. Слобожанин, Кустарная промышленность в России и условия ее развития, Ежегодник кустарной промышленности, 1912 г., Том 1, вып. 1, СПб., 1912, с. 31-32.

(147) タルノフスキーは、一九〇五／〇七年革命後のクスターリ政策の活発化にクスターリ工業の危機からの脱出をめぐる「ブルジョア的・地主的な」道（ストルィピン政策）と「民主的」な道の対抗を見ている。К. Н. Тарновский, Указ. статья, с. 46.

(148) А. Б. Беркевич, Крестьянство и всеобщая мобилизация в Июле 1914 г., Исторические Записки, No. 23, 1947, с. 12-13.

(149) Общия свод, Том 1, СПб., 1916, с. 624.

(150) А. П. Погребинский, Сельское хозяйство и продовольственный вопрос в России в годы первой мировой войне, Исторические Записки, No. 31, 1950, с. 38.

(151) Там же, с. 39.

(152) Н. П. Огановский, Аграрный вопрос и кооперация, 1917, с. 10.

(153) Там же, с. 10.

(154) Там же, с. 24-47.

(155) А. П. Погребинский, Указ. статья, с. 43.

(156) А. Исаев, Артель в России, Ярославль, 1880, с. 93-94. ユイの外に耕作のための家畜・経営資本の共同利用（スクラード、スプリャーガ）、共同労働（シャーブル）が行なわれていた。А. Карелин, Русские земледельческие артели и их значение, Труды Императорского Вольно-экономического общества, 1889, No. 4, с. 24, 37.

(157) Н. П. Огановский, Указ. соч., с. 60.

(158) Н. П. Огановский, Война и земельная кооперация, 1917, с. 11. しかし、コンドラチェフとオガノフスキーのデータでは、ヨーロッパ・ロシアの播種面積は、一九一三年の六、八五九万デシャチーナから一九一六年の六、二〇七万デシャチーナへと九・三パーセントの減少となっている。減少は特に北部の非黒土地域で著しかった。Сельское хозяйство России в XX веке, Сборник статистико-экономических сведений, 1923, с. 107-110.

(159) Н. Д. Кондратьев, Рынок хлебов и его регулирование во время войны и революции, 1922, с. 226-227 ; Он же, Год революции с экономической точки зрения, Особое мнение, Кн. 1, Москва, 1993, с. 73.

(160) Volkswirtschaftliche Chronik für das Jahr 1917, S. 264.

(161) Н. Д. Кондратьев, Указ. соч., с. 13.

(162) Новое Время, 11 Февраля 1917 г., с. 3.

(163) К. Мацузато, Продразверстка А. А. Риттиха, Acta Slavica Iaponica, 1993, No. 3, с. 169.

(164) Н. Огановский, Хлебная повинность в хлебных губерний, Русские Ведомости, 26 Января 1917, No. 21, с. 5 ; Л. Лубны-Герцык, Земельный вопрос в связи с проблемой населенности, Москва, 1917, с. 11.

(165) Там же, с. 14.

(166) 政府の反アルコール・カンパニアによってアルコールの販売量は減少したが、そのかわりに自家醸造（самагонка）

が行なわれ、膨大な量の穀物――ヴォストロチンによれば五億プード――そのために使われたとされる。Протоколы ЦК Конституционно-демократической партии. 1915–1920, Том 3, Москва, 1998, с. 350.

(167) Л. Лубны-Герцык, Указ. соч., с. 11.

(168) このほかに兵士の家族への食糧配給貨幣――その額は一億九、〇〇〇万ルーブルにも達したが貨幣所得を増加させた。一方、商品飢饉――購入しうる工業製品や手工業・クスターリ製品の減少は支出を減少させる作用を果たした。Н. П. Огановский, Указ. соч., с. 53.

(169) Н. Черeванин, Хлебный рынок и борьба за твердые цены, Экономическое Обозрение, No. 1, Москва, 1916, с. 141.

(170) Там же, с. 143–154.

(171) Н. Д. Кондратьев, Продовольственный кризис и задача организации хозяйства, Особое мнение, Кн. 1, 1993, с. 9.

(172) Н. Череванин, Указ. статья, с. 143–144.

(173) Государственная Дума. Стенографические отчеты（далее, ГД）, Четверый созыв, Сессия 5, Заседание 20, 15 Февраля 1917 г., с. 1339, Заседание 21, 21 Февраля 1917 г., с. 1514.

(174) Протоколы ЦК Конституционно-демократической партии. 1915–1920, Том 3, Москва, 1998, с. 349.

(175) Н. Д. Кондратьев, Указ. соч., с. 14. 保守的な『ノーヴォエ・ヴレーミャ』は、グローマンとヴォロンコフが公定価格の引下を主張したことを非難した。Новое Время, 4 Декабря 1916, с. 21.

(176) リチフの割当徴発方法が革命後ふたたび適用されたことは、梶川伸一『ボリシェヴィキ権力と農民』ミネルヴァ書房、一九九八年、三一ページ以下参照。それは一九二八年春以後に適用される「社会的方法」（ウラル・シベリア方式）と本質的に同じ措置であったと考えられる。渓内謙「ソヴィエト史における『伝統』と『近代』――『上からの革命』の一断面――」（『思想』岩波書店、第八六二号、一九九六年四月）。

(177) ГД, Четверый созыв, Сессия 5, Заседание 19, 14 Февраля 1917 г., с. 1261, 1267–1284.

(178) ГД, Четверый созыв, Сессия 5, Заседание 12, 5 Декабря 1916 г., с. 754–755.

(179) Новое Время, 4 Января 1917, с. 3.

(180) Новое Время, 5 Февраля 1917, с. 7–8.

(181) Новое Время, 4 Января 1917, с. 5.

(182) Протоколы ЦК Конституционно-демократической партии. 1915–1920, Том 3, Москва, 1998, с. 349.

(183) ГД, Четверый созыв, Сессия 5, Заседание 19, 14 Февраля 1917 г., с. 1272.

(184) Протоколы ЦК Конституционно-демократической партии. 1915–1920, Том 3, Москва, 1998, с. 349.

(185) ГД, Четверый Созыв, Сессия 5, Заседание 19, 14 Февраля 1917 г., с. 1272, 1282.

(186) ГД, Четверый Созыв, Сессия 5, Заседание 20, 15 Февраля 1917 г., с. 1353.

(187) ГД, Четверый Созыв, Сессия 5, Заседание 20, 15 Февраля 1917 г., с. 1337.

(188) ГД, Четверый Созыв, Сессия 5, Заседание 21, 17 Февраля 1917 г., с. 1472–1485.

(189) ГД, Четверый Созыв, Сессия 5, Заседание 20, 15 Февраля 1917 г., с. 1482.

(190) 国家権力の強制と調達の関係については松里論文を参照。К. Мацузато, Продразверстка А. А. Риттиха, Acta Slavica Iaponica, 1993, No. 3, с. 176.

(191) Новое Время, 12 Февраля 1917 г., с. 2.

(192) ГД, Четверый Созыв, Сессия 5, Заседание 20, 15 Февраля 1917 г., с. 1377.

(193) ГД, Четверый Созыв, Сессия 5, Заседание 24, 24 Февраля 1917 г., с. 1670, 1685–1890.

(194) 一九一七年三月二十五日の決定はすべての余剰穀物を国家管理に移し、農業省の全権委員が議長を勤める地方食糧委員会に穀物の全余剰を期限内に公定価格で引き渡すことを義務づけるものであった。Новое время, 30 Марта 1917 г., с. 2. しかし、『ノーヴォエ・ヴレーミャ』紙は、四月二十二日、リチフに代わって登場したグローマンとシンガリョーフの下でも穀物危機が依然として続いていることを冷ややかに論じていた。Новое Время, 22 Апреля 1917 г., с. 5. なおグローマンの考えについては、次の文献を参照。Ziva Galili, Menshevik leaders in the Russian revolution, 1989, p. 119ff.

(195) Новое Время, 22 Апреля 1917, с. 6, 31 Мая 1907, с. 6.

第五章　むすび

——長期的な変動の観点からみたネップ期の論争と大転換——

小括と問題設定

これまでの検討によって示されたことを要約すれば、次のようになるであろう。すなわち、二十世紀初頭のロシア帝国にはきわめて深刻な農業問題が存在しており、それは現象的には「土地不足」または農村過剰人口の問題として現われていたが、その根底にはオプシチーナ的土地所有の問題があったことである。一方、ロシアでも一八八〇年代以降近代産業が発展しはじめ農村と都市には伝統的な手工業・クスターリ工業が存続していたが、これも「土地不足」の土壌の上に現われたものであり、必ずしもそれを解決するものではなかった。そして、このきわめて困難な社会問題に直面して、二十世紀初頭にいたり、二つのまったく対立する要求——つまり農民大衆の平等主義的・倫理的な土地収用・平等配分の要求と、「経済的淘汰」に立脚する農業資本主義的な解決を求める要求——が激しく衝突するにいたり、リベラル派が前者の支持に傾いたのに対して、権力を握っている側が後者への大転換を成し遂げたのである。この転換はロシア帝国の「東エルベ」とも言うべき西部地方の発展をモデルとするものであった。

ところで、一九一七／一八年の革命的事件と「土地の社会化」は、ストルィピンの敷いた新航路のよって立つ

「私的所有権の神聖不可侵性」の原則をひっくり返し、国有地・御料地・皇帝官房地・教会と修道院の土地および私有地（四、〇九〇万デシャチーナ）[1]の無償没収を実現し、農民の「勤労的利用」の下に置き、また農民を高額の借地料負担や土地抵当銀行（農民土地銀行や株式土地銀行）に対する支払いから解放すると同時に、共同体の復活現象（総割替）をもたらすものであった。一九一八年一月二十七日の土地社会化令が布告され、農民が躊躇なく長年の夢の実現にとりかかったとき、この自然発生的な「社会化」が「高い文化と集約的な耕作方式」によって営まれる領地を分割し、共同体ごとに食い口や男性人口（ドゥシャー）の基準にもとづいて均等的な土地配分を実現したことは、例えば農業人民委員部の『ヴェーストニク（通報）』（一九一九年、第一号）の報告に見られるとおりである。[2]

このように一九一七／一八年の土地革命は、大土地所有とその金融上の構造を消滅させたという意味では、ひとまず「土地不足」の問題を解消するものであったと言うことができるであろう。しかし、こうした変革がこれまで検討してきたような農業問題の最終的な解決であったと言うことはできるだろうか。帝政ロシアの農業問題の根底にはただ単に地主の土地所有の問題だけではなく、農民共同体の問題があったと考えられるので、こうした問題設定は避け難い。そこで、最後にむすびとして、帝政ロシアの農業問題の根底にあったと考えられる共同体の問題性がソヴェト期にどのように現われていたかを簡単に検討することとしよう。

まず最も注目されることは、「土地の社会化」を命じた法令は、「土地所有の暴力的な没収とこの土地の没収を確実にするための配分という根本目標を達成した限りで革命的な文書である」[3]としても、それは最初の一歩から否定的な側面を露呈しはじめていたことである。例えば農業人民委員部のメシチェリャーコフは、社会化が生産性を引き下げて「農業生産全体を窮地におしやり」、ソヴェト・ロシアを社会主義から遠ざけたと述べたが、[4]この意見は単なる一個人の意見ではなく、農業人民委員部に浸透していた認識であった。したがって社会民主派（ボリシェヴィキ）が農業問題について本来的に取っていた立場（両極分解論、大経営の優位論）がいまふたたび正当化されなければならなかった。もちろんボリシェヴィキ派が土地社会化の農業綱領を承認したのはつい最近のことであり、それにボリシェヴィキ派にとっては、土地の社会化が経済的には均等化という「反動的な」傾向を帯びていたにせよ、政治的には革命的な傾向と分かちがたく結びついている事実が重要であることに変りはなかった。しかし、そうだとしても、その否定的な側面を克服しなければならないこともまた明らかであった。そこで早くも一九一九年一月には「農業［生産］の社会化」を求める声が登場した。例えば『経済生活』（一九一九年一月一日）は、「土地の均等的な分割は土地問題の解決ではないことを、多くの、実に多くの農民が観察し、実践的に確信した」と述べ、「生産の社会化」がソヴェト・ロシアの社会主義の本来の目的であることに注意を喚起した。(5)

一方では、革命前からロシアの農業問題を「土地不足」と農村過剰人口の問題として把握していたリベラル派も土地の社会化が決して問題の最終的な解決ではないことを強調していた。例えばルブヌィ＝ゲルツィクはまだ一九一七年十月の前に次のように述べていた。

「［ロシアの］農業問題は、大多数の勤労農民の観点からすると、単純かつ急進的に解決されなければならない。すなわち、最高の均等的公正の原則をもって土地を割り替えることが必要である。私人による勤労的基準を超える土地所有は不当である。すべての土地は勤労的農業住民の管理に移さなければならない。」ところが、「彼ら［農民運動の指導者］は、わが国の『土地不足』を生みだしている原理を、そしてもし政治的思慮の示唆する方策を採用しないならば『黒い割替』の効果全体が例えば一〇年から一五年後には消えてしまうほど活動的に作用しつづけている根本的な原理を見逃している。この根本的な原理とはきわめて急速なロシアの人口成長である。[6]」ルブヌィ＝ゲルツィクにとって問題と考えられたのは、当時の農民家族の利用している平均的な分与地面積（一〇ないし一一デシャチーナ）の下では農村住民の半数以上が過剰であり、その上、その数が急激に増大しつつあるという状況であり、またもしこの状態を解決できないならばいかなる経済体制の下であろうと——たとえすべての土地が勤労農民の手中に渡ったとしても——困難な経済問題が現われるであろうということであった。「将来、一〇ないし一五年ほど後に、増加する人口が最後の土地資源をも吸収したとき、ふたたび勤労人口への土地面積の提供という未解決の課題に直面するだろう。……人口がいまよりも増加すると、困難な国民的貧困へと行きつくか、例外なくすべての党派にその農業綱領の見直しを余儀なくさせるような国民経済的現象が右の時期よりもはるかに早く認められるようになることを確信をもって言うことができる。[7]」

ここに述べられているように——またロシア帝国の過去の経験に照らして見ても——、ソヴェト・ロシアの社会の将来にとって最も重要なことは「土地の社会化」の直接的な結果というよりも、その後に長期的にどのような新たな発展が始まるのかいうという点であったように思われる。ここではこの点を全面的に検討することはできないが、ソ連の農業生産が復興を終了して改造期に入ったとされている一九二〇年代の中葉以降[8]について二、三の点を検討しよう。

家族財産の分割を抑制する最後の試みとそれに対する批判

さて、ソ連の農業生産が一九二六／二七年頃までにほぼ戦前の水準に戻っていたことは、ソ連の統計（例えば一九二六／二七年度に七、七七九万トン）と戦前の内務省中央統計委員会の穀物収量の数字（一九〇九／一三年に六、七七六万トン、一九一三年に七、九七三万トン）から知られる。[9]このうち戦前のロシアの数字は一九二八年にオスヴォク（ОСВОК）によって八、二一〇万トン（一九〇九―一三年）および八、九三〇万トン（一九一三年）に修正されたが、ウィートクロフトの最近の研究が明らかにしているように、帝政ロシアの統計が過少評価であったとしても、オスヴォクの数字は逆に過大評価の可能性がある。[10]いずれにせよ一九二〇年代後半のソ連の穀物収量が戦前の水準を超えていたことはないと考えられる。しかも一九一三年から一九二六／二七年までにロシア・ソ連の農村人口がかなり増えていたことを考慮すると、農村人口一人あたりの穀物生産（総収量、純収量）はもっと低くなることになるだろう。

ところが、しばしば指摘されたように、一九二〇年代後半のソ連農民一人あたりの穀物収量が帝政ロシア時代よりも低かったにもかかわらず、一人あたりの穀物消費量は戦前水準を超えていたと考えられる。例えばコンドラチェフは、[11]一九二〇年代中葉の農村住民の一人あたりの穀物消費量が戦前より高かったことを示し、それに照応して、穀物輸出も都市人口の消費部分も著しく減少したため、「純」商品化率（чистая товарность）――すなわち農村の外部に販売された部分の割合――が戦前の水準よりかなり低下したことを明らかにした。言うまでもなく、このことは「社会的分業という意味での工業化の水準」の低下を端的に示すものであった。同じように一八二八年にネムチノフが作成し、スターリンが利用した評価では、[12]戦前の商品化率が二六・〇パーセント（＝二、一三〇万トン／八、一九〇万トン）であったのに対して、一九二六／二七年の商品化率はその約半分に等しい一三・三パーセント（一、〇三〇万トン／七、七七九万トン）であった。ちなみに、この数字に対してＪ・カーチ（一九六七年）は、戦前の商品化率が「農村内の穀物流通部分」を含む「粗」商品化率であるのに対して、ネップ期の商品化率がそれを含まない「純」商品化率であることを理由の一つとして、二つの商品化率の実際の相違がネムチノフ＝スターリンの数字が表わすものよりかなり小さいことを示そうとしたが、[13] これに対してR・W・デーウィスやウィートクロフトは、カーチの指摘が部分的には正しいとしても、戦前と一九二〇年代に著しい相違が存在していたことは否定しえないとした。[14]

それでは、こうした「純」商品化率の低下という事態は一体いかなる理由によるものだったのだろうか。ここで注目されることは、一九二〇年代のソ連の経済学者が一九一七／一八年の変革による構造的な変化と、比較的長期の変動による変化とを区別していたことである。このうちまず上述のネムチノフ表に関連してスターリンが述べたような変化、すなわち、土地の社会化が大経営を解体し、また村落内の富農経営を減少させ、かくして市場のために農産物を生産していた農業資本主義的な要素を著しく弱めたという変化は前者に含めることができるであろう。そもそも「旧秩序の崩壊の時期に、生産性の低下さえ生じるかもしれない」ことは、「土地の社会化」がその後に農業の生産性の上昇をもたらすと述べて、それを支持していたコンドラチェフの一九一七年の論文でも予測されていたことであった。[15] しかし、コンドラチェフは、一九二〇年代の中葉には、戦前から革命後の農業の変化を次のように述べていた。すなわち、一九一七年以後、（バターと穀物生産地帯における穀物を除いて）穀物や工芸作物、畜産物を含むすべての農産物の「純」商品化率が低下しているが、それは一部は「農村による農産物の消費基準の上昇」[16]（作物により二一パーセントから三二・四パーセント）によってひきおこされたものであるが、それと同時に一部は農村人口の増加に伴う農産物の総消費量の増加によるものであった、と。コンドラチェフによれば、一九一三年から一九二六／二七年までに農村人口は五・七パーセントも増加しており、この増加が農村における消費の拡大のもう一つの要因であったという。[17]

この場合、動態的に見ると、後者の事情がより重要であったことは言うまでもないだろう。なぜならば、「その他の条件が不変であるとして」、もし農村人口の増加率が土地の生産性の成長率を超えるならば、労働の生産性（生産／労働比率）が低下し、その結果、「純」商品化率も低下するというあの革命前のロシア諸県で生じていた過程がふたたび現われるということになるからである。

表 47　穀物バランス　　単位：千トン

年度	総収量	純収量	国家調達		商品化穀物	商品化率	純輸出	都市への供給		農業住民への供給				
			データA	データB		%		計	一人あたり kg	計	自給	農村市場	都市市場	一人あたり kg
1913	81,600	68,400	—	—	19,769	28.9	10,081	9,688	364	48,631	38,550	—	—	430
1921/22	42,300	32,000	3,814	6,660	4,307	13.5	−834	5,141	232	27,693	—	—	—	252
1922/23	56,300	47,800	5,916	7,050	7,605	15.9	722	6,883	310	40,195	—	—	—	353
1923/24	57,400	47,300	6,842	7,300	9,597	20.3	2,635	6,962	311	37,703	28,730	6,200	2,733	328
1924/25	51,400	40,700	5,248	5,250	6,779	16.7	−54	6,837	288	33,917	22,094	7,892	3,931	290
1925/26	74,700	63,300	8,913	9,640	9,410	14.9	2,022	7,388	296	53,890	—	—	5,697	454
1926/27	78,300	66,200	11,616	11,780	9,770	14.8	2,183	7,587	288	56,430	39,680	10,600	6,150	468
1927/28	72,800	60,600	10,993	11,210	8,330	13.7	81	8,249	299	52,270	36,661	9,600	6,009	425
1928/29	73,300	61,400	9,350	10,960	8,330	13.6	37	8,293	284	53,070	—	—	5,523	424
1929/30	71,700	59,300	13,781	16,260	13,160	22.2	2,210	10,950	354	46,140	—	—	4,840	364
1930/31	83,600	70,900	19,916	22,500	20,200	28.5	6,097	14,103	441	50,700	—	—	—	394
1931/32	70,000	56,600	24,720	18,842	—	33.3	4,333	14,509	441	37,758	—	—	—	290

出典）The communist policy towards the peasant and the food crisis in the U.S.S.R., Birmingham Bureau of research on Russian economic conditions, Russian department, University of Birmingham, Memorandum No. 8, December 1932.

表48　ソ連の農民世帯数（千戸）

年	ソ　　連	ロシア共和国
1916	21,008.6	14,434.4
1923	22,825.4	15,437.7
1927	25,015.9	17,113.3
1930	25,725.1	—
1929	25,469.7	—
1933	23,259.9	—
1937	19,892.0	—

出典）Основные элементы сельско-хоз. производства СССР 1916 и 1923-1927 гг., М., 1930, с. 2；С. Н. Прокопович, Народное хозяйство СССР, Том 1, 1954, с. 204.

この危険性は、実際、一九一三年から一九二一年の人口統計学的危機の時期における数パーセントの減少ののち、ソヴェト・ロシアの農村人口が戦前の水準を超える勢いで——年間に二・〇パーセントないし二・三パーセントの率で——爆発的に増加しつつあり、(18)しかもそれと並んで、あの家族分割——農民経営の細分化——の過程が帝政ロシア時代と同じ特徴を伴ってふたたび始まっていたことによって無視できないものとなっていた。ソ連の公式統計では、農民世帯数は一九一六年から一九二三年までに六・九パーセント（年に約一パーセント）増加し、また一九二三年から一九二七年にかけての四年間に一〇・九パーセントも増加したとされているが(19)（年平均二・五パーセント）、この数字から明らかなように世帯数の増加率は人口増加率をかなり超えていた。このことは革命前のロシア農村を悩ませていた、あの問題がふたたび生じていることを示すものであった。したがって「土地不足」——いまや「農村過剰人口」という用語に置き換えられていたが——と共同体、家族分割をめぐる問題がふたたび決定的な重要性を持つ問題として議論されたとしても決して不思議なことではない。

実際、全連邦移住委員会の報告書（一九二六年）は、帝政時代から続いている農民経営の土地利用面積の下方移動の結果、ソ連の農村過剰人口は消費基準の観点からは九六六万人に、また「労働力の完全利用基準」の観点からは二、八四四万人または三、五一三万人にも達していると述べ、それが二〇年代にも続いていることに注意を向けることを求めていた。(20)一方、それより早く一九二一年に旧カデットのエヌ・リトシェンコはこの問題について次のように述べていた。

「一九二一年の調査は、自然経済的な反動の一層の成長を示した。農民経営は小規模で、純粋消費的な組織の型に近づいた。……経営の零細化は農村住民の福祉の低下をもたらし、貴重な技術文化を低下させ、輸出をだめにし、工業の食料・原料フォンドを減少させる。経営単位の細分化との闘いは合理的な経済政策の当面する課題とならねばならない。(21)」

リトシェンコの考えでは、農民経営には矛盾する二つの原理——すなわち「合理的、経済的な原理」と「自然発生的、有機的な原理」——が内包されており、もし前者の原理が働き続けるならば農民経営は分割されることなく成長を続け、そこでしだいに富（＝資本）が蓄積されてゆくが、それと反対に後者の「自然発生的、有機的原理」が作用する場合には、全家族成員が土地と経営に対する持分権を要求するために、土地と資本は分割され、零細化することになる。(22)「［家族］分割は古い有機体の自然死ではない。それは病気による衰弱であり、経営が人口増加の自然発生的な力を克服しなかったことを、また人口増加が富の蓄積よりも急速に進行していることを意味する。そして、いずれの分割後にも経営は今度こそは通常の家計の枠を超え、細分化という自然的な力を克服しうるようにと期待しながら新たな力をもって自分自身の力を蓄積しはじめるのである。(23)」

リトシェンコによれば、これらの二つの原理のうちロシア農村で実際に働いているのは後者であり、しかもロシアでは共同体の土地割替がこの原理を強化しているが、この事情こそがロシアの土地問題を深刻にしている根本的な原因に外ならないという。すなわち、「人口の凝縮［過剰］が個人的な土地利用よりオプシチーナ的土地利用の地域においてはるかに急速に生じたことは偶然ではない」のであり、ロシアが農村過剰人口の国になったのは、まさに「オプシチーナ的制度とその他の一連の条件の結果」によるものであった。

リトシェンコのもう一つの重要な考えは、以上の事情が農民経営を矮小で自己消費的な性格の経営のままにとどめ、その商品化率を低い水準に停滞させ、国内市場を狭めることによって、ロシアの工業発展を遅らせている根本的な要因となっているというものである。

「農業の構造が零細的であればあるほど、その純生産は低くなり、工業発展のための基礎は少なくなる。土地所有の激しい細分化を許容している国家は国内市場を圧縮し、工業発展の可能性を狭めている。……われわれはすでに以前から農村過剰人口の領域に入ったのである。〔広大な〕土地空間という誤ったみせかけに喜んではいけない。過剰人口とは複雑で相対的な概念である。……土地利用の過度の細分化は、小農経営の支配的な国にとっては著しい危険の一つである。しかし、最も熱心な小農経営の支持者でさえそれが一定の範囲を越えると若干の否定的な現象を伴うことを否定することができない。一定の規模に達しない小経営は自分の管理する生産手段や労働力の予備を完全には利用することができない。そのような経営は建築物、死んでいる農具や生きている農具、労働力を過度に保有しているのである。国民経済的観点からすると、それは資本の不生産的な浪費に帰結し、私経済的観点からは低い労賃を与え、農村住民の購買力を下げることになる。[24]」

このようにリトシェンコにとっても――先に見たブルクツスと同様に――農業問題の解決はただ単に農民問題の解決にとどまらず、ロシアの社会経済発展の根本的な前提条件をなすものであるがゆえに、最も重要な問題とならなければならなかった。

「わが祖国の運命は農業問題の解決と密接に結びついている。われわれはもし……農村過剰人口の問題を克服できるならば救われるが、もし自然発生的な人口凝縮の道を歩み続けるならば、われわれを待ち受けるのは中国、、、の運命である。[25]」

それでは、ソヴェト政府はどのような農業政策を採用するべきであろうか。この問題に対してリトシェンコの提案する政策は「選択的な」（つまり農民自身が選択することのできる）一子相続制による「農民経営の細分化の制限」の方策であった。

「わがロシアの条件下での分割と細分化の最も適切な規制形態はおそらく分割されない農民経営を優先する選択的な相続権と考えなければならないだろう。各農民は自分の経営が細分されないと宣言する権利を持たなければならない。そのような家長の下での家族分割は、――生前であれ死後であれ、法または遺言によって――経営それ自体をすべての必要な設備とともに一人の優先的相続人の手中に伝えることを保証する特定の規則に従って行なわれる。その他の共有者は貨幣またはその他の、経営財産以外の財産で自分の持分を受け取り、しかもその形式と量とはその支払額が土地に残った者の合理的な経営を行なう可能性を破壊しないようなものでなければならない。(26)」

もちろんこの提案が一九一四年十二月十二日に政府によって国会に提出された相続法案の内容に沿うものであったことは明らかである。しかも、注目されるのはこの問題が全連邦共産党の外部にいた一握りの研究者に限られず、党と政府にとっても重大な関心事とならざるをえなかったことである。そして、さらにこの点で注目されるのは、一九二六年に、ソ連人民委員部会議の決定（一九二六年六月二十日付）にもとづいてロシア共和国司法委員部の「土地利用と土地整理の基本原理」についての法案が共産主義アカデミーの農業セクツィアにおいて審議され、こうした政策が実際に追求されはじめたことである。農業セクツィアの審議が十月二十日に始まったとき、この問題に積極的にかかわったのはコンドラチェフであった。彼は家族の「細分化」（дробимость）が農民経営の商品化率を低め「矮小消費経営」を生みだしていること、そしてそれが資本の蓄積を阻害する根本的な理由となっていることを指摘し、この問題が「経済建設の全問題」の根本にあることを強調した。[27]

「この法律には経営の不分割（недробимость）の考えを反映させなければならない。私は、この考えが最も基本的な緊急の問題の一つであり、同時に困難な問題であると考える。これはロシア農業人民委員部の法案では特に不満足である。というのも、一方ではすべての世帯の改善のための土地利用に対する権利が検討されているが、それとならんで、ある条文では、自分の区画地で本質的な改善を行なう土地利用者だけが自分の支出に対する保障の権利を持つが、その外のすべての者にはないと述べられている。私には不分割の基準を確立するだけでは世帯分割の問題の解決のために何もしないのと同じに思え、私の意見では法案はこの点で何も与えていない。……しかし、私の考えでは、広い意味での保障制度の創設および土地からの脱退の条件についての問題を解決せずには、分割の問題を解決することはできない。私はこの問題を検討してきたので、自分の意見を確認する事実データをあげることができる。経営の商品化率に関する問題は、われわれが矮小な家族消費経営をさらに増やすのかどうかに全面的にかかっていると考える。自分たちはこの問題を考えなければならないのではないだろうか。この問題を解決せずには、われわれの経済建設の全問題を解決しえない[28]」。

このようにコンドラチェフは、農民経営の細分化の問題を解決しないならば、「矮小な家族消費経営」が増殖し、商品化率がさらに低下することを指摘し、農業問題を国民経済全体の問題と、とりわけ工業化の問題と関連づける。

「農業の発展は国民経済全体の発展と不可分に結びついており、逆も逆である。この点を認めるならば、復興過程の完了とともにわれわれの国民経済はその発展の最も重大な時期に入ったことをも同時に認めなければならない。国民経済の生産力の一層の成長の問題、一層の拡大再生産の問題は同時に経済的蓄積の問題でもあることはまったく明らかである。さらに工業の発展とその再装備との問題が同時にかなりの程度において工業的輸入の問題であることはまったく明らかである。蓄積問題の解決がきわめて著しい程度で農業の蓄積に依存していることを認めることは困難ではない。すなわち、輸入問題の解決は農業輸出の増加と農民経営の商品化率の上昇にあるということである。しかし、そうであるならば、――これもあまりに大胆に見えるかもしれないが――調達および輸出の困難と緊密に関連しているわが国の最近の、また恐らく近い将来の経済的な困難は、わが国の農業の状態に根ざしていることを、基本的に、また広汎に確認することができる。われわれの農業技術のあらゆる停滞性を考慮することが必要である。さらにすでに生じてしまい、しかもまだ続いている農民経営の零細化と細分化を考えなければならない。この過程は農業労働の生産性を低下させ、農民経営の家族消費システムの強化の原因となり、その商品化率の発展にとって狭い枠をはめ、農業市場の組織化、農産物調達およびそれらの輸出を極端に困難にする。国民経済全体の発展の展望におけるこの過程の意義を過大評価するのは困難である。」

それでは、ソヴェトにおける農業政策はどのようなものでなければならないのか。

「もちろん現代の農業に分化が存在していることを否定することはできない。しかし分化の過程の過大評価、農村のクラーク層の意義の過大評価はきわめて危険な誤りである。

わが農業は総じてまだあまりに原始的で貧しく、またあまりに零細的で脆弱な経営の全面的に一様な無数の大衆にとどまっているので、このような誤りにもとづいて、最高の労働生産性と最も急速な蓄積をもつ健康で精力的な農民経営層がいるところにクラークを発見するのは容易なことである。もしここで指摘した誤った道を歩むならば、その全帰結を事前に受け入れ、農民経営の家族消費体制の長引く支配、その低い商品化率、低い蓄積水準および極端に遅い生産力の成長を事前に我慢しなければならない。そして、そうではなく、われわれが生産力のもっと精力的な発展とより大きな蓄積とを望むならば、もし農業の商品化率の上昇、輸出条件の軽減および工業の成長を望むならば、われわれは許しがたい開発の事実との闘争を拒否せずに、農民経営の安定性を保障しなければならず、その異常な零細化への動機を除去しなければならず、農民経営体制における家族消費原理の圧倒的支配を克服し、大衆的農業生産者の健康なイニシアティヴにまかせなければならない。(29)」

ここに見られるように、コンドラチェフが慎重に言葉を選び、ソヴェト・ロシアにおける農民層の両極分解を過大に評価しないように求めながら、むしろ一種の開発経済学的な立場から家族分割を制限し、農民の子弟を農業経営主（相続人）と産業労働者とに分化させる方策を提案していることは明らかである。そしてこの点にコンドラチェフが数年前に支持していた土地社会化の立場を捨て去ったことを見て取ることができる。

さて、一九二七年四月四日付で共産主義アカデミーの反対を押し切って公布されたロシア共和国農業人民委員部と人民委員会議の訓令（「農民経営の細分化との闘争について」）は、それまで放任されていた家族分割を制限しようとする意思を示すという意味では画期的なものであった。訓令は土地法典の説明という形をとりながら、その目的を「農民経営の強化とその商品化率の発展に向けられた農業の領域でのソヴェト権力の現在の政策に対応して、本訓令は勤労農業経営の持久性と安定性とを侵害するその不合理な分割の予防と可能なかぎりの縮小とを目的とするものである」（第一条）とうたい、そのために「土地機関と土地作業員、とりわけ区画地整理委員は自分の通常の作業体制において、また土地整理委員は土地整理事業を執行するに際して、土地団体（村落共同体）および個々の世帯が経営の不細分化を自発的に声明するように扇動・宣伝活動を行なう義務を負う」（第二条）ことや、家族財産の分割は分割される世帯が「生命力ある安定した経営にとって必要なすべてのものを受け取る」（第四条）場合に限定されると規定するものであった。(30)

しかしながら、この「マスクをした形で行なわれた一子相続制」の試みはソヴェト・ロシアの農村における現実の諸関係を変えるにはあまりに微力であった。このことは地方からの次のような報告によって知られる。「住民は、訓令の第二九条、第三〇条の意味をまったく理解しておらず、農業経営の分割が許されないと認められた場合には、農業的に意味のない財産の分離しか要求できず、しかも一時的に共同体の土地なしの構成員にとどまらなければならないという意味とは理解していない。この条文は地元では土地作業員にも理解されておらず、またそのため村ソヴェトによってこれらの条文の正確な理解が求められており、最高土地機関の側からのしかるべき説明活動が求められている（トゥーラ県）」[31]。またサマーラ県の機関は次のように報告した。「しばしば世帯分割の禁止は、とりわけ分割の原因がなんらかの経営的方策を実施する際の世帯の構成員の不一致、政治上および宗教上の信念における不和、離婚である場合には、その成員間できわめて困難な状況をつくりだすので、土地法典の第七四条、第七五条および一九二七年四月四日の訓令の第四条の厳格な適用はいつも可能というわけではない。土地法廷はそのような場合しばしば困難な状態に置かれ、例えば二輪作までしか働かずに離婚した女性を世帯から分離し、それでも彼女に必要な財産と農具とを保障することを必要と考え、そのこと自体によって基本的な経営を掘り崩し、また同時に経営的にはまったく生命力のない単位をつくりだしているのである」[32]。

しかし、何らかの措置によって農民経営の零細化を制限しようとする政府の試みはそれで終わったわけではなかった。その後もロシア共和国の人民委員会議は零細化の縮小を立法によって実現しようと試み、一九二九年四月九日には農業人民委員部の報告を審議した。この会議では農業人民委員部を代表してクバーニンが家族財産の分割の原因とそこから生じる零細化の社会的な性格づけについて報告を行ない、その後、報告をめぐって何人かの発言があったが、その際、クバーニンが立法的な秩序によって土地と生産手段の最小限を定めるように求める土地機関の提案が農業人民委員部の承認を得られなかったと述べ、それに対して、クビャクが賛成し、イリインやセレダ、ルナチャルスキーが立法による規制を必要と発言し、フリャシチョーヴァやナゴヴィツィンが分割の理由と性格についてのクバーニンの報告に批判的なコメントを寄せた。また議長のスミルノフは、「農民経営の細分化の合目的性」を主張する人々がいるが、それは認められないと述べ、また経済的に有害な零細化を制限し、「商品経営を現物経営に転化するような限度を超える土地区画の零細化」を許さないように規制することができ、またそのために個々の場合には「一定の基準を超えて進む農民経営の分割」を禁止する強制的な方策——ただし、行政的な手段ではなく、経済的性格の方策——を採用することができると主張した。(33)

しかしながら、周知のように、一九二七年から二九年にかけての時期に生じたことは、個人農体制を基本的に維持しつつ家族財産の分割を制限しようとする政策が最終的に葬り去られ、それまで「体制の灰かぶり姫」(モッシェ・レヴィン)として扱われてきたコルホーズ(農業アルテリ)がにわかにクローズアップされ、全面的集団化の運動によってソ連農村に導入されるにいたったことである。ここではこの大転換がどのように準備され、実現されたかという問題に触れることはできないが、ただ次の点を指摘しておこう。

まず第一に、事実認識のレベルでは、農村過剰人口、すなわち家族財産の分割に起因する農民経営の零細化の問題はボリシェヴィキの農業専門家にとってもきわめて重大な問題として理解されるにいたったように思われることである。そのことは、彼らが農業集団化の直前になってそれまで避けてきた家族分割の問題に関心を寄せはじめたこと、そして、その際、彼らの多くが農民世帯の分割の考えを拒絶したことからうかがわれる。例えばリープキントは、全面的集団化の開始後に出版された著書『農村過剰人口と農業集団化』の中で、「残念ながら最近までマルクス主義農学者が農村過剰人口の問題に係わってこなかった」ため、この重大な問題が「コンドラチェフ派」に独占されてきたが、このコンドラチェフ派はいずれも「資本主義の復活」を目指している点では共通しているとしても、そこには「二つの傾向」――すなわちリトシェンコ、ルブヌィ＝ゲルツィク、ブルツクス、ルイブニコフなどの「ブルジョア」派とチャヤーノフ、チェリンツェフなどの「ネオ・ナロードニキ」派――があると述べていた。(34)ここで注目されるのは、リープキントがコンドラチェフ派の「資本主義の復活」という政治的な意図を批判しながらも、分割と零細化の事実自体には関心を示したことである。一方、エム・クバーニンは、『中国の道』というブルジョア理論がロシア農業の零細化の結果生まれたものであること」、そして「その細分化過程がわが国の条件の下では停止することができない」(35)ことを認めるとともに、帝政ロシア、ソヴェトやドイツにおける家族分割の問題を比較論的に論じたが、その際、それを行政的な方法によって制限することに対しては――したがって一九二七年の訓令に対しても――強く否定的な態度を示した。彼は一九二九年の著書では、ストルィピン派の官僚でさえ、分割禁止の法律を計画したとき、貧農への援助という無花果の葉を付けたのに、農業人民委員部の訓令が無慈悲にも「農民経営とその商品化率の向上」だけのために公布されたと述べ、非難した。(36)

ボリシェヴィキの農業専門家たちが家族財産の分割に対してどのような態度を示したかは、一九二九年四月の協議会で行なわれた「農民世帯の分析」についてのクリツマンの報告をめぐる討論から明らかとなる。(37)この協議会では、まずクリツマンが農民世帯の「生物学的性格」という「ネオ・ナロードニキ主義的」・「小ブルジョア的」な観念を批判し、「農民世帯の内的諸矛盾」を新しい資料にもとづいて明らかにすることを目的とするという報告を行なったが、それによると、農民世帯の内部における家長とその他の家族成員との関係は企業家とプロレタリア化しつつある者との関係と同じであり、また家族的協業は資本主義的協業に外ならないとされた。またクリツマンは、これまで最も高い割合で分割されてきたのが大家族であるという事実が語られてきたが、新しい資料では、(1)分割される世帯は大家族であるとしても、むしろ「全農民世帯の大衆より技術的および経済的発展のより低い階梯にある」こと、(2)通常、分割によって生まれる「本家」と「分家」との間には働き手の数の上で大きな格差があるが、経営資本の上ではいっそう大きな格差が認められ、このことは家族分割が農民の階級分解の出発点となっている事実を示すこと、(3)分割によって生じた世帯では「私経済活動の上昇」が特徴的であり、そのことはこれらの新しい世帯が集団農場に入ろうとしないことに現われていること、を示した。ここで述べられていることからすると、従来の普通に行なわれてきた見解と異なって家族財産の分割が必ずしも大家族＝「富裕な農民」を下方に移動するものではなく、むしろ不断に中農の資本主義的な大経営への移行を生む要因となっているという主張になることは明らかであろう。このクリツマンの報告の結論は、しかし、求むべき解決策は分割を規制することにではなく、「小農民経営の大集団農場への改造」にあるというものであった。

もちろん、この、必ずしも豊富な資料によって実証されたとはいいがたく、奇妙に思われた理論がスハーノフ(旧社会革命派、メンシェヴィキ)のような党外の人物は別としても、ボリシェヴィキの農業専門家の多数からも反論を惹き起したことは言うまでもない。また農民経営の零細化を規制するための措置が必要であると主張した農学者も決して少数ではなかった。まずウジャンスキーは農民経営の零細化の急速なテンポは「現代の呪われた問題」であると述べ、またそれと闘うために何かを提案しないことは「追随主義」であって、それを防ぐために「法律」を公布することが原則的に必要であると発言した。(38) またパヴロフは、「私は彼らと分割しないうちは豊かだが、分割すれば、私たち全員が貧農だ」という農民の言葉を引用して、クバーニンの報告が充分に展開されていないと結論した。同様にラエヴィチは、現実には世帯の内部関係は資本主義的関係と異なると述べ、クリツマンによって資本主義的関係をなすとされた「本家」でさえ、その半分が役畜を持たないことを示した。この外に、ルバチは、わが農村では土地問題は零細化という根本問題にあるのに、クリツマンは「農民経営の零細化に中立性」を求めているとして批判し、ガイステルも「報告からは分割のいかなる制限も不必要であるという結論を導きだせない」と述べ、さらにドゥブロフスキーは、家族分割が革命直後に頻発したことを示して、分割が資本主義の発展によっては説明しえないことを強調し、それを抑制することが必要であると述べた。このうち、ドゥブロフスキーは、すでに一九二六年に「現代の土地不足とその廃絶の道」と題する論文を発表し、その中で土地の細分化を停止させ、それを集中させることが必要であると述べていた(39)。ドゥブロフスキーはこの論文で、「ブルジョア的および小ブルジョア的な、特にナロードニキ主義的な文献では、土地不足は通常マルサス流の人口増加の観念と結びついていた」が、実際には「土地不足は特定の時代、農奴制の時代に創り出された歴史的な範疇」であり、「農奴制的、バルシチーナ（賦役）的経営における特殊な土地配分の結果」であると述べ、しかし他方では、資本主義のためには資本主義的なファーマー（富農）とバトラーク（雇農）が必要であり、そのためロシア政府は資本主義のために土地不足に闘いを挑んだが、ストルィピン主義は「農村における農奴制」を廃止することができずに、逆に農民大衆が「すべてのクラークと地主の土地を分割した」と述べていた。そのため（しかし?）、現在「われわれの前には土地不足とその解決の問題が緊張状態にあり」、その際、その解決方法には二つの方法（社会主義的および資本主義的解決）があるが、沿バルト、ポーランド、チェコスロヴァキアで試みられているような一子相続制はソヴェト・ロシアでは決して採用するべきではなく、漸次的な「協同組合的な社会主義経営」への成長をはかるべきである。しかし、「われわれが協同組合的な方法によって土地を集中するであろう前に、そのいっそうの零細化を予防することは必要である」――これがドゥブロフスキーの主張の結論であった。したがってドゥブロフスキーの論理的に不明確な説明はともかくとして、彼も客観的には土地の社会化が土地不足を決して消滅させたわけではないことを認めていたことになる。

しかし、一方では、クバーニン、ミリューチン、シドリャーク、ヴェルメニチェフなどのように、クリツマン報告を基本的に支持する人々もいた。このうち、クバーニンは「行政的な性格の措置によって分割を縮小することを支持する者は一子相続制の導入を要求するが、この制度は経験の示すとおり、不平等がますます強まるという結果をもたらし、大農やクラークの層の形成に導くことになる」と述べるとともに、「そのような制度が採用されても、…死産となるであろう」と述べていた。またヴェルメニチェフは次のように発言した。「ドゥブロフスキー、ラエヴィチ、パヴロフ、ウジャンスキーなどの反論は小経営の中にある資本主義的な傾向を糊塗し、ぼやかす性格のものであることが明らかである。もちろん、わが国の条件下では、小生産は社会主義的発展の可能性を持っており、われわれはこの発展の現実的な形態も持っているが、小ブルジョア経営が存在する限り、資本主義的傾向も存在するであろう」、と。彼はまた上層の群が最も頻繁に分割されるのであるから、「もしわれわれがすぐに行政的な措置によって分割を制限しようとすれば、何といっても、上層の群を崩壊から救うことになる」であろうと述べ、ロシア共和国の人民委員会議の求めている措置が上層農民を利することになるという考えを繰り返した。

こうした討論の後、協議会は一一項目の決議をあげたが、その中には農民世帯の分割を規制するための法律を制定することは語られておらず、その代わりに「右翼偏向」、ネオ・ナロードニキおよび「資本主義的発展の弁護論者」＝「コンドラチェフ派」を非難し、農業の集団化を支持する語句が随所に散りばめられていたことからみても、この協議会が果たした政治的な役割は明らかとなるであろう。

ところでわれわれにとってもっと注目されるのは外ならぬスターリンがこの農民家族財産の分割の問題に特別

ていた。

の関心を寄せていたことである。スターリンは一九二八年一月二十日にシベリア地方委員会で次のように発言し

「強調しなければならない最初の事実は、わが国が革命後最も小農民的な国になったということである。革命までわが国には約一、五〇〇万の個人農民経営が数えられた。これが正確か不正確かを言うのは難しいが、この数字はおそらくまあまあ正しいと言ってよいだろう。現在、革命後は、どうなったか。現在、個人経営の数は二、五〇〇万まで増加した。ここでは地主が破滅し、大経営が破滅し、農民経営のための土地利用面積が増加したことに意味があるが、さらに『分割』(дележа) が生じたことにも意味がある。

わが国のような農業発展の経路が生じると、十年ごとに新しい分割の爆発がおこる。農業人民委員部には分割を抑制するための法律があるとはいえ、これはそうはならない。分割は起こるだろう。そして、その結果、現状の観点からみて、わが国は最も小農民的な国であるばかりでなく、展望の観点からみても、もし農業発展の革命を行なわないならば、さらに小農民的な国として発展するにちがいない(40)」。

このように述べた後に、スターリンは、「これは国内における基本的な経済諸部門の専門化があまり生じないということである」と付け加えているが、このラコニックな表現はソヴェト・ロシアの工業化（すなわち農業と工業の社会的分業）がきわめて緩慢にしか進まないことに対するスターリン流の表現であると考えられる。スターリンは一九三〇年のモロトフ宛の手紙では、農業人民委員部がいまだに「個人農経営の改善」に取り組んでいることを非難し、また「コンドラチェフ一味＝グローマン一味」と「ブハーリン派」とを断罪した(41)。

右に示した経緯からは、「コンドラチェフ派」の代替案——すなわち本質的にはヨーロッパ的な農業発展の道を探る、「マスクをしたストルィピン政策」であり、もし全面的集団化の政策に取って代わっていたかもしれな

いような代替案――に理解を寄せる農業専門家がボリシェヴィキの内部にもかなりいたこと、しかし、この代替案が結局のところファーマー（クラーク、富農）を担い手とする商業的農業の発展と、農民の子弟の一部のプロレタリア化にもとづく工業化に帰着すること――すなわち、最終的には貨幣経済がふたたび発展しはじめ、農民共産主義の土台を掘り崩さざるをえないこと――に対する反発も強かったこと、さらにまたソ連の最高指導部が農業の全面的集団化の航路に乗り出す前に、それを理論的にも葬り去らなければならなかったことを知ることができる。この場合、次のような問いをすることに意味がなくはないであろう。すなわち、そもそも私的土地所有の上に立脚する体制を育成することがボリシェヴィキのソヴェト政治秩序と親和的でありえただろうか。またボリシェヴィキの専門家が強調したように、ロシアでは一子相続制を法令化しようなどという要求が農民の中から現われたことなど決してなく、むしろそれに対する根強い反感が存在してきた以上、かりに政府がそうした政策を採用した場合には、ソ連社会の発展のテンポはかなり緩慢となり、ソ連はかなり長期間にわたって低開発の状態にとどまらなかったかもしれないが、ソ連の最高指導部は果たしてそのような状態に満足し大国主義政策を断念することができたであろうか。

集団化と「土地不足」問題の消滅

一方、いま純理論的に考えると、ロシア社会を悩ませてきたこの社会問題を解決する方法が農民経営の私的契機を強めることによってではなく、集団農場の体制を創り出すことにも求めることはできたはずである。一九二八年十二月八日付でウラジーミル県党委員会に提出されたある「テーゼ」が述べたように、「分散した小経営の大経営への集団化」は「細分化と闘うための根本的な方策」でありえたことは否定することができない(42)。もとよりここで言おうとしているのは、このような純理論的な考慮から直接に実際の全面的集団化の運動が現われたということではない。それが一九二七、二八年の穀物調達危機の中から生まれ、穀物調達のための非常措置（刑法一〇六条の適用にもとづく）、一九二八年前半の穀物調達への「社会的方法」（общественный метод）（いわゆる「ウラル・シベリア方式」）の適用とその強制的性格の承認、オプシチーナ全体のコルホーズへの転換、「クラーク清算」（раскулачивание）（ラーゲリへの収用・処刑、追放、特別移住者のシステム）などの諸局面をともなって遂行されたことは、これまでの優れた実証研究（渓内氏、奥田氏など）によって明らかにされており、[43] ここでは触れる必要はないだろう。ここで指摘したいのは、全面的集団化の運動もそれがソ連社会の近代化の推進を追求する限りでは、「コンドラチェフ派」の方策と同様に、(1)農村からの農産物の調達の継続的な増加、および(2)農村（または農業）からの労働力の流出という二つの根本的な変化を達成しなければならなかったことである。実際、一九三〇年代のソ連が悲劇的とも言える犠牲を生み出しながらも、この二点を達成し、それによってロシア農村が十九世紀末以来かかえてきた根本問題に一つの決着をつけたことはまちがいない。

まず帝政時代から一九二八／二九年までとどまることなく増加してきた農民世帯数はこの時から一転して減少し始め、一九二九年の二、六〇〇万戸から一九三七年の一、九〇〇万戸にまで減少した。[44] フィッツパトリックが述べるように、全面的集団化の経験が多くの農民にとっては「コルホーズへの加入というよりも農村からの流出と結びついていた」ことを知ることなしに、全面的集団化の衝撃を理解することはできないのである。[45] その際、もとより農村からの労働力の流出が農業における労働生産性の上昇を起点とするものでなかったことは注意を要する点である。ロリマーなどの論者が指摘するように、ソヴェト・ロシアの開発構想はまず「低い技術水準のままに」集団化された農村から大量の穀物を安価に調達し、「余剰な」労働力を工業部門に移して開発をはかり、次いで工業製品（経営資本）を農業に投入してその労働生産性を上昇させるというものであった。[46]そして、もちろんこのことが実際に生じ、農業における生産力が持続的に上昇しない限り、この体制を長期的に維持することができないことは明らかであった。しかし、一九三〇年代のソ連の農村では、帝政ロシア時代と異なり、土地の生産性はほとんど上昇しなかったため、ソ連体制が困難な状態に陥ったことは疑うことができない。[47]もっとも農村から膨大な労働力が流出し、一世帯あたりの穀物播種面積が一九二九年の三・七六デシャチーナから一九三七年の五・〇七デシャチーナに増加したため、コルホーズにおける労働の生産性がわずかにせよ上昇したことはまちがいないようである。

一九三〇年代に生じた変化の中でいま一つ注目されるのは、帝政時代以来のロシア諸県――とりわけ北部諸県の非黒土地域――の農村の特徴であった農民世帯内の農工の結合――消費的な矮小農業経営と貨幣経済的な手工業・クスターリ経営との結合――が急速に消滅したことである。[48]一例としてモスクワ州の場合を揚げておこう。[49]この州では、農民世帯数は一九二八年の四〇・九四万世帯から一九三八年の二六・九四万世帯に減少し、それにともなって一世帯あたりの播種面積は約二倍に拡大したが、このことは土地耕作に専門的に従事する農民の割合を引き上げるという結果をもたらすものであった。一方、「手工業者・クスターリ」の数は一九二八／二九年に四三万四、五〇〇人であったが、その数も一九三二年までに二四万二、三二〇人に減少し、そのうち一九万三、九七三人（約五分の四）が五、二七一の生産単位を含む一、八一九の「営業アルテリ」（промартель）に組織されたため、「家内工業者」（надомник）にとどまったのは残りの四万八、三四七人に過ぎなかった。[50]この数字から明らかとなるように、工業部門において「小生産者の侵蝕」が生じたとき営業協同組合が最も重要な役割を果たしたことはまちがいないとしても、それよりも大きな役割を工業化が果たしたと言うことができる。[51]もちろん農村における構造変化を惹き起こしたのは集団化であり、コルホーズが営業協同組合との間で競争したため、かなり多数の手工業者・クスターリがコルホーズに必要な営業に従事するためにコルホーズに加入したと見られている。[52] しかし、コルホーズは農産物の調達にふりまわされ、営業の発展に集中することができなかったため、多くのクスターリはコルホーズに加入すると営業を放棄するか、それとも世帯の自己需要を充足するためにのみ営業に従事するしかなかった。ともあれ、こうして「農民の市場向けの工業生産」と土地耕作との世帯内結合は「土地不足」と農村過剰人口の問題が消滅すると同時にまたたく間に姿を消したのである。

むすび

さて、本書の検討は以上で終わりであるが、われわれは最後に次の点を指摘しておきたい。それは、その根底に共同体の問題を持つ帝政ロシア時代のきわめて困難な農業・農民問題を近代化の方向に向けて解決するための新しい土地改革を実らせるためには――グルコが述べたように――「平和の二、三十年」が必要であったかもしれないが、現実の政治はその時間を与えなかったということである。またロシアの土地問題は一九一七／一八年の革命によって最終的に（もちろんユートピア的に）解決されたわけではなく、本質的には帝政ロシア時代とまったく同じ問題が革命後に再現したため、その解決なしには社会の近代化を展望することができなかったように思われることである。しかし、そもそも二十世紀初頭のロシアの農業問題をめぐっては理念と理念との激しい対立――マックス・ヴェーバーが指摘したように、[53]「経済的淘汰」に立脚する現代の経済体制を創り出そうとする人々と、弱者＝農民大衆の共産主義的、平等主義的な倫理を擁護する人々とを両極とする対立――が生み出され、その際、後者を選んだ場合には市場経済の後退が生じるため、長期間にわたってロシアが大国主義政策を取ることを断念しなければならないかもしれないという状況の中で、前者を実現しようとするストルィピンの土地政策がひとたび民主派・左派によって拒絶されたのであるから、問題はいっそう複雑となったように思われる。「ヨーロッパ的な発展」（ブルジョア的な発展）を拒否しつつ[54]、近代化を推進しなければならない[55]とするならば、一体ボリシェヴィキにはどのような可能性が残されていただろうか。いずれにせよ西欧文明を背景にした資本主義が農業共産主義的な農村に浸透してくる中で生まれたロシアの農業問題は激しい緊張と矛盾をはらむものであり、いずれの代替案も楽観的な展望を許すものではなかったことだけは確かである。

（1） М. И. Лацис, Аграрное перенаселение и перспективы борьбы с ним, М.-Л., 1929, с. 10.

（2） Вестник народного комиссариата земледелия, 1919, No. 1, с. 8. 農村における土地利用の均等化はまた経営（播種面積）統計からも確認される。ロシア共和国の二四県では、一九一七年から一九一九年の時期に最下位の群（播種面積なしの世帯）と最上位の群（播種面積四デシャチーナを超える世帯）の両極に属する世帯数が減少し、その中間の群（〇―四デシャチーナ）の世帯が増加していた。また農家の経営規模と家族の規模との「照応」が著しく強まっていた。松井憲明「一九二〇年代ソビエト農村社会の一特質について」（北海道大学『経済学研究』第二六巻第四号、一九七六年十一月）、二九四ページ。松井氏はまた、ソヴェト農村における細分性の問題が小経営状態の細分状態一般ではなく、家族分割によって農地の細分化がますます進むこと、その動的過程が問題であったと、鋭く指摘している。同論文、二九三ページ。以下の論述はこの優れた論文に多くを負っている。

（3） Вестник народного комиссариата земледелия, 1919, No. 1, с. 7.

（4） Вестник народного комиссариата земледелия, 1919, No. 1, с. 8.

（5） Экономическая жизнь, 1 Января 1919 г., с. 3.

（6） Л. Лубны-Герцык, Указ. соч., с. 7.

（7） Там же, с. 8 (sic). 松井憲明「一九二〇年代ソビエト農村社会の一特質について――農家不分割政策の問題を通じ

て――」（「北海道大学経済学研究」第二六巻第四号、一九七六年一一月）。

（8）　Н. Д. Кондратьев, Народное Хозяйство СССР, М., 1928, с. 56.

（9）　The communist policy towards the peasant and the food crisis in the U. S. S. R., Birmingham Bureau of research on Russian economic conditions, Russian department, University of Birmingham, Memorandum No. 8, December 1932, Appendix III. これは次の数字と一致する。Социалистическое строительство СССР, Статистический Ежегодник, М., 1936, с. XXIV-XXV, XXX.

（10）　S. G. Wheatcroft, The Reliability of Russian Prewar Grain Output Statistics, Soviet Studies, 1974, vol. XXVI, p. 178.

（11）　Динамика крестьянского хозяйства（По материалам динамических переписи Ц. С. У. за 1920-1926 гг.）, М., 1928, с 1-14.

（12）　И. Б. Сталин, На хлебном фронте, Правда, 2 Июля 1928 г., No. 127.

（13）　J. F. Karcz, Thoughts on the Grain Problem, Soviet Studies, 1967, Vol. XVIII, J. F. Karcz, Back on the Grain Front, Soviet Studies, 1971, Vol. XXII, R. W. Davies, A Note on Grain Statistics, Soviet Studies, 1970, Vol. XXI, S. G. Wheatcroft, The Reliability of Russian Prewar Grain Output Statistics, Soviet Studies, 1974, vol. XXVI.

（14）　R. W. Davies, A Note on Grain Statistics, Soviet Studies, 1970, Vol. XXI ; Социалистическое строительство, Статистический Ежегодник, М., 1936, с. 24.

（15）　Н. Д. Кондратьев, Аграрный вопрос. О земле и земельных порядках, Москва, 1917, с. 58.

（16）　Н. Д. Кондратьев, Народное хозяйство СССР, М., 1928, с. 63.

（17）　Там же, с. 62.

（18）　出生率・死亡率・自然増加率に関する最近の議論は次を参照。Экспресс-Информация, Серия истории статистики, вып. 3-5（Часть 1）, История населения СССР 1920-1959 гг., М., 1990.

（19）　Основные элементы сельско-хоз. производства СССР 1916 и 1923-1927 гг., М., 1930,

（20）　Материалы по вопросу об избыточном труде в сельском хозяйстве СССР, М., 1926, Труды Гос. Колонизацигнного Научно-

Исследовательного Института, Том III. また一九二八年七月の『経済評論』（第七号）の無署名論文も穀物調達危機を商品化率の低下に関連づけ、さらに後者を農民経営の細分化に関連させていた。Хлебозаготовительная кампания и зерновая проблема, Экономическое обозрение, Июль 1928 г., No. 7, с. 6.

（21） Л. Н. Литошенко, Ограничение дробимости крестьянских хозяйств, вып. I, 1921, с. 94.

（22） Л. Н. Литошенко, Эволюция и прогресс крестьянского хозяйства, М., 1923, с. 37–38.

（23） Там же, с. 38.

（24） Там же, с. 39, 44 ; Он же, Ограничение дробимости крестьянских хозяйств, вып. I, 1921, с. 92.

（25） Л. Н. Литошенко, Эволюция и прогресс крестьянского хозяйства, М., 1923, с. 46.

（26） Л. Н. Литошенко, Ограничение дробимости крестьянских хозяйств, вып. I, 1921, с. 100.

（27） Основные начала землепользования и землеустройства, Сборник статей, Доклады и Материалы, Москва, 1927, с. 181–182, 244. 一九二〇年代までのコンドラチェフについては、小島修一『ロシア農業思想史の研究』ミネルヴァ書房、一九八七年、二六四―二八四を参照。

（28） Основные начала землепользования и землеустройства, Сборник статей, Доклады и Материалы, Москва, 1927, с. 181.

（29） Там же, с. 244.

（30） М. Кубанин, Классовая сущность процесса дробления крестьянского хозяйства, М., 1929, с. 173.

（31） Там же, с. 187.

（32） Там же, с. 187.

（33） Экономическая жизнь, 10 Апреля 1929 г.

（34） А. Либкинд, Аграрное перенаселение и коллективизация деревни, М., 1931, с. 2.

（35） Партия и оппозиция накануне XVсъезда ВКП（б), Сборник дискуссионных материалов, вып. III, М.-Л., 1928, с. 256.

（36） М. Кубанин, Указ. соч, с. 184–185 ; Он же, Соц.-экономическая сущность проблемы дробимости, На аграрном фронте, No. 1, Январь 1928, No. 8, Август 1928, No. 11, Ноябрь 1928.

（37）　На аграрном фронте, No. 7, 1929, с. 96–106, No. 8, с. 83–106.

（38）　На аграрном фронте, No. 7, 1929, с. 104.

（39）　С. М. Дубровский, Современное малоземелье и пути его ликвидации, На аграрном фронте, No. 5–6, 1926, с. 41–44.

（40）　Из истории коллективизации, Известия ЦК КПСС, Июнь 1991 г., с. 203.

（41）　『スターリン極秘書簡』（岡田良之助・萩原直訳）大月書店、一九六六年、二七七ページ。

（42）　Коллективизация сельского хозяйства Центрально-промышленного района（1927–1937 гг.）, Рязань, 1971, с. 156.

（43）　奥田央『コルホーズの成立過程』岩波書店、一九九〇年。渓内謙『スターリン政治体制の成立　第二部　転換』岩波書店、一九七二年、『スターリン政治体制の成立　第三部　上からの革命（その一）』岩波書店、一九七九年。なお、国家権力の農民共同体に対する行政的な抑圧は、一九二〇年代末に始めて生じたものではなく、行政的流刑の制度や社会的方法（リチフの穀物割当徴発方式）などのように帝政ロシア時代に——とりわけ体制が政治的、経済的な危機におちいったときに——適用されていたものであるが、これらの措置はソ連時代には帝政時代より広汎かつ体系的に適用されることとなった。これらの相違点については、ダニーロフの指摘も参照。Спецпереселенцы в Западной Сибири, 1930-весна 1931 г., Новосибирск, 1992, с. 20.

（44）　Социалистическое строительство СССР, 1935, с. 30.

（45）　S. Fitzpatrick, Stalin's peasants, Oxford University Press, 1994, p. 80.

（46）　一九二九年以後のソ連の経済体制は低い生産力水準のまま農村人口を都市に移すための人口統計学的転換を実現するための体制であったと考えられる。Frank Lorimer, The Population of the Soviet Union, History and Prospects, Geneva, 1946.

（47）　一九三〇年代のツンフーの穀物統計によれば、単位面積あたりの穀物収量（土地の生産性）は一九二九年から一九三三年にかけては増加していないが、その後は増加したように見える。だが、一九三三年以後の穀物統計に対して使用された有名な「生物学的収穫高」は信頼性を疑われている数字であり、事実、戦後になって下方に修正されている。この修正値の示すところでは、穀物総収量は一九三〇年代を通じてほとんど増加しなかったということになる。このことが、どの程度まで、役畜の激減にもかかわらず農業機械がすぐに農村に補給されなかったことによるものかは、不明である。一九二九年十二月五日付のモロトフ宛てのスターリンの手紙が述べているように、そもそもコルホーズ運動は「機械やトラクターが不足している」という状況下で「農民の農具の単純な共同利用によって作付け面積を飛躍的に増大させる」ことをめざしていた。『スターリン極秘書簡』(大月書店)、一九九六年、二四二ページ。

(48) ソヴェト政府のクスターリ政策全般、特に農工複合体(АИК)の理念、また一九二九年以後のクスターリ工業の「階級としての絶滅」については、奥田央『ソヴェト経済政策史』東京大学出版会、一九七九年、二九九ページ以下の叙述を参照。

(49) Коллективизация сельского хозяйства Центрально-промышленного района (1927–1937 гг.), Рязань, 1971, с. 825, 829.

(50) Указатель справочник промысловой кооперации Московской области, М., 1934, с. 6.

(51) А. А. Николаев, Основные этапы и противоречия в развитии промысловой кооперации страны, Советская история, Новосибирск, 1992, с. 232, 236.

(52) 営業協同組合とコルホーズの関係を調整した一九三〇年六月二日のソ連人民委員部の決定(第九項)では、クスターリは①営業協同組合のシステムに入る「営業アルテリ」または「営業コルホーズ」(промколхоз)に組織されるもの、②コルホーズの農産物を加工する企業やコルホーズに必要な営業に分類されていた。Бюллетень Финансового и Хозяйственного Законодательства, 1930, No. 1, с. 43–44.

(53) 『M・ウェーバー ロシア革命論II』名古屋大学出版会、一九九八年。

(54) 諸研究が明らかにしているように、全面的集団化に際しては、それに反対した者および村落内の強者=「クラーク」が攻撃対象となった。クラークとされた人々に対してなされた抑圧手段の一つは特別移住(一種の行政的流刑)のシステムであったが、それに反対した農民たちが「総会を開催しなさい。われわれはクラークを奪わないし、追放しないという決議をあげよう」と叫び、またクラークが「私はソヴェト権力と共同体の下に従属しており、共同体が私を追放しない限り、私は外出しない」(シベリア、チェルパノフスキー地区ブラノヴォ村)、「権力は地元にあり、総会で決定したことが法律だ」(リストヴャンカ村)と述べたように、農民たちが最後にいたるまで共同体の総会決議を正当性の根拠としていたことが注目される。Спецпереселенцы в Западной Сибири, 1930-весна 1931 г., под ред. В. П. Данилова и С. А. Красильникова, Новосибирск, 1992, с. 166–167.

（55）　ヴェーバーはボリシェヴィキが特徴的にも「ロシアが西欧の発展段階を飛び超えることができることを信じた」セクトに属すると見なしていた。この点でボリシェヴィキはメンシェヴィキ、立憲民主派、社会革命派などの党派から本質的に区別される。マックス・ヴェーバー（濱島朗訳）『社会主義』、講談社学術文庫、八八ページ。

あとがき

本書は、筆者がこの十数年間に発表してきた論文に修正を加え、若干加筆して一つにまとめたものであり、内容的には、ほぼ十九世紀末から一九一七年までの時期のロシア帝国において最も困難な社会問題をなし、それに対する対応の如何がロシア社会の将来の発展を左右すると考えられていた農業・農民問題の本質的な特徴を明らかにしようとしたものである。ここで農業問題がロシア社会の発展を左右するというわけは、それが農業や土地、農民などの問題にとどまらず、ロシア社会の近代化、とりわけ工業化の問題と密接に関連していたと考えられるからである。本書が農村工業（クスターリ工業）を中心とする、工業の問題にかなりのページを割いたのはそのためである。

この時代のロシア社会は、出発点において、一方では過去から継承した家産官僚制的・専制的な社会体制を、また他方ではそれを伝統的に支えてきた農民大衆のアルカイックな農業共産主義（土地割替を伴うオプシチーナ、家族財産制）の体制をいまだに維持していたという意味で、近代資本主義をその胎内から自ら生み出したヨーロッパ中世の封建制社会と社会構成上著しく異なるものであったと考えられる。そして、このことがその後のロシアの発展を著しく特徴的なものとすることになったというのが本書の主張しようとしたことである。

もちろん、ロシアにおいてもヨーロッパからの資本輸入にもとづく工業化の政策が採用され、資本主義が形成され始めるとともに、特に十九世紀中葉以降激しい社会的変化が生じたことはあらためて指摘するまでもないだろう。その中でも特筆されるのは、ツァーリズムの専制を打ち倒し「ヨーロッパ的な意味における自由」にもとづく立憲制の確立を求める運動や労働条件の改善を求める社会主義的な運動が徐々に現われてきたことなどである。また共同体農民の利益を擁護する社会革命派が勤労原理（労働権、生存権、全労働収益権）にもとづく平等主義的な土地配分を要求することによって、ツァーリズムのもう一つの支柱をなす地主（ポメーシチク）＝大土地所有者に対立し、またその土台を掘り崩しつつあったことも注目される。しかし、その際、農民大衆の運動は一つの難問をロシア社会に提起することになったと考えられる。本論で示そうとしたように、農民の土地要求は「土地不足」という言葉で表現される一連の複雑な現象の結果現われたものであったが、この要求を実現することはオプシチーナを存続させ、ロシアの工業化を遅らせることになると考えられたからである。もちろん、土地革命の達成が半封建的な大土地所有を廃止し、それによって農民経営のブルジョア的な発展の条件を切り開くことになるといったレーニンなどの楽観論的見解がこれまでかなり受け入れられてきたことはまちがいない。しかし、一九〇五／〇六年の革命に先立つ数十年間にロシア諸県のオプシチーナが実際に果たしてきた社会的・経済的な結果を見るならば、そのような見解のリアリティには疑問が付されるのではないだろうか。とりわけ注目されるのは、まさにオプシチーナ的なロシア諸県で工業化＝社会的分業の進展のための基本的な必要条件と考えられる労働生産性の継続的な上昇が農業部門で見られず、商品化率が停滞し、それに照応して農村工業の国内市場的な発展が制約されていたという経済史的事実である。したがって、もし農民大衆の求める社会革命的・均等的な土地収用が実現したならば、それはロシアの工業化を進めるのではなく、むしろ遅らせることになるという考えには十分な根拠があったと言えるであろう。

ところで、右のことはまた国家権力を握っている者がどのような立場からであるかを問わずオプシチーナに対して否定的な態度を取るにいたることと無関係ではないと考えられる。実際、例えば立憲民主派＝自由主義派は近代化の要請と農民大衆の土地要求との選択肢の間で迷いながらも後者を選び、また社会民主派の両派はそれぞれ異なった根拠から「下から」の運動が農民共産主義の土台であるオプシチーナを解体することに期待をかけたのに対して、ロシアの大国主義政策を断念しえない政府内の近代化推進論者は権威主義的政治体制を維持しつつ、そして農民大衆の激しい批判を受けながら、オプシチーナを「強制的に」解体することを決意するにいたる。一方、ロシア社会民主党のボリシェヴィキ派は、一九一七／一八年にはいったん農民の土地要求に従うが、後にはソヴェト政権の生き残りをかけて共産主義的近代化の道をさぐり、全面的集団化によるオプシチーナの解体の政策を採用するにいたる。筆者は、一九一七年以後の歴史については素人でしかないが、ともかく帝政ロシアの難問がいわば未解決のままにソヴェト時代にもちこされたことは認めていただけるであろう。

以上が本書において著者が描こうとしたことのアウトラインである。もちろん、このことがどれくらい説得的に論じられているかについては、読者の判断に委ねるしかない。

さて、拙い書ではあるが、おわりに直接間接に私がこれまで受けてきた諸先生、先輩、友人に感謝の言葉を述べさせていただきたい。まず横浜国立大学の在学中からヨーロッパとロシアとの比較論的な社会経済史の演習に参加させていただき、それ以来今日まで指導していただいた肥前栄一先生に特別の感謝の気持ちをささげ、この書を捧げたい。また大学院の在学中から多くを教えていただいた関口尚志、奥田央の両先生、また討論や論文を通じて多くのことを教えていただいた日南田静真、保田孝一、有馬達郎、鈴木健夫、小島修一、松井憲明、高田和夫の諸先生、諸学兄、その他、ここに名前をあげることのできない多くの人々に御厚情を感謝したい。最後に、出版について特別の御配慮をいただいた未来社の西谷能英、田口英治、本間トシの各氏に感謝の意を表したい。

一九九九年十二月二十一日

著　者

人名索引

＊この索引には第二次世界大戦後の研究者としてのみ現われる人は含まれない。

ア行

カ行

サ行

タ行

ナ行

ハ行

マ行

ヤ・ラ行

〔著者略歴〕
佐藤芳行（さとう　よしゆき）
1950年9月2日生
1969年3月　新潟県立糸魚川高校卒業
1974年3月　横浜国立大学経済学部卒業
1977年3月　東京大学大学院経済学研究科修士課程修了
1980年6月　同　博士課程単位取得退学
1980年7月　日本学術振興会奨励研究員（～1982年3月）
1985年4月　九州産業大学商学部講師
1990年4月　中部大学国際関係学部助教授

帝政ロシアの農業問題

2000年 3 月15日　初版 第1刷発行

定価（本体6800円＋税）

発行者　西 谷 能 英

発行所　株式会社　未　來　社
〒112-0002 東京都文京区小石川3-7-2
電話 03-3814-5521㈹　振替 00170-3-87385
URL: http://www.miraisha.co.jp/
Email: info@miraisha.co.jp

印刷＝精興社／製本＝黒田製本
ISBN4-624-32161-8　C3033